专利与经济发展探索 第1卷

专利导航产业和区域经济发展实务

主　编　贺　化

副主编　毛金生　陈　燕　马　克

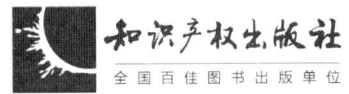

内容提要

本书主要定位于专利导航产业和区域经济发展的分析方法和操作实务。全书从专利与"技术—产业—市场"这一链条的内在机理展开研究,围绕专利密集型产业和发展特点,解析专利在产业发展中的作用力和影响力;通过专利分析模块的设置和选用,科学合理地提炼专利所蕴含的技术、法律和市场信息,为产业转型升级和区域经济发展优选方案提供支撑;最终形成专利导航经济发展路线图,以充分发挥专利在产业转型升级、区域经济发展和企业核心竞争力提升上的引导作用,配合创新驱动发展战略实施,增强专利与产业、经济技术发展深度融合的能力。本书内容紧紧围绕创新驱动经济发展的理念,可以为政府和企事业单位增强产业转型升级的科学性和针对性、促进区域经济发展方式转变、提高企业核心竞争力等方面提供专利导航分析方法和参考和借鉴。

责任编辑:熊 莉　　　责任校对:韩秀天
装帧设计:智兴工作室　　责任出版:卢运霞

图书在版编目(CIP)数据

专利导航产业和区域经济发展实务/贺化主编. -- 北京:知识产权出版社,2013.3

ISBN 978-7-5130-1894-4

Ⅰ. ①专… Ⅱ. ①贺… Ⅲ. ①专利—关系—区域经济发展—研究—中国 Ⅳ. ①G306.72 ②F127

中国版本图书馆CIP数据核字(2013)第033755号

专利与经济发展探索

专利导航产业和区域经济发展实务

主　编　贺　化
副主编　毛金生　陈　燕　马　克

出版发行:知识产权出版社

社　　址:	北京市海淀区马甸南村1号	邮　　编:	100088
网　　址:	http://www.ipph.cn	邮　　箱:	bjb@cnipr.com
发行电话:	010-82000860 转 8101/8102	传　　真:	010-82005070/82000893
责编电话:	010-82000860 转 8176	责编邮箱:	xiongli@cnipr.com
印　　刷:	北京富生印刷厂	经　　销:	新华书店及相关销售网点
开　　本:	787mm×1092mm 1/16	印　　张:	21.75
版　　次:	2013年3月第1版	印　　次:	2013年3月第1次印刷
字　　数:	260千字	定　　价:	68.00元

ISBN 978-7-5130-1894-4/G·567(4748)

出版权专有　侵权必究
如有印装质量问题,本社负责调换。

《专利导航产业和区域经济发展实务》

编 著 组

项目总负责人

　　贺　化　负责项目总体策划、指导研究、审稿等

执行负责人

　　毛金生　参与项目策划、指导监督课题研究、审稿等

　　陈　燕　参与项目策划、组织和实施课题研究等

主要撰稿人

　　陈　燕　课题组长，负责设计研究框架、撰写研究提纲，主要执笔前言、第3~5章、第7~9章，参与执笔第1~2章、第6章

　　马　克　课题副组长，参与项目策划，撰写研究提纲，主要执笔前言、第1~5章、第7~9章，参与执笔第6章

　　孙全亮　课题副组长，主要执笔前言，参与执笔第1章

　　孙　玮　主要执笔第5.2~5.3节、第6章，参与执笔第3.2节

　　李　岩　主要执笔第4.4节

　　邓　鹏　参与执笔第4.4.3节

　　寿晶晶　参与执笔第6.2.1节

　　统稿人　陈　燕　马　克

　　审稿人　贺　化　毛金生

中国科学院研究生院参与第 6 章撰稿人

官建成　主要执笔第 6.1 节，参与执笔第 6.2.2 节和第 6.3 节
左凯瑞　参与执笔第 6.2.2 节和第 6.3 节部分内容
刘　娜　参与执笔第 6.1 节部分内容
魏　贺　参与执笔第 6.1 节部分内容

序

最近30年来,我国经济持续快速发展,迅速成为世界第二大经济体。与此同时,我国专利事业经历了从起步到快速发展的过程,2011年度专利申请量位居世界第一。这一辉煌成就为世界所瞩目。但是,应当清醒地看到,专利仍然尚未全面、系统、有机地融入我国各个产业的肌体,专利对我国经济发展的影响和作用还需加强。

从全球产业竞争形势来看,在当前美、日、欧发达国家主导的产业竞争格局下,以专利为突出代表的知识产权作为一种新兴生产要素,在世界范围内的产业竞争中发挥着越来越重要的战略性作用。专利不仅能够影响企业市场行为,而且能够影响企业利润成本构成;不仅能够影响技术研发策略,而且能够影响技术发展路线选择;不仅能够影响产业的竞争与合作态势,而且能够影响产业生态系统的构成,诸此种种,不胜枚举。可以说,专利已经深深渗透到当今产业竞争的方方面面。就其在产业竞争中发挥的刚性钳制作用而言,专利已经成为影响甚至决定产业竞争成败的关键。在这种背景下,显著增强专利对我国经济和产业发展的积极影响和作用,势在必行,时不我待。

为将专利工作更加紧密地贴近经济工作的主战场,拓展转变经济发展方式的工作思路,本系列丛书旨在充分发挥专利在产业转型升级和区域经济发展中的引导作用,以及专利对提升企业核心竞争力的促进作用,以配合创新型国家建设,增强专利融入经济发展的能力。本系列丛书从专利与"技术—

产业—市场"这一链条的内在机理展开研究，通过对大量真实案例的分析，探索性地绘制出通过专利信息的深度解析，形成的指导产业、区域和企业发展的路线方案，从而完善技术研发、产业发展等方面的决策机制，增强产业转型升级的科学性和针对性，提升区域经济发展方式转变能力，提高企业国际竞争力。

本系列丛书的编著者既有专利情报和文献利用方面的专家，也有长期从事政策研究、专利审查、专利分析、企业专利运用等方面工作的经验丰富的资深人员。他们在本系列丛书中对多年来在专利分析方面的理论积累和实务经验进行了系统、全面的总结，围绕我国经济领域面临的突出问题，按照"围绕产业需求、体现产业特点、服务产业发展"的宗旨，为导航产业和区域经济发展提供新思路和新模式，并提出了相应的具体操作实务。全书理论与案例相结合，内容丰富，图文并茂，具有较强的实践指导作用。

笔者深信，该系列丛书的出版，对于提高广大社会公众的专利分析技能，提升企业在技术研发与产品化和市场化中综合运用专利的能力和水平，辅助政府合理规划产业布局和结构调整，增强产业资源配置和技术创新能力等方面，都将产生重要而深远的影响。

贺化

2012 年 12 月

前　言

为贯彻国家知识产权局党组关于将专利工作更加紧密地贴近我国经济工作的主战场、加强与经济社会发展融合的指示精神，国家知识产权局知识产权发展研究中心组织精干研究力量成立专项课题组，对专利在"技术—产业—市场"全链条中的有效运用进行全面、系统、深入的研究，旨在充分挖掘和发挥专利在我国经济和产业发展中的积极作用。

本书紧紧围绕"专利—技术—产业—市场"间的关联展开研究，依托专利分析，对专利所承载的技术、法律和市场等综合性信息进行深入挖掘和综合运用，以全面、系统、准确地揭示相关产业领域内的技术竞争、企业竞争和市场竞争等竞争格局和动态，帮助相关产业找准产业转型方向、明确产业升级路线，从而拨开产业转型升级所面临的重重迷雾，为实现产业的科学发展提供有针对性的解决方案，为我国的自主创新和技术赶超提供强有力的指引和支撑。

本书首次从专利视角，对专利与技术、产业和市场间的内在关联进行了理论研究，内容广、角度新，重点对产业价值链、核心技术链、龙头企业链以及市场竞争力、专利影响力之间的相互影响和作用机制进行了系统分析。在此基础上，本书还对近年来国家知识产权局专利分析和预警工作的经验进行了全面、系统的总结和提炼，以期依托专利分析，按照"围绕产业需求、体现产业特点、服务产业发展"的宗旨，为导航产业和区域经济发展提供新思路和新模式。

在研究定位上，本书的研究成果主要定位为专利分析导航产业和区域经济发展的分析方法和操作实务。在总体思路上，本书按照如下内容展开：首先，从产业转型升级和区域经济发展的需求分析切入，围绕专利密集型产业的发展特点，解析专利在产业发展中的作用力和影响力，为后续研究奠定前提和基础；其次，通过对专利分析模块的设置和选用的研究，将专利所蕴含的技术、法律和市场信息通过专业的分析方法进行提炼，从而形成竞争情报，为产业转型升级和区域经济发展优选方案提供研究工具；最后，通过对专利导航经济发展路线图的研究，综合产业、区域和企业的需求，结合专利分析的有效手段，为前述研究成果形成发展路线图提供分析方法，促进专利引领下的产业结构转型升级、区域产业结构调整和企业核心竞争力提升。

为了检验前述研究分析方法的科学性、合理性，以及充分体现指导实践操作的务实性，本书还选取众多真实案例进行实证分析。选取电子信息产业、通信产业和新能源产业等专利密集型产业作为实证分析对象，提炼专利在技术、产业和市场中的内在关联，整理各要素间的影响因素，充分结合国际产业转移的历史经验和趋势，以及后发国家企业借助专利战略实现产业转型升级的经验，为本书所提出的理论方法提供了可行性的支撑案例，在此基础上总结提出以专利分析为切入点开展导航产业和区域经济发展的一般性原则。

本书不仅是对国家知识产权局几年来专利分析和预警工作经验的一次集中总结，更是对未来如何将专利分析和预警工作更好地服务于自主创新、服务于产业升级、服务于经济发展的一次前瞻性探索和尝试。

前　言

在本书的研究和撰写过程中，得到了国家知识产权局近年来46个专利分析和预警项目课题的380余位专利审查部门领导和研究人员的支持和帮助，他们提供了丰富的经验和大量案例，在此表示衷心的感谢。国家知识产权局专利管理司马维野司长、雷筱云副司长对本书提出了许多有益的意见和建议，在此深表谢意。本书撰写工作还得到国家知识产权局专利分析和预警工作领导小组许多领导和专家的关心和支持，在此一并表示感谢。

我们衷心希望本书对政府、企事业单位开展重大项目和重点领域知识产权评议、专利分析和预警工作有所帮助。同时，在提升企业影响力和产业控制力等综合竞争能力、促进技术创新和产业发展、辅助政府和产业部门科学决策等方面起到积极作用。

由于专利导航产业和区域经济发展是一项开创性的工作，很多理论和经验还需要在实际应用中不断摸索与完善，其应用效果也需要经过时间和实践的检验，我们将会不间断地对其中相关关键议题展开后续深入研究，进一步修订和完善丛书的内容。由于时间仓促，水平有限，本书撰写过程中出现错误在所难免，希望广大读者批评指正并提供宝贵意见！

专利导航产业和区域经济发展实务编著组
2012年12月

目 录

上篇 产业研究及目标需求分析

第1章 明确产业发展方向和途径 ·········· 5
1.1 总体方向 ·········· 7
1.2 主要途径 ·········· 8
1.3 工作思路 ·········· 11

第2章 评估区域经济基础和发展环境 ·········· 14
2.1 概述 ·········· 14
  2.1.1 技术追赶与产业升级 ·········· 14
  2.1.2 知识产权运用与区域发展 ·········· 15
2.2 分析区域内部经济基础和发展环境 ·········· 18
  2.2.1 区域产业基础分析 ·········· 18
  2.2.2 区域技术基础分析 ·········· 20
  2.2.3 区域资源条件分析 ·········· 21
  2.2.4 区域政策导向分析 ·········· 22
2.3 分析区域外部发展状况和国际环境 ·········· 23
  2.3.1 区域发展面临的国内竞争环境分析 ·········· 24
  2.3.2 区域发展面临的国际竞争环境分析 ·········· 25
2.4 确定区域产业转型升级的目标和方向 ·········· 26
  2.4.1 战略性新兴产业发展路径选择 ·········· 27
  2.4.2 注入高新技术促进传统产业转型升级 ·········· 28

第3章 研究产业发展路径 ·········· 29
3.1 产业价值链分析 ·········· 30
  3.1.1 分析产业发展历史 ·········· 30
  3.1.2 分析产业链构成与分工 ·········· 36
  3.1.3 分析产业发展的推动者 ·········· 43
  3.1.4 分析产业生命周期 ·········· 46

3.2 龙头企业链分析 ·· 47
3.2.1 选定产业内龙头企业 ································· 47
3.2.2 分析龙头企业成功模式 ······························ 49
3.2.3 分析企业间的战略联盟 ······························ 53
3.3 核心技术链分析 ·· 54
3.3.1 分析技术路线演进史 ··································· 55
3.3.2 分析主流技术推动者 ··································· 58
3.3.3 分析技术生命周期 ······································· 60
3.4 市场竞争力分析 ·· 62
3.4.1 分析市场驱动因素 ······································· 62
3.4.2 分析市场转换信号 ······································· 66
3.5 专利影响力分析 ·· 67
3.5.1 从企业在产业链位置判断专利影响力 ············· 68
3.5.2 从产业链的价值分布判断专利影响力 ············· 70
3.5.3 综合技术、企业及产业因素判断重点专利 ······ 70

中篇　围绕需求选择专利分析模块

第4章 专利状况初步分析模块 ······································· 81
4.1 采集信息建立情报分析数据库 ····························· 82
4.1.1 建立专利信息数据库 ··································· 83
4.1.2 建立非专利信息数据库 ································ 85
4.2 建立专利"基础分析"模块 ································· 86
4.2.1 专利趋势分析 ··· 87
4.2.2 专利区域分析 ··· 89
4.2.3 专利权利人分析 ·· 91
4.2.4 专利技术点分析 ·· 93
4.3 建立专利"深度分析"模块 ································· 94
4.3.1 技术路线演进中关键专利 ······························ 95
4.3.2 重点技术的专利功效矩阵 ······························ 98
4.3.3 新增或衰退的技术点分布 ···························· 101
4.3.4 重要专利权人专利点分析 ···························· 103

4.3.5 企业技术融合度与互补度 106
　4.4 建立专利"综合分析"模块 109
　　4.4.1 专利指标体系构建原则 109
　　4.4.2 产业专利指标评价体系 113
　　4.4.3 区域专利指标评价体系 117
　　4.4.4 企业专利指标评价体系 121

第5章 特定需求专利分析模块 127
　5.1 专利创造模块 127
　　5.1.1 专利开发策略 127
　　5.1.2 专利申请策略 130
　5.2 专利运用模块 133
　　5.2.1 专利联盟与专利池 133
　　5.2.2 专利与技术标准 140
　　5.2.3 专利许可和转让 142
　　5.2.4 专利诉讼 149
　　5.2.5 专利并购 153
　　5.2.6 专利融资 158
　5.3 专利保护模块 164
　　5.3.1 专利预警 164
　　5.3.2 专利维权 175

第6章 专利对产业增长的影响 177
　6.1 专利与产业增长关系研究综述 177
　　6.1.1 国内外理论研究概述 178
　　6.1.2 国内外实证研究概述 183
　6.2 专利预测产业增长模型构建 187
　　6.2.1 专利预测产业增长的基本思路 187
　　6.2.2 专利预测产业增长的操作流程 188
　6.3 专利对医药制造产业增长影响实证分析 200

下篇 绘制发展路线图辅助决策支撑

第7章 专利导航产业发展路线图 211
7.1 产业发展现状和定位 214
- 7.1.1 产业链分析 214
- 7.1.2 企业链分析 224
- 7.1.3 技术链分析 228
- 7.1.4 市场竞争分析 230
- 7.1.5 确定专利分析重点 238

7.2 围绕目标产业开展专利分析 240
- 7.2.1 以基础分析摸底产业专利态势 240
- 7.2.2 以深度分析剖析产业专利热点 249
- 7.2.3 以特需分析解决产业专利诉求 255

7.3 形成专利导航产业发展规划成果和建议 257
- 7.3.1 重要专利技术演进路线图 257
- 7.3.2 重点企业核心专利分布图 262
- 7.3.3 技术演进与核心专利成果提炼 267
- 7.3.4 产业发展优选技术路线建议 269
- 7.3.5 产业自主创新与自主可控建议 270
- 7.3.6 产业创新能力与专利适配度建议 271

第8章 专利导航区域经济发展路线图 272
8.1 区域经济发展现状和定位 274
8.2 区域产业专利动向及发展预测 277
- 8.2.1 主导产业支撑技术专利动向跟踪 278
- 8.2.2 产业发展规模与专利适配度预测 278

8.3 专利支撑区域传统产业转型升级的解决方案 279
- 8.3.1 传统产业专利技术改造方案 280
- 8.3.2 传统产业专利技术引进—消化—吸收方案 281

8.4 专利增强区域新兴产业创新能力的解决方案 281
- 8.4.1 新兴技术路线专利比较 282
- 8.4.2 前瞻技术专利规划方案 283

8.5 专利促进区域产业集群优势的解决方案 283

8.5.1 促进区域横向打造产业群 ································ 284
8.5.2 促进区域纵向延伸产业链 ································ 284
8.5.3 促进龙头企业形成中心辐射 ······························ 285
8.5.4 促进中小企业形成外围聚集 ······························ 285

8.6 专利促进区域"引进来"和"走出去"的解决方案 ················ 286
8.6.1 招商引资前企业专利实力评估 ···························· 286
8.6.2 技术引进中专利方案比较评估 ···························· 286
8.6.3 技术引进后专利二次开发方案 ···························· 287
8.6.4 海外市场投资专利预警方案 ······························ 287
8.6.5 海外市场进入专利规划方案 ······························ 287

第9章 专利提升企业核心竞争力路线图 ·························· 288

9.1 企业发展现状和定位 ·· 291
9.1.1 评估企业面临的外部环境 ································ 291
9.1.2 建立企业综合实力评估模型 ······························ 293
9.1.3 模型应用案例 ·· 296

9.2 以专利分析提升企业自主创新能力 ···························· 305
9.2.1 企业技术预研阶段专利分析重点 ·························· 307
9.2.2 企业项目立项阶段专利分析重点 ·························· 309
9.2.3 企业技术研发过程专利分析重点 ·························· 310
9.2.4 企业产业化和进入市场前专利分析重点 ···················· 311
9.2.5 企业市场销售和贸易环节专利分析重点 ···················· 312

9.3 以专利分析提升企业引进转化能力 ···························· 313
9.3.1 专利分析提升企业技术引进能力 ·························· 314
9.3.2 专利分析提升企业技术合作能力 ·························· 314
9.3.3 专利分析提升企业技术流转能力 ·························· 315

9.4 以专利战略提升企业市场竞争能力 ···························· 315
9.4.1 制订符合企业发展阶段的专利战略 ························ 315
9.4.2 保持企业产业竞争力专利适配战略 ························ 317

参考文献 ·· 321

图表索引 ·· 328

上篇

产业研究及目标需求分析

上篇

专利导航产业和区域经济发展旨在着眼于产业和技术发展机遇的发现和把握、风险的识别和突破，基于对专利与技术、产业和市场内在机理的梳理，从产业价值链、核心技术链、龙头企业链以及市场竞争力入手，通过对融合技术、法律和市场等综合信息的专利数据进行深入挖掘和分析，来全面、准确地揭示相关产业的技术竞争态势、企业竞争态势和市场竞争态势，为相关产业有针对性地转型和升级提供思路和方案。上篇主要包括3章内容，主要对专利所要导航的区域、产业现状和发展需求进行全面分析。

第1章主要明确我国产业转型和升级面临的总体方向、主要途径和工作思路，为后续有针对性地开展专利分析工作指明方向和实施途径。

第2章主要从专利导航区域经济发展的角度出发，对区域发展定位、区域内部基础和外部环境以及区域经济结构调整的目标和方式等进行全面阐述，为后续专利分析工作针对区域发展特点制订切实合理的专利分析方案提供参考依据。

第3章主要从专利导航产业的角度出发，以产业价值链为核心，围绕与其相关联的龙头企业链、核心技术链和市场竞争力进行全面分析，从而掌握目标区域或产业的技术特点、企业特点和市场特点，最终探索出专利在产业内的影响力和作用方向。

第1章　明确产业发展方向和途径

以科学发展为主题，以加快转变经济发展方式为主线，是关系我国发展全局的战略选择，也是解决中国长期发展问题的关键。推动科技和经济的紧密结合，加快国家创新体系建设，着力构建以企业为主体、市场为导向、产学研相结合的技术创新体系，完善知识创新体系建设，加快新技术、新产品、新工艺的研发和应用，加强技术集成和商业模式创新，实施知识产权战略，加强知识产权保护，是实现我国经济平稳和可持续发展的重要保障[①]。同样，"十二五"规划中也明确提出要将转变经济发展方式作为今后工作的总体方针，并提出了要加快产业转型和升级，提高核心竞争力的总体要求，图1-1是一些核心关键词。

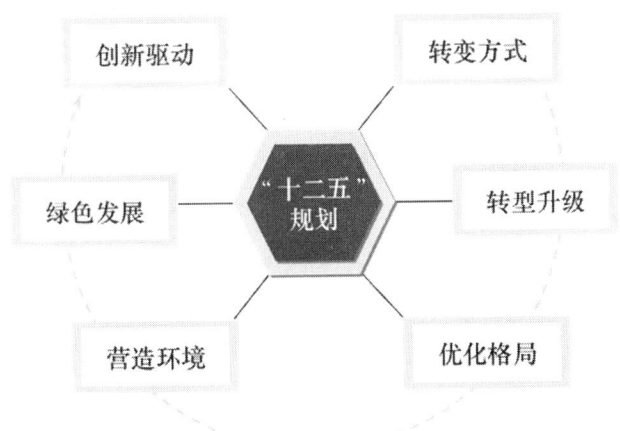

图1-1　"十二五"规划涉及转变经济发展方式的关键词

---

① 胡锦涛. 坚定不移沿着中国特色社会主义道路前进——在中国共产党第十八次代表大会上的报告[J]. 人民出版社，2012.

因此，提高自主创新能力是经济增长方式转变的关键。经济转型的方向应当是发展高科技，以技术进步带动产业化发展。当前世界经济是高科技主导下的全球一体化经济，高科技已经成为经济发展的重要引擎。发挥我国产业在全球经济中的比较优势，发展结构优化、技术先进、清洁安全、附加值高、吸纳就业能力强的现代产业体系都离不开高科技。大力发展高科技企业，开发具有自主知识产权的高科技产品，提高高科技产品的市场份额和在国民经济中的比重，使高科技产业化是经济转型的必然方向。

发挥知识产权在提高自主创新能力方面的作用在转变经济增长方式中日益凸显。通过专利战略、品牌战略将我国传统的产业结构向"微笑曲线"附加值更高的两端延伸，增强我国产业的国际竞争力，从而形成健康、有序、可持续发展的良好态势。近邻日、韩两国的发展经验及其产业数次成功转型已经证明了在劳动力成本增加、环境资源消耗增大、缺少比较优势的形势下，发展以知识为主的技术密集型产业是实现产业结构调整的重要途径，知识产权战略在此过程中发挥了不可替代的促进作用。

为准确、有效地在产业转型升级和区域经济结构调整中发挥知识产权的促进作用，首先要明确产业转型升级的内涵和方式，如图1-2所示。以下主要从产业转型升级和结构调整面临的总体方向、主要途径和工作思路等三个重点环节予以阐述[①]。

---

① 主要途径和工作思路部分借鉴：黄颖.产业转型升级的方向、途径和思路[J].中国经贸导刊,2011(22).

第1章 明确产业发展方向和途径

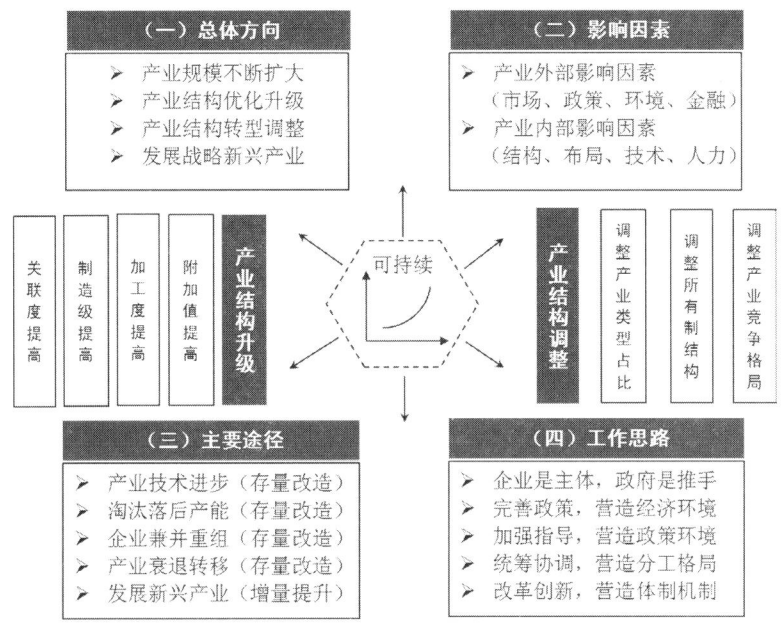

图 1-2 产业转型升级和结构调整的方向、途径和思路

1.1 总体方向

我国工业化基本上是沿着西方国家工业化的技术路线推进的。作为一个发展中国家和新兴经济体，我国各产业的发展大体上都会经历四个阶段：第一个阶段是生产能力的国际再配置，即生产能力包括加工组装能力和各类制造能力从发达国家向中国的国际转移，使中国具有低成本生产优势；第二个阶段是生产设备和技能的国际再配置，即先进的制造设施和高水平技能的人力资源从发达国家向中国的国际转移，使中国拥有较高技术水平的生产优势；第三个阶段是研发创新能力的国际再配置，即研发活动的主体从发达国家向中国的国际转移，使中国成为研发基地，具有核心技术创新实力，在中国进行的研发活动的主要目的越来越偏重于开发；第四个阶段是品牌优势的国际再配置，即体现了综合优势的积淀和技术文化

实力的最具竞争力的品牌从发达国家向中国的国际转移。[①]

目前，我国绝大多数产业还都处于第一和第二阶段，部分产业处于第三阶段，而第四阶段我国具有国际影响力的品牌还不多。因此，现阶段我国经济增长方式的转变和产业升级调整的总体方向表现为：产业结构要从低端向高端转变；生产方式要从初级向高级转变；资源利用要从污染消耗向节能绿色环保转变；发展方式要从政府主导向市场主导、政府引导转变；在努力满足人民群众生活需要的同时增强产业、区域和企业的核心竞争力。

1.2 主要途径

发达国家在经济发展过程中均经历了产业结构转型期。美国在"二战"后的经济转型主要有两种方式：一种是制造业更多地向服务型和研发型发展，另外一种就是产业创新和开拓新兴产业。日本和韩国则是通过技术引进—消化—吸收，形成持续的技术学习能力，经过20～30年的技术学习与再创新的过程，完成了由技术引进国向技术输出国的转型。

总体上，发达国家的产业升级对我国产业转型升级和经济结构调整的借鉴主要有：一是通过科技创新推进产业升级；二是扩大有效需求促进产业升级；三是选择支柱产业带动产业升级；四是通过企业并购重组打造龙头企业推动产业结构调整。

我国产业在转型和升级改造过程中，要加强对现有经济结构中主导产业、优势产业和特色产业的完善和整合。通过增加产业间的关联度，提升现有产业的技术创新能力，以打造战略性新兴产业为主要途径，构建一批适应于未来发展的产业集

[①] 金碚. 全球竞争新格局与中国产业发展趋势 [J]. 中国工业经济，2012（5）.

第 1 章
明确产业发展方向和途径

群。同时要适度淘汰落后产能，减少对低水平重复建设和竞争力不强产业的扶持，集中力量发展技术和知识密集型产业，以科技创新带动产业升级，加快对劳动密集型和资本密集型产业的技术革新和高新技术注入。从产业转型升级的级次上看，要从低附加值向高附加值转移，从粗加工向精加工转移，从初级制造向高级制造转移，最终形成从产业低端向高端的转型。

1. 以技术进步带动产业转型升级

自主创新和技术进步是实现产业转型升级的主要途径。企业通过采用新技术、新设备和新工艺以及新的商业模式和管理方法等方式，来替代和改进旧有的方法和模式，从而向产业链技术含量更高、附加值更高的领域延伸，通过加大研发投入力度来加快核心竞争力的培育，加快经营模式转变，从粗加工型向精深加工型的延伸，从制造商向服务商的转型，从 OEM（原始设备制造）模式向 ODM（自主设计制造）模式延伸，从而逐渐获得产业高端发展的话语权和控制力。

2. 逐步淘汰或技术改造落后产能

产业转型和升级过程中必需要正确面对现有产业的合理化改造。与先进产能相比，落后产能占用资源多，环境破坏大，而激烈的竞争不仅加剧了产业的无序竞争，还提高了经济代价和生产成本。通过淘汰落后产能，能够腾出资源用于质量效益更高的先进产能，或是通过向传统产业植入高新技术来改造落后产能，逐步减少对资源的占用与环境的破坏。通过技术创新改造，加强向产业价值链上游的转移能力，有力促进产业转型升级。

3. 积极推动企业整合与兼并重组

企业不仅是市场经济的主体，而且也是产业转型升级和区域经济增长的主体。只有企业做强、做大，形成以龙头企业为"脑"和中小企业为"手脚"的配合，有效嵌入全球产业链的发展，才是提升产业竞争力的根本。因此，企业需要根据市场变化动态整合，必要时可通过参股、并购、联合等方式进行重组，这不仅能够创造规模经济效益，而且能减少低水平重复建设和恶性竞争，提高企业核心竞争力和产业整体质量效益。当前，我国一些规模行业集中度低，无序竞争、重复建设和过度投资现象突出，国内众多同质企业在参与国际经济贸易时经常被反倾销等贸易调查所困扰，如近期出现的光伏产业接连遭遇欧美反倾销调查，其根源就在于国内企业间的无序竞争。可以说，实力分散已经成为严重制约我国企业做大做强、形成具有国际竞争力产业最主要的因素。在全球经济持续低迷的时期，我国企业应该利用资金优势，寻找国际上优质的整合资源，缩短与世界先进水平的技术差距，在增强自身技术能力的同时，为占领未来市场赢得主动权。而企业间通过整合、并购和重组，加强知识产权的优势互补和强强联合，是提高产业转型、升级效率的重要途径。

4. 加快产业转移及产业集群建设

随着我国东中部城市化进程的加快，以往经济增长依靠的比较优势正在逐渐丧失，一些产业难以维持以往的竞争力，面临着衰退和转移的压力，这也是产业转型升级中面临的重要议题。欧、美、日等发达国家均经历了这一过程，我国区域发展的不平衡决定了先发地区也要面临同样的问题。为实现区域可持续发展需要处理好产业转移的问题：一是向外实施转移，

第 1 章
明确产业发展方向和途径

通过海外合作、设厂和研发中心，将国内趋于饱和的产业向更具有比较优势的国家转移，这主要集中在资源性产业和具有传统比较优势产业的制造环节；二是向内实施转移，即利用我国各地区发展的资源差异，将东部沿海地区劳动密集型产业向中部、西部内陆地区依次进行转移。此外，加强产业集群的建设也是实现产业向价值链高端发展的一种有效途径，通过对现有产业资源的整合和综合利用，落实配套产业的发展，在主导产业的基础上着力打造促进经济发展的产业增长集群，实现园区化聚集的高效发展模式，是产业转型升级的有效方式之一。

5. 大力培育和发展战略新兴产业

战略新兴产业的重要特点之一就是具有技术路线选择的不确定性和技术产业化的不成熟性。大多数处于技术前沿的新兴产业的核心技术在发达国家中也并没有成熟，因此后发国家在技术上赶超先进国家的可行方式之一就是发展战略新兴产业，如信息网络、新能源、新材料、生物医药等产业因具有技术密集、资源消耗少、利用率高、对环境破坏小以及辐射带动效应强等特点，符合产业转型升级的方向，符合抢占国际科技经济制高点的战略需求，是推进产业升级的重要途径。

1.3 工作思路

我国当前阶段的产业升级，除国家重大专项、战略性新兴产业和重点领域等需国家重点支持的外，应当是市场导向和企业创新相互结合的结果。也就是说，企业应当是这次产业转型升级的主体，政府是加快产业转型升级的重要推手。为此，政府要充分利用市场机制优化配置资源的基础性作用，适时地进行协调引导和推动，为产业转型升级创造良好的条件和环境。

1. 加强指导，营造有利于企业突破瓶颈的产业发展环境

企业是产业升级转型的主体，政府应推动适合于企业增强竞争力的外部环境建设。一是引导企业突破技术瓶颈，在原始创新、集成创新、技术引进消化吸收再创新的过程中，为企业集中优势资源重点攻关突破技术壁垒、形成自主创新能力提供外部支撑；二是解决技术产业化瓶颈，对于新兴产业的产业化初期，在技术尚不完善、商业模式还不成熟、市场认同度低的时候，政府应采取强有力的助推措施，包括采取激励性政策、保障性政策，为技术产业化和市场的形成创造良好的外部环境。因此，企业提升竞争力的根本在于掌握核心技术，而要实现核心技术的攻关和获得，充分利用专利分析获取竞争情报是最为有效的方式之一，也是专利导航产业和区域经济发展的重点所在。

2. 完善政策，营造有利于聚集创新资源的区域经济环境

建设创新型城市和保持区域经济可持续发展是当前产业升级转型的重要目标。这一目标的实现关键要看能否有效聚集创新资源并发挥更高的效率，人才、技术和资本等创新资源具有很强的流动性，而创新资源的流向则取决于哪里具有更适宜创新的市场环境。城市和区域能否实现以创新带动经济转型发展，首要问题就是要完善政策，下大工夫创造有利于创新资源聚集的区域经济环境，实施有利于调动企业、人才、技术和资本聚集的政策。

第1章
明确产业发展方向和途径

3. 统筹协调，营造有利于产业转型升级的区域分工格局

地方既是经济发展的重要源动力，也是重复建设和投资过热的主要源头。加强对地方发展的统筹管理，需要根据地方资源禀赋和产业基础，科学制订经济发展目标，准确把握发展重点，发挥产业集群优势，提升科技创新能力。加强对区域经济发展的统筹规划和指导，应根据现有区域经济发展水平，加强东中部地区的产业升级转型，由劳动密集型产业向技术密集型产业过渡；加强中西部地区的产业技术含量，在承接东中部劳动密集型产业的同时，加快对传统产业的高新技术注入。

第 2 章 评估区域经济基础和发展环境

区域经济是支撑我国经济总体发展的驱动力。加强对区域经济发展中产业结构和类型的深入分析，结合区域自身经济发展特点和实际需求，以技术创新为导向，以专利导航区域经济发展为目标，可以提出适合于区域经济保持长久竞争力的发展建议。

2.1 概述

我国自改革开放以来，前 30 年的经济增长主要来自东部沿海地区的中心城市圈，形成了长江三角洲、珠江三角洲、环渤海经济圈。内陆地区虽也有一些中心城市和经济区获得较快发展，但总体上仍滞后于沿海地区，特别是广大县域经济还明显落后于中心城市。由此构成了我国经济"不平衡、不协调、不可持续"的发展特点。因此，我国未来经济发展主要将向"多极化、均衡化、一体化和内需化"来转变。[1]

区域经济发展应结合当前国情和区域现状，找准产业转型升级的方向、准确定位区域经济结构调整方式。

2.1.1 技术追赶与产业升级

从全球产业结构上看，我国整体上依然处于后发追赶阶段。区域经济发展的不平衡使得我国沿海腹地率先完成了资本积累和技术学习模仿，但与国际先进产业发展模式还有相当距离。这些区域转型升级的方向主要是向产业链高端和品牌服务业发展，通过技术引进学习再创新的过程，完成与国际接轨，

---

[1] 金碚. 全球竞争新格局与中国产业发展趋势 [J]. 中国工业经济，2012（5）.

第 2 章
评估区域经济基础和发展环境

逐步实现以自主创新为主导的产业发展模式。内陆地区未来一段时间仍然要依靠资本推动，利用人力和物质资本、技术创新驱动来实现产业的升级调整，这其中依靠技术进步带动新兴产业跨越式发展是内陆地区经济快速转型的重要途径。县域地区因还具有显著的劳动力成本优势，在发展上可以继续承接原有的东部产业转移，形成对我国整体经济的有益补充。

后发国家的产业演化是由技术追赶主导的产业升级过程。我国一直以来实行的"以市场换技术"的策略，是希望利用我国巨大的市场需求优势，获取国外先进技术，从而推动我国技术追赶的步伐。但由于对引进技术缺少"更新和创造"的能力，使得我国产业一直处在"引进—落后—再引进"的恶性循环中。目前，我国已经成为最大的"技术消费国"以及先进技术和关键零部件的主要引进者，对外技术依赖性使得自主研发的动力逐渐被边缘化。缺少对技术追赶中自主创新能力的融入，是我国目前产业只有规模而无核心竞争力的根本原因。

从企业角度上看，产业升级表现为企业在一个全球价值链中顺着价值链阶梯逐步提升的过程，其本源表现为企业的生产能力和竞争能力的提升。提高企业的核心竞争力、增强企业自主创新能力已成为后发国家实现产业升级的必经之路。

2.1.2 知识产权运用与区域发展

从先发国家和后发国家的全球价值链分布上，可以明显看出，先发国家凭借先发技术优势，依靠核心技术牢牢地站在了产业链的高端，后发国家在人才、技术、商业模式和管理经验上处于显著落后的地位。其中，核心关键问题就是先发国家已经依靠技术的进步完成了全球产业链布局，掌握了以智力和技术资源为主导的经济发展模式，而后发国家除了依靠人力和资源等比较优势获得发展外，缺少掌握参与竞争的核心内容。

图 2-1 从技术、产业、市场和专利多个维度对先发国家和后发国家进行了比较，先发国家凭借技术优势在产业链控制和市场话语权方面领先于后发国家。不难发现，合理有效运用专利和品牌等知识产权组合是先发国家在经济转型后依然保持产业链"链主"地位的主要手段，后发国家与先发国家相比，在专利与技术、产业、市场动态匹配过程中的滞后，是造成后发国家处于发展劣势的重要原因。虽然先发国家为后发国家的崛起设置了重重障碍，但先发国家凭借知识创新形成经济驱动力和产业控制力的模式，可以说，也为后发国家跨越式发展提供了宝贵的经验。

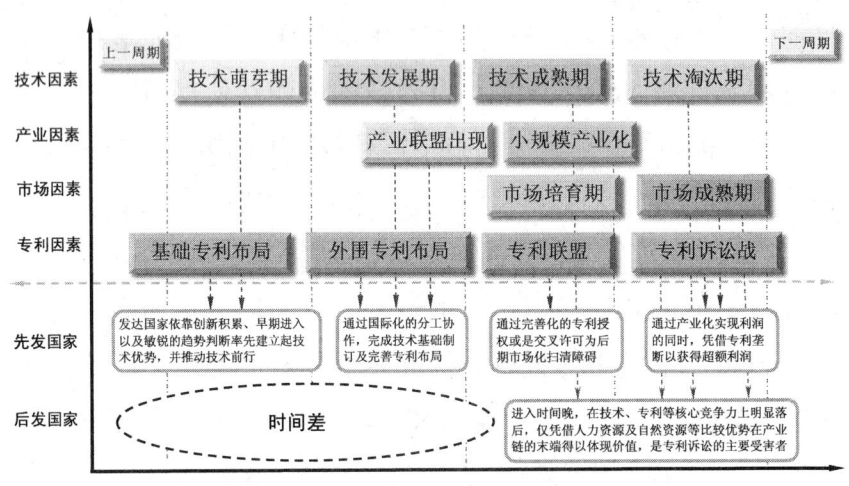

图 2-1 后发国家与先发国家在技术、产业、市场和专利布局上的时间差

技术进步是产业升级的核心推动力。后发国家在技术追赶过程中应充分借鉴先发国家在技术、专利、产业和市场方面所积累的经验。在技术创新带动产业转型升级的同时，也要学会先发国家利用知识产权战略形成核心竞争力的发展模式，将知识产权战略的运用与技术追赶和产业升级置于同等高度

第 2 章
评估区域经济基础和发展环境

和重视度,尤其是要学会掌握利用专利情报获得技术进步的关键信息,通过自主创新、技术引进和技术学习过程中积累的知识产权,获得参与国际竞争的机会,从产业链的低端逐步向附加值的高端方向转移,最终实现"链升级"。

从图 2-2 所示的经典"微笑曲线"中不难发现,后发国家在从产业链低端向高端升级的过程中,往往会遭遇先发国家依靠专利和品牌共同构筑的知识产权保护壁垒。相对于品牌塑造的长期性而言,以专利为切入点,率先形成突破是后发国家实现赶超的可行方式之一。三星、华为等后发企业无一不是在专利方面获得参与市场竞争的主动权后,再逐渐向品牌和服务增值方向发展,从而奠定了在各自领域的全球影响力。因此,后发国家的产业和区域在发展时可以借助专利导航,找准产业发展的关键节点,适时地进行"投棋布子",通过技术提升带动产品质量升级,逐渐打造品牌和知名度,渐进式地完成向"微笑曲线"产业链两端的转型升级。

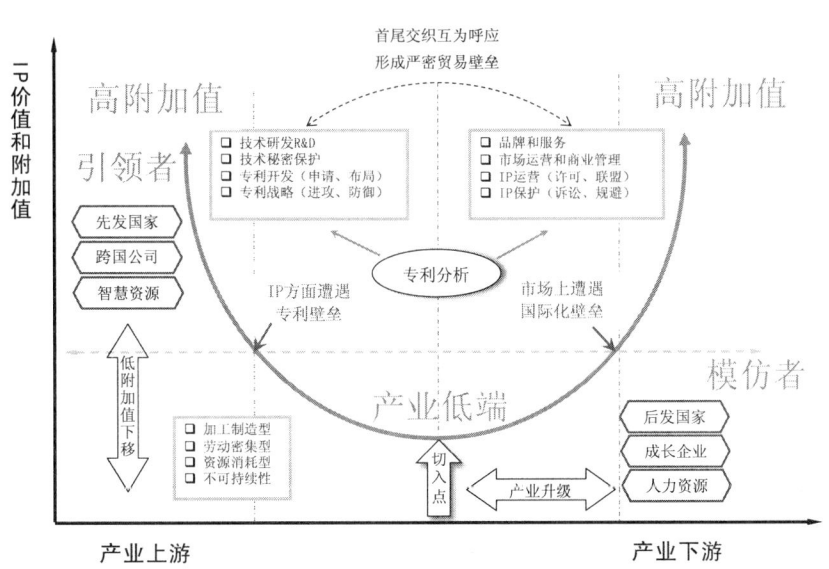

图 2-2 后发国家从产业链低端向"微笑曲线"两端发展

2.2 分析区域内部经济基础和发展环境

在产业升级和转型过程中应充分结合区域自身发展特点，对资源条件、产业基础、技术基础、政策导向等多方面进行综合考虑，充分结合区域的资源禀赋和现有产业基础，发展优势产业。加强对新技术、新市场和新产业的跟踪研究，积极拓宽产业结构，加强产业间的关联度，努力打造"产业链布局合理、产业集群优势明显"的发展格局。

针对区域经济发展的实际需求，要对区域内部的产业基础、技术基础、资源条件和政策导向有充分的了解和掌握，如图2-3所示。

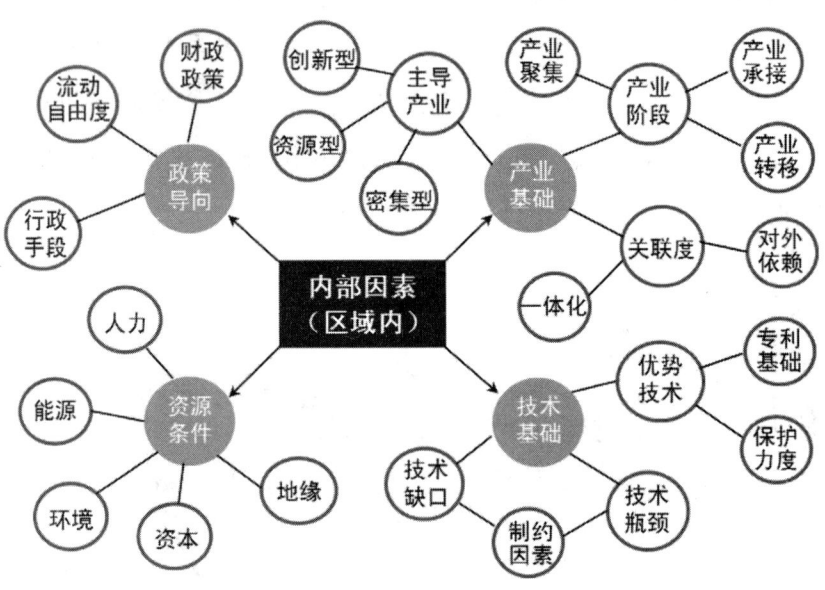

图 2-3 区域内部现有基础评估

2.2.1 区域产业基础分析

分析区域内产业基础要从了解区域产业类型和发展规模、了解区域产业发展所处阶段、了解区域产业关联度与依存度

第 2 章
评估区域经济基础和发展环境

等要素入手。区域经济发展在转型和升级过程中要充分依托现有产业基础，适时调整产业结构，积极引入战略性新兴产业，以技术创新和提高自主创新能力为核心，加快产业的转型升级。

1. 了解区域产业类型和发展规模

区域经济发展的主导产业、支柱产业或优势产业是以劳动密集型、资本密集型还是以技术密集型为主，是判断区域产业类型的依据。不同类型产业形式对技术创新和专利分析的需求各不相同。劳动密集型产业的创新点多集中于外围制造技术，大多位于产业价值链的底端，依靠技术创新或专利战略实现转型突破的难度最大；资本密集型产业对技术的需求依赖于产业特性，如石油、化工、能源等领域的加工工艺是这些产业的技术核心；而技术密集型产业中的技术是实现产业发展的核心驱动力，如以信息技术、生物医药为代表的产业是专利密集度最高的领域，是亟需依靠技术创新带动发展的产业。

2. 了解区域产业发展所处阶段

先发国家和后发国家、先发区域和后发区域之间经济发展的不均衡性，决定了区域产业在全球产业分工中所处的位置和发展阶段各不相同。以一部苹果 iPhone 手机为例，设计来源于美国本土，零部件分别来自美、欧、日、韩等提供商，组装生产主要由具有劳动力成本优势的中国大陆完成。在整个产业链条上体现了不同的产业发展阶段，产业分工构成了各自环节的发展特点。从产业转移和产业承接的角度来看，先发国家依靠技术创新能力，将低附加值产业向后发国家转移，后发国家则在承接了转移来的产业后开始自主发展。因此，判断区域当前发展所处的阶段，对找准未来转型驱动的方向，

利用专利战略提升产业附加值具有指导意义。

3. 了解区域产业关联度与依存度

主要对区域产业内部关联度和对外依存度进行摸底。区域内可通过工业园区、高新技术区等园区形式构建产业集群,延长区域内主导产业的上下游产业链,形成内部产业结构的平衡。高度集中的产业发展模式,可以减少物流成本、缩短研发周期、增强产品竞争力,易于形成技术创新优势。区域对外依存度高,则意味着区域内主导产业赖以发展的核心技术、关键零部件、上下游产业配套依赖于外部提供,在产业自主发展上具有局限性,未来可从延伸产业链、增强核心竞争力等方面进行产业提升。

2.2.2 区域技术基础分析

区域经济转型发展的基础来源于技术创新、组织创新和管理创新的协同,对自主技术、引进技术、合作开发技术的全面梳理和掌握,以及增强区域发展的活力和可持续性具有重要意义。

1. 了解区域产业优势技术情况

区域赖以发展的主导产业、支柱产业或优势产业是经济增长的主要引擎,围绕这些产业开展转型和升级工作,必须要了解其拥有的技术水平和整体竞争力的状况,找出相关产业的技术来源,准确判断未来发展趋势,为产业技术提升提供基础分析素材。

2. 了解区域智力资源产出情况

对区域内拥有的高校、研究机构、技术研发中心和骨干企

第 2 章
评估区域经济基础和发展环境

业等"软实力"产出情况要进行全面了解。一是发现是否有与区域当前主要发展的主导产业、支柱产业或优势产业形成支撑的技术；二是分析技术研发成果是否具有领先性，与同类技术相比产业化前景是否较好，能否进行技术转移或输出；三是掌握区域专利布局情况，初步掌握区域内专利技术产出及主要聚集的专利技术点分布。

3. 了解区域产业技术瓶颈情况

自主创新带动产业转型升级过程中，要对遇到的技术瓶颈进行筛查，了解困扰区域产业发展的技术难题在哪里，知道所需技术的引进来源，以及在消化吸收再创新过程中的主要问题在哪里，找出困扰区域产业提升难以实现突破的技术壁垒。

2.2.3 区域资源条件分析

区域所拥有的资源条件是区域产业发展的自然基础和源点。对于资源加工型产业或对自然资源有较强依赖性的产业来说，自然资源不仅影响产业链上游环节的区位分布，也决定着产业链的种类。例如，在一定气候条件下的某些区域，适合发展与之相适应的种植业；又如，有一定的矿产资源，才能发展相应的采掘业和化工产业。

发达的交通条件、沿江沿海或门户的地理位置，可为区域产业发展赢得先天的优势。在产业链的延伸过程中，区位条件的比较优势是一个重要参量，无论是外商投资还是我国沿海地区的产业转移，交通便利、靠近市场或原料地的地区或城市往往是首选之地。

随着生产、交通、通信技术的发展和市场的日渐完善，自然资源对区域产业链形成与发展的影响力趋向弱化。人力资源、科技水平和资本等要素的影响力正日益增强。但自然资源对区域产业链发展的积极意义依然存在，并可能成为后发区域嵌入全球产业链的重要依托。

2.2.4 区域政策导向分析

区域的产业政策、税收政策、科技政策和人才政策，对区域传统产业的转型升级和战略性新兴产业的跨越发展具有直接影响，因此需要了解区域的政策导向，以及专利要素在政策制定环节的影响力。

产业政策是影响市场运行和企业经营的宏观变量。区域产业链的健康发展与稳定运行，有赖于营造宽松的交易和融资环境。在政策不完善的地区，供应商、制造商、客户之间不能建立起稳定的交易关系，企业与劳动力市场没有建立起常规的联系，研发与生产之间相互脱节，这样就会导致交易费用增加和创新受阻。例如，我国实行对外开放的经济政策以来，全国产业布局显著变化，如珠三角地区出现了大量的工业集聚区，成为世界制造业链条中重要的一环。相反，某些基于地方保护主义的区域政策，则限制了生产要素的合理流动，导致严重的市场分割，阻碍了区域之间的产业链联系。

图2-4是经济活动中技术、专利、产业和市场各要素与政府、行业、企业和高校科研院所各主体间的关联。我国国情主要表现在高校和科研院所的技术产业化率低、企业缺少核心技术、行业发展缺少长远规划，这是制约我国科技能力和市场竞争力的主要原因。而政府则在各个主体和要素间都具有一定的影响力，所以在政策导向上，只有从主体到要素都形成以创新为中心，形成制度创新、组织创新、管理创新，进而促进技术创新，才能够带动区域经济在可持续发展的道路上越走越远，

第 2 章
评估区域经济基础和发展环境

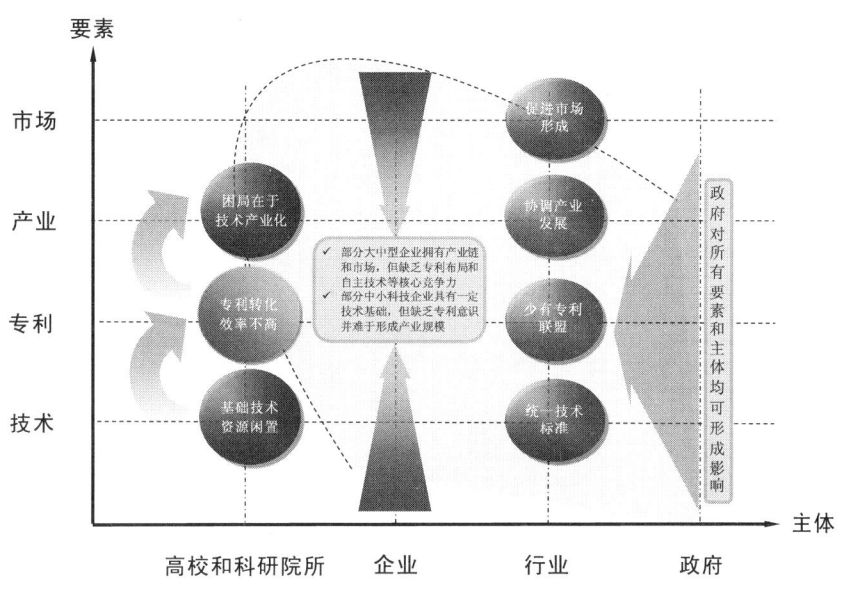

图 2-4 政策导向对各主体和要素的影响力

这也是专利导航要努力形成辅助政府决策参考的主要目的之一。此外，区域应遵循产业自身的发展规律和市场机制的运行要求，产业要素的流动、产业发展的方向以及产业链环节的组合与调整等应交由市场来主导，政策导向也应遵循这一基本原则。

2.3 分析区域外部发展状况和国际环境

区域经济发展过程中，对外要审时度势，密切关注国内和国际的发展环境，如图 2-5，要熟悉国内外产业发展的新格局和新变化，了解现有产业分工及发展中国家的产业承接和产业转移的新趋势。结合我国当前东、中、西部发展现状，合理制定区域发展规划，减少区域间的低水平重复建设和无效竞争，加强区域间的技术创新合作和市场开发力度，进一步形成具有市场竞争优势的产业集群。

专利导航产业和区域经济发展实务

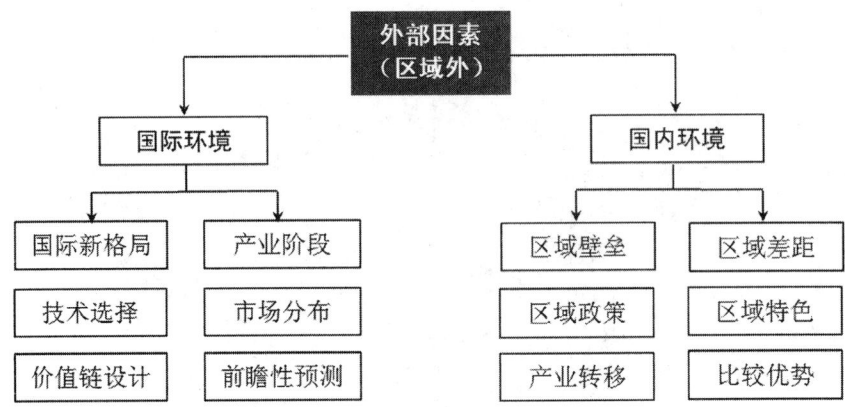

图 2-5 区域外部面临的国内和国际环境

2.3.1 区域发展面临的国内竞争环境分析

1. 发挥区域特色，避免产业趋同

区域经济发展应结合自身特点，发挥区域特色，避免与其他区域间存在产业过度趋同的现象。低水平重复建设虽然能在短期获得政策支持得以快速发展，但近年来我国在国际贸易上屡屡遭受反倾销调查的原因都是各地区产业无序化竞争的结果，长期来看是不利于产业健康发展的。

例如，"十二五"期间国家大力主推新能源汽车产业，于是各地纷纷将新能源汽车及其关联的新材料产业发展纳入地方产业规划。据不完全统计，目前已有23个省及直辖市明确将动力电池或者锂离子电池项目列入当地"十二五"重点发展项目。这种区域重复建设和产业结构的趋同危害性很大，不仅影响了区域经济比较优势的发挥，还使区域分工效益和规模经济效益难以实现，使区域间的资源和市场的矛盾激化，严重制约了整体效益的提高。

而对专利信息情报的研究，则可以辅助区域找准产业切入点，在适合于区域发展特色的技术路线上进行突破，实现由

第 2 章
评估区域经济基础和发展环境

低端到高端、由松散到联合的产业发展形态。

2. 突破保护壁垒，促进区域合作

加强区域分工，可以增强生产的专业化；加强区域合作，特别是生产合作和资金合作，可以提高生产集中的程度。运用产业政策，政府可以通过对某些产业的保护、扶植、完善或限制、禁止等，从而抑制区域重复建设和产业结构趋同。

制定区域产业发展规划时，应充分了解产业链上下游，从原材料到加工制造环节，哪些环节是区域已有产业基础的强项，哪些环节是需要借助区域外部的供给才能实现的，这种供给是否会因地方保护主义而影响到本地区的发展。

2.3.2 区域发展面临的国际竞争环境分析

准确判断区域经济发展所处的国际环境是全球一体化和区域发展嵌入全球产业链的必要条件。后发区域相对于先发区域处于产业承接的阶段，在技术转移和产业转移方面，由于缺少对未来技术和产业发展趋势的判断，往往会出现引进了对于区域属于领先技术，而对于整个产业环境却是即将淘汰的技术，造成巨大资金投入的浪费。

这种现象在我国的电视机行业屡见不鲜。河南安彩集团作为国内电视显像管的龙头企业，在面临选择 CRT（显像管）和 LCD（液晶电视）作为未来技术路线时出现了误判，错误地判断了 CRT 技术生命周期还会有 10 年。于是在 2003 年出资 5000 万美元收购了当时美国康宁公司的 9 条生产线。但随后市场快速地由 CRT 转向 LCD，安彩集团不得不于 2007 年申请破产[①]。相反，康宁公司则在甩下包袱后轻松转型并很快成为

---

① [EB/OL].http://finance.qq.com/a/20100719/001346.htm.

世界上最大的LCD玻璃生产商。再如长虹花费10亿美元引进国外等离子面板生产技术，试图从电视关键材料的源头实现自我掌控。但是在等离子与液晶市场较量中，由于等离子阵营对技术开放过于保守，使得市场认知度始终不如液晶高，并随着后来LED等新技术的出现，正逐渐淡出市场。可见，对市场方向和技术路线方向的错误判断，是导致我国很多龙头企业还处于产业跟随地位的主要原因。

因此，能否正确判断国际产业发展趋势和格局变化，能否准确驾驭产品生命周期，是区域产业做大做强必须面对的外部环境。在与国际接轨的过程中，应当对产业发展趋势、技术路线选择和商业化前景进行全面评估，为区域产业的健康发展提供优选方案。

从产业链、技术链和企业链的角度，通过专利情报分析，能够很好地对技术路线发展历史和趋势，未来商业化和产业化前景与可行的技术路线作出判断，进而形成对区域产业发展的决策支撑。

2.4 确定区域产业转型升级的目标和方向

结合区域产业基础、发展特色、国内外环境及产业升级和转型的主要途径和思路，合理规划区域产业转型和升级的方案。结合后发国家和地区的产业基础结构，以战略新兴产业和传统产业的高新技术化为引导，增强产业间横向关联及纵向整合，力争在下一轮技术革命中缩短与发达国家的差距。突出发挥技术创新在转型升级中的带动作用，形成"以点带面，辐射扩散，全面发展"的全新产业格局。

第 2 章
评估区域经济基础和发展环境

2.4.1 战略性新兴产业发展路径选择

战略性新兴产业是一个国家或地区实现未来经济持续增长的先导产业，对国民经济发展和产业结构转换具有决定性的促进、导向作用，具有广阔的市场前景和科技进步能力，关系到国家的经济命脉和产业安全。

战略性新兴产业中的技术路线有多种选择，技术和专利壁垒尚未完全形成，国际标准尚待制定，商业模式有待开发，规模化生产还在酝酿起步，竞争格局还不明朗。面对新兴产业，常规有两种选择：一种选择是等国外产业化、市场化基本成熟，越过风险期，再进行跟进模仿，这种方式风险小，但很难进入产业领先地位；另外一种选择是在选定的方向，以政策和资金投入，加快技术研发、完善知识产权体系、制定技术标准、探索符合国情的商业模式，实现产业化。后者虽然风险很大，而且会受到来自国际竞争对手的巨大压力，但是一旦成功，就可以占据领先地位，获得先发效应。

发展战略性新兴产业对我国经济发展具有重要意义：一是具有巨大的发展空间，能够发展成为未来的支柱产业；二是未来高速增长的产业，对经济增长的带动作用强；三是与其他产业的关联度大，具有重大的辐射带动作用，能够带动其他产业的发展；四是代表科技的发展前沿，符合低碳、环保等先进理念；五是战略性新兴产业的发展决定了未来国家的竞争优势。对中国等后发国家来说，发展战略性新兴产业是实现赶超的重要机遇。

区域经济发展中既要紧紧围绕国家战略性新兴产业的总体规划，也要突出区域在技术、资源、人才和政策方面的优势，合理确定战略性新兴产业的方向和规模。宜充分依靠区域的资源条件、技术基础、现有产业结构等特点，以技术路线方向已经基本确定、产业化前景可期的新兴产业作为突破口，以点带面，初期形成竞争优势，加大技术投入和知识产权保护力度，逐渐形成能够参与国际竞争的优势产业。

2.4.2 注入高新技术促进传统产业转型升级

传统产业是相对于新兴产业已经存在的产业形式，在我国经济结构中占有较大的比重。传统产业与新兴产业间并不存在明显的附加值高低的对应关系，一些新兴产业是传统产业的技术延续，而且传统产业也可以具有高技术因素，产生高附加值。同理，新兴产业中也可能有低附加值环节[①]。

因此，在调整产业结构时应正确看待传统产业和新兴产业的关系。加强各产业间的技术改造，是实现产业升级的有效方式之一。在对传统产业进行升级改造时，应借鉴现有技术，准确判断技术更新周期，分析新技术发展趋势，辨明本区域内传统产业可能突破的方向，注入高新技术，并在创新能力上实现突破，从而带动传统产业向更加节能环保、效率更高、技术含量更高的产业方向发展。

---

① 金碚. 全球竞争新格局与中国产业发展趋势 [J]. 中国工业经济，2012（5）.

第3章 研究产业发展路径

研究产业发展路径旨在从产业基础、产业发展阶段、产业需求、产业周期、产业动向和外部生态环境入手，对相关产业的发展规律、龙头企业的发展动向、核心技术演进情况进行全面摸查。深入研究产业的进入壁垒和退出壁垒，对全球产业链的构成及分工、价值链和供应链进行完整分析。借助专利情报的辅助分析，明确产业变革中的关键技术和对应的核心专利，找出推动产业发展的引领者，研究专利在产业发展路径中的影响方式，梳理出清晰的"技术—企业—产业—市场"路线图，并能按照产品生命周期的轨迹预测未来的发展方向，从而制定和实施能"驾驭"这个未来方向的专利战略，为产业发展提供决策支撑。可以说，专利是导航创新方向和护航创新成果的重要手段，其与产业链、技术链、企业链和市场要素（链）间的关系如图3-1所示。

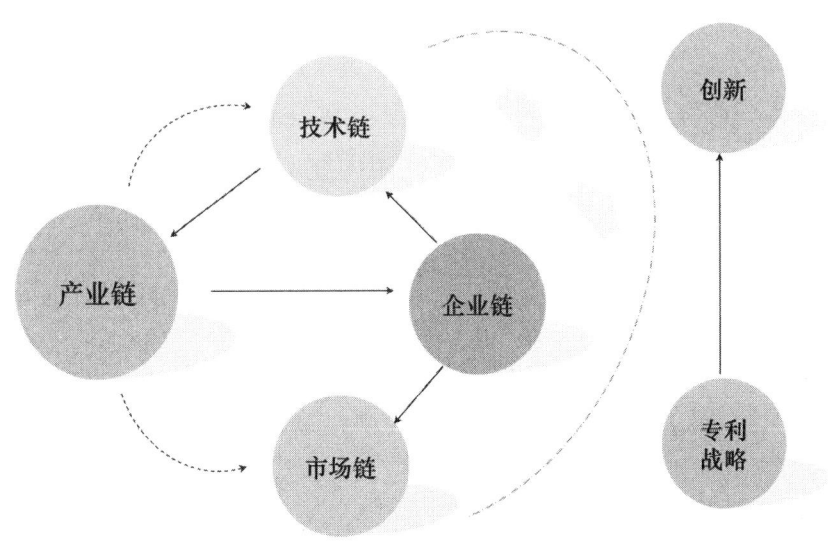

图3-1 专利与"技术—企业—产业—市场"全链条的关系

3.1 产业价值链分析

产业链是各个产业部门间基于一定的技术关联,并依据特定的逻辑关系和时空布局关系客观形成的链条式关联关系形态,是一个包含价值链、企业链、供需链和空间链四个维度的概念。[①]价值链则是企业在设计、生产、销售、交货以及对产品起辅助作用的一系列互不相同但又互相联系的经济活动的综合。

产业链反映的不仅仅是一条产品链,同时也是一条信息链和功能链,在技术依赖度高的产业,技术、专利、企业和市场等要素是信息链的重要组成。通过以专利为切入点,结合其他产业链关键信息,可以有效形成价值含量较高的产业决策信息。通过对产业价值链的了解,掌握产业的发展阶段、发展特点和未来发展趋势,从其构成的企业链中找出推动产业发展的驱动力和推动者,发现影响产业生命周期的因素,准确判断产业发展趋势,从而获得未来市场竞争的先机,是一种值得深入探索的可行路径。

3.1.1 分析产业发展历史

通过产业发展历史和现状的研究,找出产业发展的推动因素、产业发展的推动者和引领者,为摸清产业发展中主流技术路线产业化、专利影响因素间的内在联系。

1. 了解产业发展驱动力

从产业发展过程上,大致经历了生产要素驱动、投资驱动和创新驱动等发展阶段。

①生产要素驱动。即以土地、矿产、水等自然资源、环境和低技能廉价劳动力作为推动经济发展的主要力量。纺织、

---

① 吴金明,邵昶.产业链形成机制研究[J].中国工业经济,2006(4).

制造、加工等劳动密集型产业是典型的生产要素驱动。

②投资驱动。即以资本投资作为经济发展主要推动力，石化、钢铁、冶金等资本密集型产业是投资驱动的代表。

③创新驱动。即以创新作为经济发展的主要推动力，半导体、计算机、通信等技术密集型和知识密集型产业是创新驱动的主要形式。

产业的创新驱动除了包括技术创新，还包括体制、结构、组织、人力资源和分配机制的创新。以率先形成的优势产业为基础进行横向和纵向扩展，形成更高层次的区域竞争优势。创新驱动使得企业不再局限于引进、吸收国外技术和经营管理方式，由产能投资转向更加关注创新能力的投入和建立核心竞争力上。此时，企业参与国际竞争不再是价格竞争，而是凭借技术和产品的差异性取得竞争优势。

不同阶段在产业类型上也有交织，其专利价值各存差异。信息通信领域属于典型的创新驱动产业，苹果公司形成了从产品研发设计到对渠道的控制的全产业链发展模式，从而牢牢地把控了产业链的最高端，相比之下，负责组装制造苹果产品的台湾鸿海集团虽然也同在创新驱动的产业链中，专利申请量一直位居国内企业前列，但仅依靠人力资本和比较优势的劳动密集型产业发展模式的特点，使得鸿海集团如不能向产业链价值高端转移，也很难依靠专利数量的优势获得产业链上游企业的超额利润。

2. 了解产业转移趋势

了解产业发展历程和趋势可以判断产业发展的驱动因素、产业链国际转移趋势、技术路线的演化方向和核心技术的主要持有者，为专利分析提供清晰的时间、地域和企业情报信息。

全球产业转移和产业分工模式的变化对后发国家的技术追赶和产业升级具有深远影响。历史上，国际产业发展大致经历了几次大规模的产业转移：

第一次转移发生在20世纪50年代。美国凭借在半导体、通信和电子计算机等新兴技术密集型产业在全球的领先地位，将钢铁和纺织的传统产业向日本、德国转移。

第二次产业转移发生在20世纪60～80年代。美、日、德等发达国家集中力量发展集成电路、精密机械、精细化工、家用电器和汽车等附加值较高的技术密集型产业，将附加值低的劳动密集型和资源密集型产业转移到亚洲新兴国家。

第三次产业转移出现在20世纪90年代后。欧美和日本等发达国家和亚洲先行的新兴工业化国家各自发展自身的优势产业，将不具有竞争优势的产业向东盟和中国内地等发展中国家和地区转移。

从半导体存储器的产业发展历史可以更清晰地印证上述历次产业转移趋势，如图3-2所示。最早的半导体存储器技术起源于美国，产业化推动也主要是以IBM、德州仪器和Intel等大型企业为主。随后日本企业进入该领域，东芝、NEC、三菱等公司借助政府对半导体产业的大力扶持，很快依靠产业规模化和技术的赶超，迅速形成了与美国双雄争霸的局面。韩国则是以日本半导体发展模式为主要参照，通过政府的大力扶持，依靠三星、现代、乐金等大企业的重金投入和技术引进，通过及时跟踪和吸收学习先进制造技术，在短短10年间就形成了世界级的制造优势，从而与美、日形成了三足鼎立之势。此后，我国台湾地区也仿照日、韩的发展模式，以产业集群的形式，从引进技术到自主开发，形成了半导体存储器产业发展的第四极。

第 3 章
研究产业发展路径

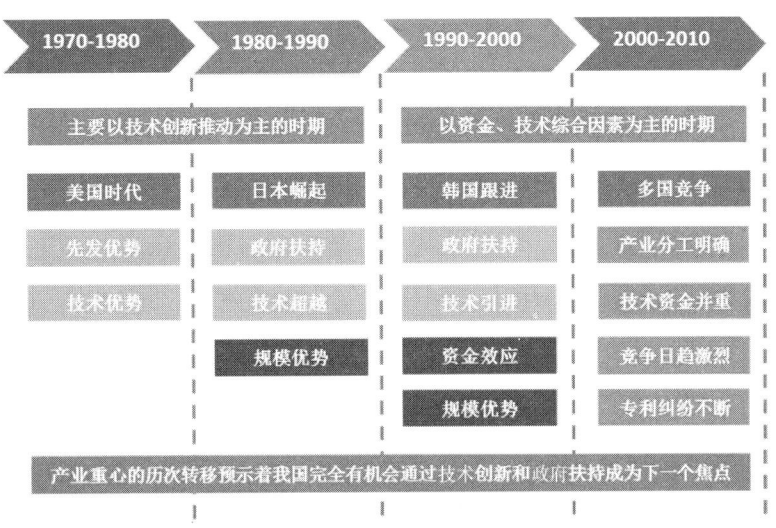

图 3-2　半导体存储器产业发展历史和趋势

通过对半导体存储器产业发展历史的了解，可以为开展专利分析提供以下一些关键信息：一是明确了半导体存储器的重要技术出现的地域范围，主要集中在美国、日本、韩国和我国台湾等国家或地区；二是明确了半导体存储器产业的龙头企业，如 IBM、德州仪器、Intel、东芝、三菱、日立、三星等；三是明确了重要技术出现的时间范围，主要开始于 20 世纪 70 年代后，在 70～90 年代属于基础技术突破期，这一阶段围绕存储器容量不断上升的要求，从材料、工艺、制造各方面进行了大量的基础研究和试验，奠定了半导体存储器未来一段时间的基本发展路线；四是对日本、韩国和我国台湾地区等后发国家或地区的产业突破和技术追赶模式有了初步了解，对后发国家或地区的技术许可和技术来源有了进一步的掌握，为追寻技术链的发展，从而找出重要专利提供了背景依据。

可见，产业转移趋势构成了技术生长和衍生的主要途径，从基础技术诞生地，沿着产业化、规模化和市场化的方向，在所经国家、地区、企业、科研机构等所组成的"毛细循环"

支撑下,逐渐汇集、成长、壮大,直至被新的技术和产业形式所替代。因此,专利分析的目的之一就是要从产业转移的过程中追寻技术本源,以准确地反映技术路线、产业路径和专利布局间的相互关系。

深入研究还可以发现,产业转移表象上是国际产业分工格局的再配置,其内涵则是技术优势先发国家对后发国家劳动力和资源的控制,而这种控制并不会随着后发国家经济成长而发生本质的改变。当前以美国为代表的发达国家正借助核心技术优势和知识产权保护,将高科技和全新商业模式注入传统产业,从而带来又一次具有较大影响力的产业转移,而这种转移则是传统工业向这些发达国家的渐进式回流,近来在科技界逐渐升温的3D打印就是传统制造业回归的典型案例。可见,产业转移或产业回流的实际操控者都是产业内具有话语权的核心技术持有者。

通过电视产业历次转移及对未来趋势的判断可以更加直观地看到这种变化。如图3-3所示。电视技术起源于欧美,随着"二战"后日本经济的崛起,电视制造业重心出现了第一次转移,逐渐从欧美等国转向东亚的日本,虽然欧美还保持有一定的核心技术优势,但随着日本在显示技术上的突破,到了20世纪80年代,世界电视产业的格局已经出现了重大变迁。自日本承接了发达国家的产业和技术后,电视制造业的第二次转移出现在东亚国家内部,随后崛起的韩国和中国分别依靠成本优势也逐渐成为电视制造中心[1],与日本形成三足鼎立之势,奠定了近20年的世界电视制造业的产业格局,至此欧美等国已完全从传统电视制造业中退出。

---

[1] 我国TCL公司2004年对法国汤姆逊电视业务的收购,其本质也是欧洲国家对传统制造业的剥离,将其转移到发展中国家。

第3章
研究产业发展路径

图3-3 电视产业转移趋势及产业价值链区域分布

欧美等国虽然退出了劳动密集型为主的传统电视制造业，但仍然依靠技术优势，在相关的标准制定和专利联盟中占据领导地位，并正在凭借核心技术和全新商业模式，促使电视产业链价值的高点回流。其中尤以美国最具代表性，以苹果、谷歌、微软、英特尔、高通等为首的美国跨国公司正在利用其在操作系统、处理器芯片等技术上的雄厚技术积累和强有力的知识产权保护，结合在商业应用模式上的成熟经验，逐渐将以单一显示技术为主的传统电视产业[①]，变革为更加智能的家庭终端。从而凭借在操作系统等技术方面的优势和丰富的增值服务经验，构建"智能"和"增值"两个新的微笑曲线端点，完成对电视产业革命性的改造，形成除电视显示技术之外新的利润增长点和产业链控制节点，重新夺取电视产业链的价值高点。目前，这一次产业转移正在激烈上演，近来苹果、谷歌和微软等美国强势企业的优秀业绩与日本索尼、

[①] 据统计，目前电视构成成本中70%的价格集中在显示技术上，电视技术的历次升级也主要是以显示技术为核心，如从显像管技术（CRT）到液晶显示技术（LCD）和等离子显示技术（PDP），再到发光二极管（LED）和有机发光二极管（OLED）技术。

松下和夏普等电视龙头企业的快速衰落形成鲜明对比[①],背后深层次所体现的正是两国企业在关键核心技术上知识产权的积累和成功商业模式的较量。

3.1.2 分析产业链构成与分工

产业链不仅突破了企业的有形界限,延伸了企业的功能,更是突破了区域界限,使更高层次的区域整合为一体。全球经济一体化的趋势促进了产业链的扩展,区域分工协作越来越成为经济发展中的重要组织形式。

1. 产业链构成

(1) 横向产业链

横向产业链表示在某一特定产业内上中下游共同形成的包括设计、研发、制造、供应、销售为一体的产业组织形式。对横向产业链组成和分工的研究,可以掌握产业链的构成以及各组成间的技术附加值高低,掌握产业链上中下游各环节的主要企业。

图3-4所示为太阳能光伏的产业链,整个链条上包含了上游材料产业、中游电池芯片产业和下游组件和系统集成。从附加值上看,上游光伏发电用材料产业的技术含量高,属于技术密集型产业,中游电池芯片制造产业除了技术含量高具有技术密集型的特点外,由于其聚集了太阳能光伏产业70%的资金,还属于典型的资金密集型产业,而下游多是以组装、加工、测试为主的劳动密集型产业。产业链的位置一定程度上决定了该产业内核心技术、专利和资金的集中聚集点,电池芯片制造环节因占据了该产业约70%的技术和资金,成为各家企业

[①] 电视一直被视为日本家电企业的战略性产品,具有家电之王的地位,因此如果电视产业出现衰落则会很大程度上引发日本家电企业的连锁反应。

第3章 研究产业发展路径

主要抢占和布局的关键节点,可以认为,对电池芯片制造技术及其相关专利的争夺成为能否控制整个产业链的关键环节。

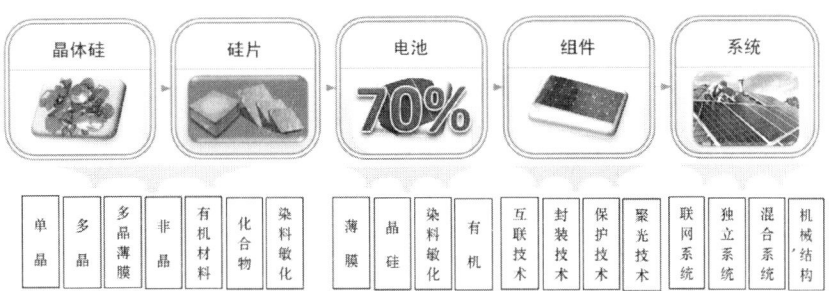

图 3-4 太阳能光伏上中下游产业链构成与价值链分布

(2) 纵向产业链

纵向产业链表示两个或多个关联产业所形成的并行产业链,每个产业链之间各自独立,但产业链与产业链之间又相互影响[①]。研究产业链间纵向关系,可以扩展横向产业链的范围,找到跨产业间的关联因素,进一步发现专利在不同产业链间的附加值及影响力大小。

以图3-5的DVD制造产业及其相关联的版权产业为例。DVD影碟机本身的硬件产品构成了完整的产业链条,从光头、机芯、编解码芯片、制造、测试,一直到DVD盘片的材料,形成了以标准制定者为主的产业联盟,如索尼、东芝、松下、飞利浦等公司组建的DVD联盟、MPEG标准组织等,并通过专利联盟的形式控制了产业链的高端。这些产业链的控制者将DVD影碟机组装制造等劳动密集型产业交由后发国家和地区代工生产,最终再次通过品牌价值进行产品输出,获得产业利益的最大化。

---

① 本书提出纵向产业链的概念仅为专利分析过程中关注多个并行且各自独立产业链间的相互关系提供便利,有时这种并列的产业链就其本质而言也是具有上下游关系的。从产业链概念本身而言,目前尚无横向或纵向之分。

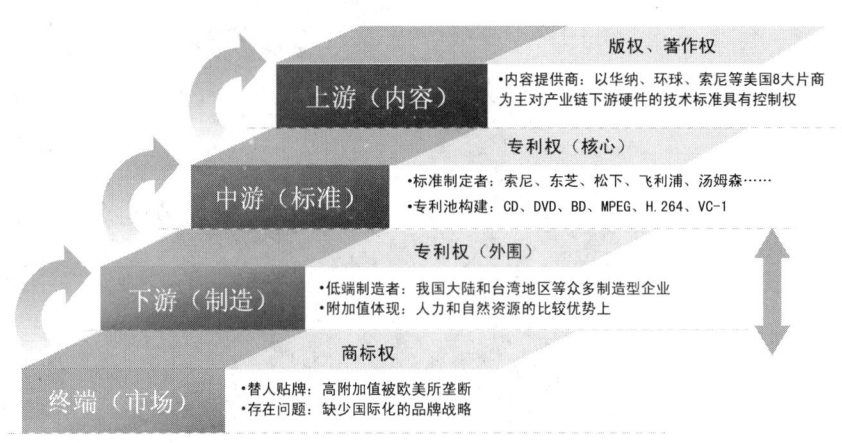

图 3-5 以 DVD 为核心的视听产业纵向产业链

从 DVD 影碟机产品的应用角度看，丰富的视听内容是带动硬件设备发展的促进因素，因此文化版权产业（软件产业）构成了与设备产业（硬件产业）平行的"内容产业链"。在内容产业链中，视听产业最发达的美国内容提供商，成为这个产业链的主要控制者。从历史上看，内容产业链对制造产业链的影响力是巨大的，如 DVD 影碟机的诞生就是源于好莱坞对影音市场推广的需求，同时内容产业链的控制者还直接影响到了 DVD 标准的统一，以及替代技术蓝光 BD 标准格式的统一①。可以说在视听领域内，内容产业链对制造产业链的影响是极为深远的，往往会决定一个技术路线的生死存亡，以及背后众多专利组合的寿命。从图 3-5 DVD 影碟机案例中可以完整地看到不同产业链中附加值的高低，以及辨识出专利价值的高低。

因此对特定产业全球产业链的构成和分工有清晰的把握，有助于开展专利分析工作时更好地将专利情报与产业信息、市场信息相结合。

---

① 美国华纳公司在 DVD 和蓝光 BD 技术行业标准的最后确立上发挥了决定性的作用。

第 3 章
研究产业发展路径

2. 产业链整合

产业链整合是对产业链进行调整和协同的过程，整合的本质是对分离状态的现状进行调整、组合和一体化。产业链整合使得某个主导企业通过调整和优化相关企业关系使其协同行动，提高整个产业运作效能，最终提升企业竞争优势。

整合企业在产业链上的位置可分为横向整合和纵向整合。横向整合是指通过对产业链上相同类型企业的约束来提高企业的集中度，扩大市场势力，从而增加对市场价格的控制力，获得垄断利润。纵向整合是指产业链上的企业通过对上下游企业施加纵向约束，使之接受一体化合约，通过产量或价格控制使纵向的产业利润最大化。

整合中所涉及的股份转让可分为股权的并购、拆分以及战略联盟。股权并购型产业链整合是指产业链上的主导企业通过股权并购或控股方式对产业链上关键环节的企业实施控制，以构筑通常、稳定和完整的产业链整合模式。拆分是指原来包括多个产业链环节的企业将其中一个或多个环节从企业中剥离出去，变企业分工为市场分工，以提高企业核心竞争力和专业化水平。战略联盟产业链整合是指主导企业与产业链上关键企业结成战略联盟，以达到提高整个产业链及企业自身竞争力的目的。

对产业链整合的了解可以解释很多与专利相关的问题。如横向整合中，优势企业间互为补充从而形成新的产业竞争力，涵盖了企业专利融合度和互补度的分析；在纵向整合中，企业对上下游产业链的控制手段之一，就是通过核心技术来掌控附加值高端，而专利正是维护这一策略的有效"武器"。同样，在参股、控股和战略联盟过程中，企业看重的也是在产业链上形成的总体优势，往往会借助专利的形式来达到这一目的。

如近期在智能手机领域中出现的多个联盟，以苹果、谷歌和微软三大操作系统为主，形成了各自的战略同盟，基于对未来策略性专利的收购，意图达到防御和进攻的双重功效。因此，对产业链整合方面专利问题的深度研究，有助于从专利的视角提出符合产业发展的决策建议。

3. 产业链切入点

后发国家或地区在不具备技术优势的情况下，要在先发国家或地区建立起来的秩序下发展自身经济，并保持持续发展，就必须找准既有产业链的切入点或是未来产业链的先发点。正确判断产业链的切入点，不仅可以有效地在产业发展初期与先发国家保持一种利益平衡，为逐渐壮大赢得时间，还可以利用外围专利的手段，在先发国家核心技术的周边进行专利包围，形成相互依存和交叉授权的关系。

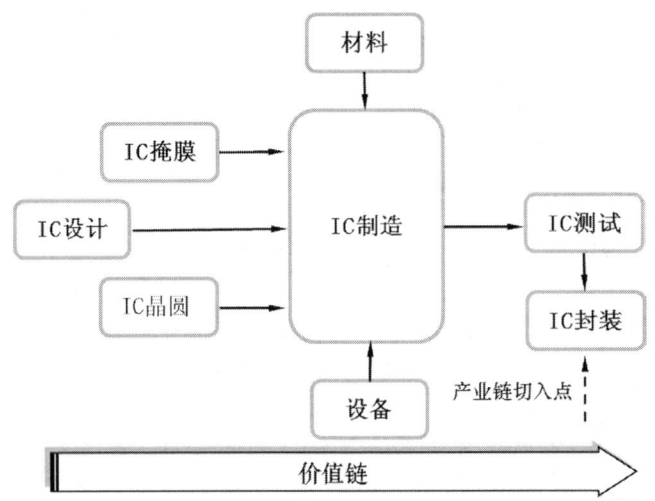

图 3-6　后发国家切入半导体产业链的通行方式[①]

---

① 约翰·马修斯，赵东成. 技术撬动战略——21世纪产业升级之路 [M]. 北京大学出版社，2009.

第 3 章
研究产业发展路径

以图 3-6 所示半导体产业为例，经验表明，除日本以外，所有东亚国家或地区都是通过价值链的最后一步，即芯片封装，进入半导体产业领域的。芯片封装在整个产业价值链中是劳动密集度最高而附加值最小的一个环节。后发国家在以此为切入点进入半导体产业后，逐渐会向价值链的前端移动，从处于"后端"的封装和测试开始，进入产业链"前端"的晶圆制造业务以及与之相关的电路模版生产、晶圆生产、专用材料和设备的供应。

4. 区域在产业链位置

区域产业链是区域多方面因素综合作用的产物，也是地域之间专业分工、竞争合作及要素整合的结果。构建区域产业链有利于建立高效的区域之间与企业之间的新型关系，优化资源配置，提高产业效率。产业链的跨区域连接提高了区域之间在经济发展过程中的相互依存性，表明产业链在国家和区域经济发展过程中将发挥越来越重要的作用。

区域产业链在全球产业链中的位置决定了区域未来的产业发展方向。如果区域产业链处于全球产业链的下游，那么从发展角度，需要以技术创新、模式创新、组织创新、管理创新来带动区域产业链的整体提升，如果区域产业链已经处于全球产业链的中上游，则要注重技术的引领，通过创新能力的持续提高，实现产业价值的维护。

区域产业链的位置对实施专利战略具有很好的指导作用，针对不同发展阶段的区域经济，提供适合的专利辅助手段，可以从专利战略和战术的角度为区域技术提升规划发展路线。

5. 产业集群

产业集群是指在相对集中的地域空间中，把相关产业的上中下游企业，尽可能地集中在一起，从而在信息交流、资源共享、成本节约和价格优势上形成紧密的配合，增强产业竞争力。

产业集群的特征反映出了当产业发展到一定阶段，零散型的产业发展模式已经难以在激烈的竞争环境中取得优势，需要在某一特定领域内，形成既有竞争又有合作、既有分工又有协作、地理位置上集中的有交互关联性的企业群。企业与专业化零部件与服务供应商、配套与互补产品制造商、相关产业的厂商，以及大学、制定标准化的机构等相关支撑机构相互影响和促进，从而带动产业协同发展。

产业集群在带动上下游关联企业形成规模优势外，更多的是实现了技术汇集，包括企业间、企业与科研院所间的合作研发、技术共享。如美国硅谷作为世界著名的电子信息技术产业聚集区，以斯坦福大学为中心，聚集了英特尔、惠普、雅虎和思科等高科技公司，企业间追寻的是专业化与核心竞争力。随着产业结构的细化，众多中小企业凭借新技术和新产品成为产业分工合作的重要力量，新创意和新发明不断涌现，在众多大型科技公司之外，也构成了知识产权溢出的主要来源。

韩国企业在 20 世纪 80 年代发展半导体产业时，就是通过在半导体产业集群优势的硅谷地区通过设置"监听哨"的形式，来挖掘最新技术的前沿信息，积极引进技术人才，实现自身技术的快速提升[①]。通过专利信息的挖掘可以找到产业集群中的技术聚集者，从知识外溢的角度获得为我所用的技术和人才。

---

① 约翰·马修斯，赵东成. 技术撬动战略——21 世纪产业升级之路[M]. 北京大学出版社，2009.

第 3 章
研究产业发展路径

因此，对产业集群的了解和对集群内企业、院校和科研机构的研发动向和技术动态的掌握，有助于在专利分析过程中发现基础技术信息、专利转让信息以及具有产业化前景的中小企业专利技术信息，从而以专利分析的手段为国内企业或区域的技术引进、转化、融资提供情报信息。

3.1.3 分析产业发展的推动者

从产业驱动力的角度可以分成生产要素驱动、投资驱动和创新驱动。但一个产业能够从萌芽期到成长期再到成熟期，背后总是有着有形或无形的力量在驱动其不断向前发展，了解产业发展的引领者和推动者，就是希望掌握产业发展背后的深层次机理，找出产业发展路径、技术路线和推动者之间的对应关系。

产业发展与技术、市场密切相关，先发国家与后发国家的发展模式各不相同，又促使政府在产业发展中起到主导或推动作用。如图 3-7 所示，这种市场主导与政府引导相互交

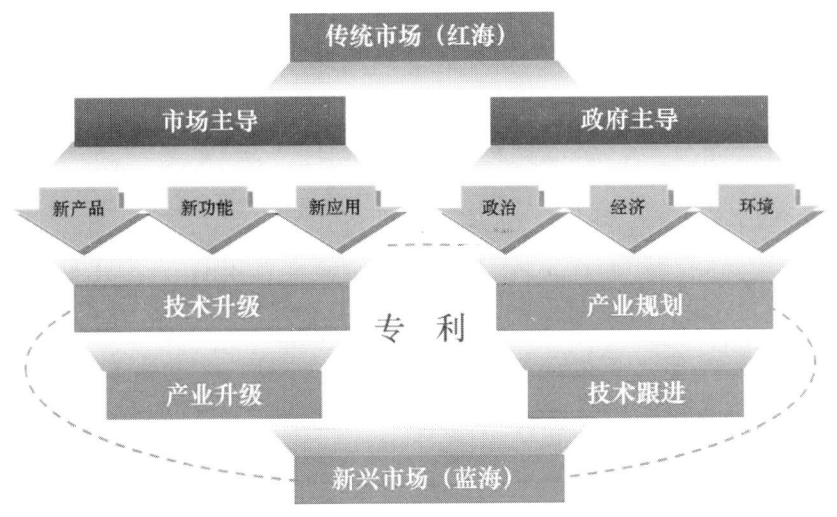

图 3-7 从"传统市场"向"新兴市场"发展的两种驱动力

织、螺旋递进的关系促进了产业不断向前发展。在此过程中，主导企业的作用被充分发挥出来，成为衔接技术创新、产业化和市场化的基本单元。因此了解产业发展的引领者和推动者，实际上是对市场为主与政府为主两种不同发展模式的综合考量。

1. 市场主导

市场主导模式是以市场需求为主导，由市场经济规律本身所引发的。主要表现为消费者对新产品、新功能、新应用和新体验等在内的持续需求。这种潜在的需求传导到市场竞争的主体企业后，从技术角度上就表现为对原有技术的升级改造乃至开发新的替代技术，以此来满足消费者不断提高的体验需求。技术生命周期理论比较适合于解释这种情况，即企业往往会在技术达到成熟期时就开始着手开发替代技术实现产业升级，进而保持在新市场环境下的竞争力。

这种情况下，产业升级是以技术升级为前提的，并且产业升级是以未来新兴市场存在潜在消费能力为目的的，即技术升级和产业升级过程中所短期投入的研发资金和产业化改造资金可以从之后预期市场的经营中，快速得到回报并进一步扩大利润率，对未来预期效益的反馈体现也正是反映了市场需求为主导的特征。

消费电子、通信技术、半导体元件、生物医药、计算机技术、工业制造等绝大部分市场自由竞争度高的领域均属于这种类型，同时也都是专利影响力大的行业。各行业不同的特点决定了其技术更新程度具有差异性，例如通信技术领域的技术更新周期要短于工业制造领域，而消费电子领域的技术更新周期要小于通信技术领域。技术周期更新换代越快，意

第 3 章
研究产业发展路径

味着相应领域中技术热点变化越快,专利态势就更为活跃。

2. 政府主导

另一种是以政府主导的产业为主,即并非是由市场自身产生的新需求所引发的,而主要是受到外部因素的影响。政府主导的产业发展模式多是后发国家主导的产业发展模式,为了缩小与先发国家在技术、人才、产业基础方面的差距,后发国家政府有意识地规划一些着眼于未来的战略性产业,以此来缩短与先发国家的差距水平。日本和韩国从电子信息和半导体产业的突破有力地证明了政府主导产业发展模式的可行性。

这种由政府主导产业的发展模式中包括了政治、经济、环境以及战略等多方面的因素。例如随着石油等不可再生能源的日益枯竭,各国政府均提出了以新能源为战略的新兴产业,随之而来的是风电、光伏、新能源汽车等一批产业规划陆续出台,政策的刺激以及对未来市场预期的向好,使得大量资金和技术涌入到相关领域,从而带动了相关产业的技术大发展。

政府主导产业不同于市场内生驱动,往往是在产业规划或是对未来产业预期的影响下,带动相关技术实现快速跟进发展。如我国的新能源、新材料、新一代信息技术等战略性产业就属于这种情况。在这种类型中,产业的概念往往还处于规划期,未来市场化更是需要长时间来培育,待产业成熟度、技术成熟度、产品的价格、市场接受度和产品利润率等多方面因素成熟之后才能形成真正的市场化发展。这与第一种由市场需求本身所引导的升级改造不同,是需要前期投入大量资金、人力和物力资源、技术研发资源、产业配套资源,并且具有持续时间长、存在一定发展风险等特点。

3.1.4 分析产业生命周期

谁能够把握产业发展规律,谁就赢得了未来市场的主动权。产品生命周期与市场反馈、技术生命周期、产品生命周期等因素密切相关,是企业能够掌握未来发展先机的重要因素,也是区域经济发展中准确判断技术引进成效的重要参考。产业发展的生命周期与专利维持期和专利寿命关联度较高。

根据产业生命周期理论,可以提出产业发展过程中关于企业进入、退出、市场结构、产业技术发展的六条经验规律:①在产业开始形成时期,进入者的数量或者逐步上升,或者在一开始就是大规模的进入,然后进入者的数量逐步下降,在两种情况下,产业进入者的数量最终都将变小;②尽管产业的产出不断扩张,产业内企业的数量在经历了开始的上升后稳定地下降;③产业内最大企业市场占有份额的变化率呈下降趋势,产业内居于领导地位的企业趋于稳定;④在产业内生产者数量上升时期,相互竞争的多样化产品和产业产品创新的数量在上升到高点之后开始逐步下降;⑤在产业发展过程中,生产者进行生产过程创新的努力大于进行产品创新的努力;⑥在生产者数量上升的时期,更多的产品创新是由新进入者完成的。

可见,在产业发展早期,创新知识主要来源于外部,而且变化较快、不确定程度高、进入障碍较低,以产品创新为主。在这种条件下,新企业进入是创新的主要实现形式,大量的进入导致市场结构分散。随着产业的发展和逐步成熟,主导技术出现,技术创新主要是沿着既定轨道进行的,规模经济是重要的创新影响因素,进入障碍提高,创新的限制也提高,创新型企业进入减少,创新大多是由已有主导企业进行的,创新导致主导企业的规模扩张,市场集中度提高,是一种技术创新与市场结构正相关的创新模式。

第 3 章
研究产业发展路径

掌握产业生命周期，对专利开发策略以及布局策略具有积极作用，从既有产业的发展规律入手，找出产业发展周期的影响因素，进而对未来产业趋势作出判断，提早进行专利布局，是掌握主动权的有效方法之一。

3.2 龙头企业链分析

企业是产业转型升级的主体，企业在市场竞争中的能力代表了区域经济发展的整体水平。专利分析的素材主要来源于企业，专利分析的成果应用对象主要也是企业。因此对产业中企业，尤其是龙头企业的了解，分析这些企业在经营管理、市场化竞争和专利战略方面的经验，对形成更加贴近产业发展实际的专利分析报告具有重要的指导作用。

3.2.1 选定产业内龙头企业

1. 区分企业发展类型

从企业发展特点上，大致可以分成以下几种类型。

（1）技术引领型

掌握核心技术，并依靠技术先进性确立在产业中的地位，对技术发展趋势和未来市场走向具有敏锐的判断力。通过对产业链中技术引领型企业的梳理，可以把握技术发展的脉络、获知技术未来走向。如日本日亚公司在 20 世纪 90 年代初仅是一家中小型企业，但随着其在蓝色发光二极管技术产业化方面取得突破性进展，并以此形成了核心专利组合，使得企业快速成长为 LED 领域的龙头企业，并引领了 LED 技术近 20 年的发展。通过对技术引领型企业的分析，可以梳理出产业主流技术路线的发展史和专利技术的演进路线图。

(2) 市场主导型

在产业规模和市场份额上占据优势的企业，对产业发展趋势和市场转换信号具有精准的判断。能够驾驭产业发展方向，及时调整企业战略，收缩出现衰退的产品线，及时进军未来发展热点的业务类型。如IBM公司历经百年，作为大型机、桌面机的领导者，不断地在适应市场环境调整企业经营战略，在新产业形势下，积极向服务业转型，剥离桌面机等附加值低的制造环节。通过对市场主导企业发展方向的转变，可以了解专利热点和转移的趋势。

(3) 产业跟随型

技术实力和产业链位置均不具有优势的企业类型，企业在参与全球产业分工中处于不利的地位，技术突破壁垒较大，难以形成综合实力的提升和持久的市场竞争力。如我国大陆和台湾以加工制造为主的企业，多处在产业链的底端，技术创新能力不高，专利发明还主要集中于外围技术的改进。即使出现类似宏达电（HTC）在智能手机上的成功，也由于缺乏核心技术实力，难以确保企业形成持久的市场领先地位。通过对产业链中处于跟随位置企业的了解，可以对专利在产业链不同位置的价值和影响力有初步判断。

(4) 新型进入者

产业发展成熟后存在一定的进入壁垒，新型进入者能够冲破壁垒切入产业，主要因素可能包括技术和资金两方面。具有核心技术，能够带来替代现有产品的全新产品，从而形成市场规模，如苹果公司在2007年从电脑领域切入到智能手机领域，就是凭借革命性创新实现了后发赶超。另一种新型进入者能够生存和发展主要依靠资金优势，通过技术引进或许

第3章 研究产业发展路径

可，依靠成本优势，能够快速形成产业规模，占领市场。如我国风电的龙头企业华锐风电，在2006年进入风电领域，借助资金优势，只用5年时间就成为世界第一的风机设备制造商，但由于发展速度过快，短时间内难以汇聚足够的核心技术，企业后续发展的可持续性值得担忧。

2. 确定龙头企业判定标准

龙头企业一般是指对同行业的其他企业具有很深的影响、号召力和示范、引导作用，并对该地区、该行业或者国家作出突出贡献的企业。龙头企业具有规模大、经济效益好、带动能力强和产品具有市场竞争力的特点。市场主导型企业由于其具有市场规模大和带动能力强等特点是典型的龙头企业。技术引领型、产业跟随型和新型进入者等企业根据其所处产业链位置的不同和发展潜力，均有可能成为所属领域的龙头企业。

从专利视角研究龙头企业及其影响力，可以结合其技术地位、产业规模、市场份额、国际组织的话语权、有效专利存量、专利运营收益等特点进行综合判断。通常，龙头企业的专利影响力要远大于一般企业，也是在专利分析时需要重点研究的主要对象。

3.2.2 分析龙头企业成功模式

主导企业或龙头企业在产业发展中发挥着引领的作用，在技术创新、人才聚集、企业经营和管理方面处于优势地位。龙头企业凭借对核心技术的掌握以及成功的商业模式，对产业发展具有很高的控制度，往往能够在技术路线选择、产业未来发展方向和市场信号转变上有着敏锐的判断。

因此在专利分析时加强对龙头企业的了解,从其组织形式和发展特点进行深入研究,尤其是解读龙头企业的专利战略和重点专利规划,对后发国家或地区借鉴经验,培育具有国际竞争力的大型企业具有重要的指导意义。

1. 了解商业管理模式

龙头企业的成功包含了多种因素,如企业的品牌战略、专利战略、产业定位都构成了企业成功的要素,其中优秀的商业管理模式是其中的主要因素。如图3-8所示,商业模式可以分为两大类:运营性商业模式和策略性商业模式,前者主要解决企业与环境的互动关系,包括产品价值链定位、专利运营模式;后者主要是在前者的基础上加以扩展和利用,主要包括业务模式、组织模式等。

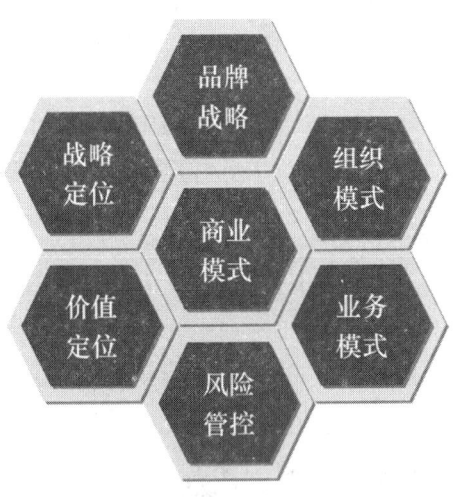

图3-8 企业商业模式的构成要素

商业模式反映了企业价值创造的核心问题,是针对产品的创新还是针对消费者需求的创新;是以企业为中心的创新还是以客户需求为中心的创新;是主要提供产品还是提供方案。

第 3 章 研究产业发展路径

不同的商业模式,决定了企业在专利战略运用上的差别。

如苹果公司在创新方面与其他公司最大的差别在于,当所有公司关注于利用"挤牙膏式"的创新来满足消费者需求时,苹果公司却是以产品革命性创新为目的,在产品推出后让消费者来学习并且适应这种科技创新带来的全新体验。这种模式使得苹果更能集中精力于颠覆性创新,而不局限于对消费者现有需求的满足,从而使得苹果成为重新定义智能手机的开创者,并取得了市场上的巨大成功。

2. 了解技术研发模式

龙头企业技术研发模式,对技术创新和专利策略具有同样的影响。技术研发模式可以分为轴心式研发模式、单一中心研发模式和多中心研发模式[①],参见图 3-9。

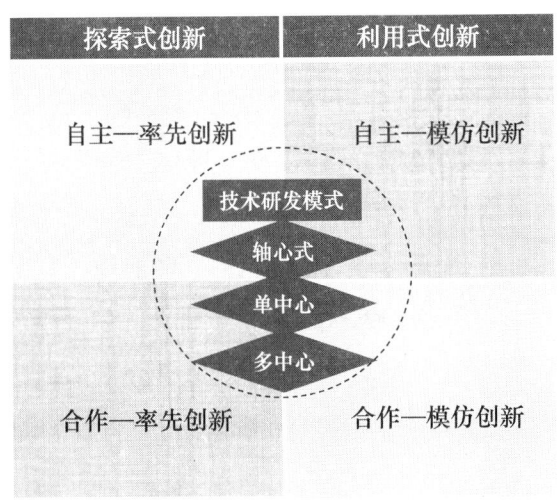

图 3-9 企业主要技术研发模式

---

① 轴心式研发模式是指由一个中心和多个分散的研发点组成的研发模式;单一中心研发模式是一种高度集中的研究与开发管理模式,尤其适用于关键技术的研究开发;多中心研发模式是指采用同一规划下,建立若干海外研究开发实验室,分别进行相关技术的研究工作。

龙头企业特别是跨国公司发展的特点，使得轴心式和多中心研发成为其主要研发模式。因此通过研究龙头企业的技术研发模式，获得关键发明人信息，掌握核心技术的产出地和主要贡献者，为专利分析中确定重点专利提供辅助信息。例如IBM公司有遍布全球的研究机构，每个研究机构从事的研究重点各有不同，通过了解这些企业情报，可以获得专利分析所需的重要信息。

3. 了解企业发展战略

企业发展伴随着竞争，竞争战略的本质在于进攻和防守，专利作为企业参与竞争的有效武器，也应充分发挥"进可攻、退可守"的作用。因此了解各企业发展战略，可以归纳总结出专利对企业的影响力大小。

根据波特的竞争理论，企业在发展过程中主要面临五大作用力：新加入者的威胁，现有公司间的竞争，替代品的威胁，供应商的议价能力和客户的议价能力。为抵御这五大作用力，企业发展的基本战略可以归纳为三种：一是总成本领先，二是差异化，三是集中经营。追求成本领先的企业集中于利用规模经济和低成本获得竞争优势，而对于技术研发和专利转化等长周期项目的关注度不高，此类企业专利的影响力有限。差异化企业则希望通过具有特色的商品或服务，占据产业内的特殊地位，这其中包括技术的差异化、品牌的差异化和设计的差异化等，从而培养忠实的客户提高企业竞争力，如苹果公司就是注重差异化的企业，显然这种类型的企业对专利运用和保护的需求显著增强。集中经营则是将企业的资源集中在特定的领域和目标上，并结合总成本领先或差异化（或二者并行）的方式。

第3章
研究产业发展路径

3.2.3 分析企业间的战略联盟

当前由战略联盟所引发的企业间的专利合作、交叉许可、专利交易日益成为产业关注的焦点,特别是由战略联盟演化形成的专利联盟和专利池以及各类企业间联合的专利收费组织,构成了专利运用中需要重点关注的战略形式。如智能手机领域,不仅形成了以苹果、谷歌和微软为各自核心的产业联盟,而且还形成了苹果和微软联合用以抵抗谷歌的策略联盟。国际环境与竞争态势的变化,正在促使企业将自身的专利战略演变成各种联盟间的整体专利战略。

战略联盟是指由两个或两个以上具有共同战略利益或对等经营实力的企业,为达到拥有市场、共同使用资源等战略目标,通过各种协议、契约而结成的优势互补、风险共担的一种合作模式。在全球经济一体化的时代,企业间的战略联盟显得日益重要。成功的战略联盟不仅可以快速提升企业竞争力,而且在实现规模经济、减少研发风险、防止竞争损失方面具有积极作用。

战略联盟具有边界模糊、关系松散、机动灵活和动作高效的特点。联盟企业间没有明确的层级和边界,各方之间主要通过契约式连接起来,较为松散,可以根据市场变化,随意进行组合或解散。战略联盟可以将各方资源整合到一起,从而更加高效地完成单独企业无法完成的任务。

1. 了解企业间竞争与合作关系

通过了解企业间竞争与合作的历史,可以掌握与产业发展方向、主流技术路线选择相关的情报信息。如在DVD标准演变到下一代蓝光光盘标准的格式制定中,先后形成了多种技术格式标准,每种格式在产业化前都是由龙头企业组建的战略推进联盟在积极推进。在DVD标准格式制定时,以东芝和松下为主构建的战略联盟战胜了索尼和飞利浦的战略联盟,而在下一代蓝光光盘标准制定时,以索尼、松下和飞利浦的联盟又战胜了东芝和 NEC 的联盟。松下在不同时期选择了不同的结盟对象,并最终都取得了格式之战的胜利,显示出松下公司对未来产业发展趋势和主流技术路线判断的准确性。可见,企业间竞争与合作的方向和趋势,一定程度上决定了该产业内专利布局的重点和策略,和对未来市场的预期判断,是在专利分析过程中需要重点关注的内容。

2. 了解战略联盟的形式与作用

战略联盟的形式使企业间在产业控制能力、市场议价能力、风险抵御能力和技术互换能力等方面得以增强。在战略联盟的形式上,有纵向联盟和横向联盟。纵向联盟是产业链的上下游企业,研发型企业、制造型企业等具有上下衔接关系的企业构成的联盟。横向联盟则是同一产业内具有相似产业活动的企业间联盟,可以包括研发联盟、产品开发联盟、技术推广联盟等。通过对产业内联盟形式的了解,可以对不同类型或同类型企业的专利价值和产业链位置进行初步判断。

3.3 核心技术链分析

技术链主要是围绕技术起源、发展、演化和退出的过程,探究技术发展的历史和趋势,将技术链与产业链和企业链融合,则能够完整地看出技术与市场间的相互促进关系,以技术链为切入,是研究专利对产业和市场影响力的最佳途径。

技术创新是产业升级和改造的核心,对目标产业所涉及关键技术的深入研究,有助于发现技术演进路线、技术标准实施、专利技术联盟、技术更替和存活期等信息,评估技术持有者

第3章 研究产业发展路径

的专利壁垒强度和进入风险。在新兴产业内对产业化路线尚不确定的技术分析和挖掘,有助于找到商业前景和市场化程度高的潜在技术,从而通过政策扶持实现跨越式发展。

3.3.1 分析技术路线演进史

通过对技术路线演进历史的研究,可以了解与技术起源、技术更替、技术路线、核心技术相关专利出现的时间节点、主要专利持有者等信息。

1. 寻找基础技术起源

从基础技术的诞生到产业化过程,找寻技术的演变过程及专利布局情况,寻找基础技术起源及其发明者,了解技术演进的原始专利,并以此为起点,沿着技术研发的路线找寻在该技术上进行研发的主要企业和发明人。

表3-1 半导体存储器基础技术的专利起源[1]

时间	类型	专利号	申请人
1965	SRAM	US354404A	IBM
1967	DRAM	US3386286A	IBM
1971	EPROM	US3825946A	Intel
1980	闪存	US4531203A	Toshiba
1980	分栅	US4328565A	Harari
1994	浮体DRAM	US5600598A	MOSAID
1998	SONOS(NROM)	US5768192A	Saifun
2001	ZRAM	US6925006A	InnovativeSilicon
2006	2T-SRAM	CN100517501C	兆易创新

---

[1] 国家知识产权局专利分析和预警课题组.高密度存储器技术专利分析和预警[R].国家知识产权局专利分析和预警工作领导小组办公室,国家知识产权局专利局电学发明审查部, 国家知识产权局知识产权发展研究中心,2010.(课题组构成:李永红,汤志明,陈燕,朱世菡,田冰*,陈丽娜,王少峰,尹剑峰,马克,李岩,马宁,注*人员是引用部分主要贡献者.)

以半导体存储器为例，如表 3-1 是各种类型半导体最早出现的时间表，根据此表及产业信息反馈，通过专利检索，可以得到每项技术下基础专利的持有人。在此基础上可以沿着技术发展的路线，分析替代技术出现时间和主要技术来源。

2. 了解早期技术及产业化情况

技术的多样性以及市场的复杂性决定了并非所有技术最终都能实现产业化，技术的产业化需要综合技术成熟度、成本和市场的多重因素。但能够在早期技术尚未完全成熟时，预测到技术未来的市场前景及其所带来的商业利润，在技术和专利壁垒尚未完全形成时及早进入这一领域，是最终能否成功的重要因素。

在半导体存储器 DRAM 的技术发展历史中，早期的基础技术由美国人发明，日本企业预感这项技术的价值含量以及未来对整个电子信息产业带来的影响后，结合日本政府当时鼓励发展知识密集型产业的总体战略，于是积极进行技术许可和技术引进，并花费巨资进行消化吸收再创新，终于在 20 世纪 70 年代后期到 80 年代，以 DRAM 型半导体存储器为突破口将产品打入了美国市场。

3. 了解技术路线与市场选择关系

在技术发展的诸多路线选择中，能够获得产业化的主流技术，其背后体现的专利组合才是构成影响产业发展的重要因素。无法形成产业化应用的技术，即使拥有再好的专利布局，其实用性和产业价值也几乎等于零。东芝在和索尼竞争下一代蓝光光盘标准的 6 年战斗中，投入了超过 10 亿美元进行技术开发、专利布局、产业化和市场推广，但终因在格式之争落败，

第3章
研究产业发展路径

使得缜密布局的核心专利价值丧失殆尽。因此开展专利分析前,在梳理产业技术路线时,找出哪些技术路线是主流技术路线,哪些技术路线因未被产业化已不具备专利应用价值,是影响专利分析结论和辅助决策的重要因素。可见,分析技术路线与产业化和市场选择间的关系,对专利分析方向性、准确性和实用性具有重要指导意义。

一般来说,多技术路线共存的原因有多种可能:一是不同企业同一时期研发类似产品,但采取的技术方案却大不相同;二是为了避免对已有专利技术的侵权,而采取的规避方案;三是为了避开已有技术路线潜在的高额专利费,而另行发展新技术,如LTE通信标准的诞生就是以诺基亚为主的企业为避开高通公司过高专利费而采取的新技术路线;四是由于企业间或战略联盟间的历史根源或是利益分配出现分歧,而导致企业另行进行技术开发,形成新的技术路线。如DVD联盟组建初期,索尼和飞利浦组成的同盟对由东芝主导DVD联盟的不认同,另行建立了3C组织,并自行推进DVD-R录制格式的技术标准,以与东芝代表的6C组织推行的DVD+R录制格式的技术标准相区别。因此,专利分析过程中除对技术本身的研究外,对各种技术路线出现原因的追溯,以及发现技术与产业化和市场间的内在关联,也是获取准确情报的关键。

4. 了解技术路线革新与产业链变化

技术路线革新还将改变产业链的组织结构和空间结构。技术的进步,使原有的工艺流程得以改变,产业链的主体构成与链接方式随之改变。例如,苹果公司以计算机设备商的身份将手机以智能终端的形式迅速推广,使得原有手机产业链的竞争格局彻底被改变。原来的龙头企业诺基亚因未能及时判断市场趋势而转型,变得日渐衰落,而能够抓住技术变革契机的企业则快速成长,如我国台湾宏达电凭借HTC智能手机快速提升了品牌知名度,跻身全球主要智能手机提供商。可见,新技术路线出现带来的也是产业链组织形式的改变。

技术提升还可能提高生产过程的可分离性,使产业组织形式出现垂直分离,产业链环节增加;技术革新创造出新产品、新产业和新的就业机会,引导着消费需求的变动,改变区域消费结构,从而重构区域产业链条。对于不同的区域而言,产业链的技术差异性可能导致区域产业发展机会出现不均等,产业链结构与形态也会因此不同。因此,通过对产业内技术链的了解,能够对与技术直接关联性最密切的专利动向有直接掌握。

5. 了解后发国家和企业技术学习路线

后发国家企业在技术上缺少优势,实现赶超的有效方式之一就是通过技术引进、技术合作的方式,加快对主流技术或新兴技术的引进、消化、吸收。后发国家的企业在技术学习赶超过程中的主要形式,是从简单的外包到合资、合作研发,逐渐形成技术学习能力的过程。对后发国家企业的技术路线学习过程和历史的深入了解,有助于掌握外围专利与核心专利的时间分布、空间分布和权属分布。通过对主流技术路线各企业间生产方式和组织形式的变化过程,了解企业技术走向以及高技术含量和专利价值的分布。

3.3.2 分析主流技术推动者

分析主流技术推动者的主要目的是对主流技术路线产业化和商业化背后的主要推动企业或组织进行了解,这些推动者拥有的技术很有可能就是该主流技术的核心技术,从而可以沿

第3章
研究产业发展路径

着主流技术推动者的线索找出影响产业发展的重要核心专利。

1. 了解主流技术推动者更替

一些产业具有进入替代明显、后来者居上、占据主导地位企业不断更替的特点,每个时期均会出现一些中小企业依靠技术的先进性发展壮大,成为市场的主导企业。了解主流技术路线推动者历史有助于发现技术路线发展过程中的专利聚集点和核心专利分布。

以半导体存储器DRAM产业的发展历史为例,英特尔公司推出了世界上第一颗双极型半导体存储芯片,并首推了第一颗DRAM产品,用半导体存储器替代了磁存储器,率先将DRAM商业化,是20世纪70年代DRAM产品的主要推动者。但随着日本东芝公司在20世纪70年代末与美国几乎同时推出64K DRAM后,日本存储器产品的市场占有率持续上升,到了1985年,英特尔公司退出了其一手创立的DRAM市场。此后很长一段时间,以日本东芝、NEC为主的公司成为了DRAM技术的主要推动者,其专利密集度和重要性远高于其他跟随型企业。随着韩国三星公司的技术学习赶超过程,其凭借强大的加工制造水平,一举超越了所有日本企业,成为目前DRAM技术和市场的主要领导者。可见,了解主要技术路线的推动者或控制者,能够对该技术路线下专利技术流向和发展脉络有清晰的把握。

2. 了解产业化推动与专利"埋伏"

技术产业化、产品商业化过程中,主要技术持有者及团体组织构成了技术转化的主要推动者,这些推动者大多采取的是"产品未动,专利先行"的策略,通过事先"埋伏"好基础专利与核心专利,待商业化时机成熟,大力推进包含专利产品的产业化进程，谋求利益的最大化。

以电视产业近来逐渐升温的3D立体显示技术为例，该技术基础原理很早即被发现，但早期只是应用在电影领域。以电视作为3D技术主要显示载体产业，直到2010年电影《阿凡达》的上映才有了实质性突破，商业化的背后正是以松下为首的核心技术持有者在不断推动。推动者选择在这一时间点主打3D显示概念，正是希望在液晶和等离子市场表现已显乏力，且后继替代技术产品尚未成熟的情况下，为电视产业注入新的利润增长点，属于典型的主导企业产品导向型模式。

通过研究发现，3D技术联盟的核心成员早在2008年之前就围绕基于电视的3D技术和标准格式进行了集中专利布局，通过事先"埋伏"专利的形式，待产业化成熟时机一到，从商业化运作上积极推动，在获得市场利益的同时，也凭借专利的精准定位引领了产业发展方向。因此，通过主要技术路线产业化的推动者及其产业推进行为，可以定位核心专利所有者的范围。

3.3.3 分析技术生命周期

技术的生长过程一般会经历萌芽期、发展期、成熟期和衰退期。正确了解技术生命周期，可以较为准确地判断基础专利、核心专利和外围专利的布局时间节点。

如图3-10所示，是技术生命周期与专利数量和价值的关系、与产业形成过程的关系、与市场经济效益的关系。可以看出，萌芽期产生的多为基础性专利，早期产业化难度较高，处于资金投入阶段；随着技术发展和成熟，进入者数量增多，专利数量也呈现上升的趋势，主要围绕可能产业化的技术路线形成核心专利，随着规模的扩大，市场效益逐渐显现；到了技术的衰退期，随着新技术的出现，市场焦点发生了转换，研发资金转而投入新的领域，专利布局速度减慢，此时多是一些外围专利，但产业化获得的市场效益还可以保持一段时期。

技术生命周期与产品生命周期密切相关，准确判断技术生命周期，进而形成对产品发展周期和未来市场发展趋势的预测，是掌握市场先机的重要手段。

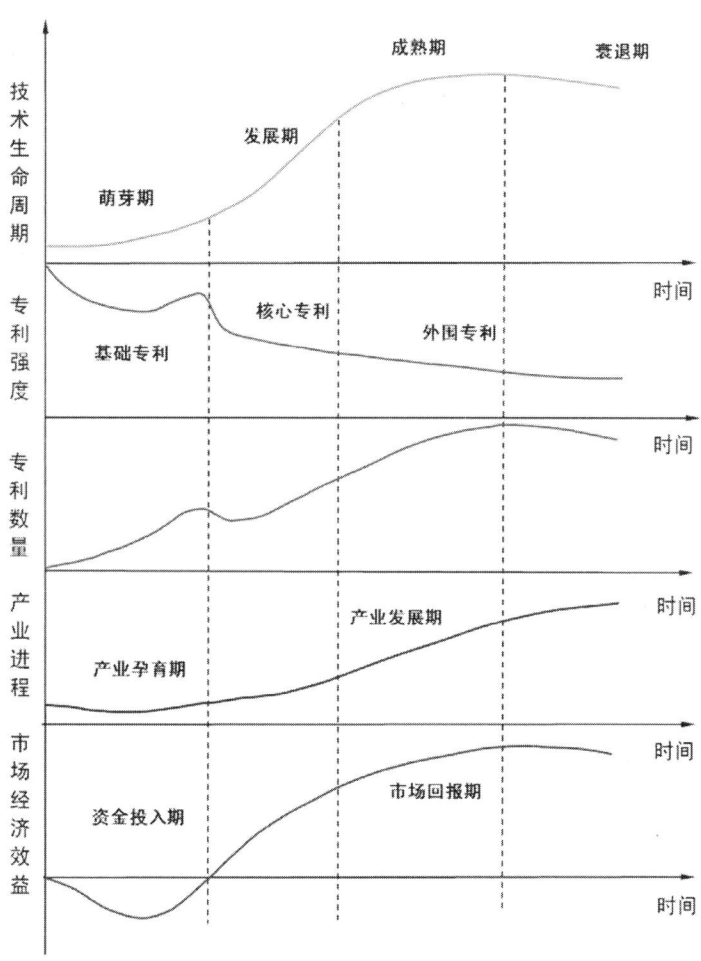

图 3-10 技术生命周期下专利、产业和市场关系

3.4 市场竞争力分析

市场竞争力的高低决定了企业发展的方向，能够把握好未来市场方向，对市场传递出的信号进行及时调整，通过技术路线的优化和产业转型来适应不断变化的市场环境，是保持核心竞争力的根本。龙头企业虽然对产业具有推动作用，但最终决定企业在产业链上影响力和控制力的是市场的最终选择。市场才是产业链运行的原动力，企业的强势只有转化为市场动力才有意义，苹果的繁荣和诺基亚的衰落根源就在于此。因此对市场影响要素进行研究，是开展专利分析工作前需要重点考虑的内容。

3.4.1 分析市场驱动因素

1. 以市场需求促进技术创新和产业化

市场对技术的需求是影响专利活跃度的主要因素。在市场经济规律的自我调节下，一方面，市场主体为了获得更高的利润，都有试图脱离同质化竞争较为激烈的"红海"而转向"蓝海"的意愿[①]，并都希望通过对未来市场的准确判断获得发展的先机；另一方面，由市场传导回来的信息表明，只有不断满足市场上日益多变的新需求，不断从技术更新的角度更多地满足消费者对新产品、新功能和新体验的需求，才有可能在未来的竞争中保持或是处于领先地位。因此市场需求也是影响技术发展趋势的主要因素。

---

① "红海战略"与"蓝海战略"出自 W.Chan Kim 与 Renee Mauborgne 合著的《蓝海战略》。"红海"表示现存的产业或是已知的市场空间，行业边界已经被限定和接受，企业在市场需求增长缓慢和利润减少的市场空间采取白热化的竞争行为，"卡脖子"似的竞争最终将商海变成红色；"蓝海"表示现今尚不存在的市场或是未知的市场空间，游戏规则尚未制定，竞争环境尚未形成，是一种边界未定、尚未开发的潜在市场。

第 3 章
研究产业发展路径

市场领先度与技术创新度和专利保护密切相关。如图 3-11 所示，市场内生因素会引发对新技术、新功能和新应用的需求，企业则结合自身技术和资金实力，以及对未来产业趋势的判断力，表现出对技术升级和产业升级切入点的不同。跨国公司技术实力较强且具有长远判断力，通过对现有技术的变革性创新，会努力开发出能够为其带来领先于同业竞争者并且可以获得超额利润的技术，这使其在创立了全新市场并成为全新市场领导者的同时，也获得了市场的先机，为了持续获得竞争优势，往往会利用各种专利手段来维护其技术的领先性和独占性。

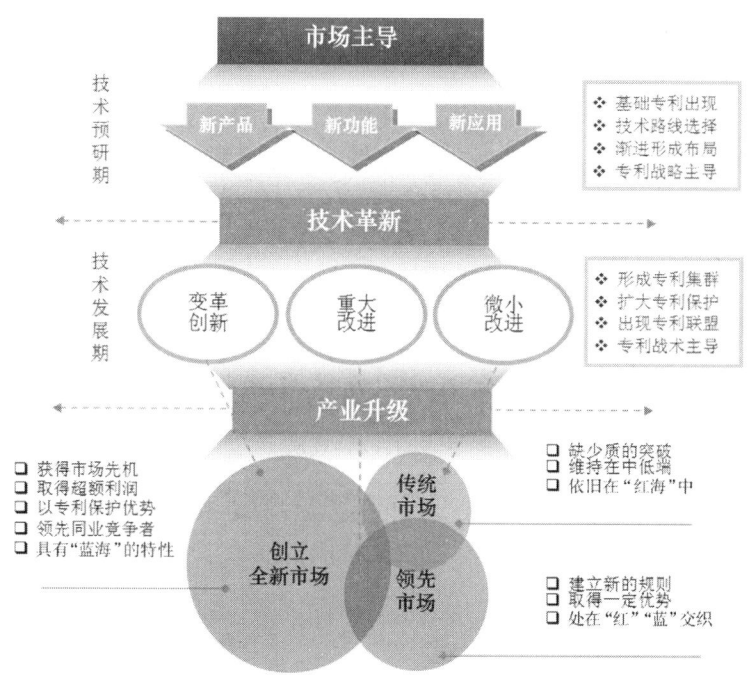

图 3-11　市场主导下的技术创新与产业升级

例如，有些企业会在专利制度规则允许下尽量延长其核心专利的公开时间，避免竞争对手过早获知自己的研发动态；再如，生物医药属于变革创新程度较高的领域，其市场领先度与技术创新度和专利保护密切相关,一项开创性的药品在其专利保护期内凭借专利的排他性会获得超额的利润,为了保持这种地位,企业往往会利用各种手段对到期专利以再保护的形式来延长其获取利益的周期。

另外,市场容量因素也会影响到产业规模以及专利竞争程度。市场经济环境下,规模效益具有放大作用,即市场对某一产品的潜在销售需求达到一定级别后,则其背后必然孕育着巨大的经济效益产出点,企业对利益趋同的本性使得这一产业的竞争会变得愈发激烈。而专利作为一种确保专利权人在一定时间内能够保持垄断地位的法定权利,在激烈的市场竞争中就显得尤为重要,并会逐渐衍生成为具有一定进攻性或是防御性的武器。

如智能手机目前市场规模已达到数亿部的量级,由此所导致的放大效应会传导到该产业链的各个环节,对外表现出的就是产业竞争者数量多和市场竞争激烈。为了尽可能多地分食到这块利益巨大的蛋糕,各个竞争主体间往往会通过成本控制、价格战乃至专利战等手段来达到扩张的目的,此时专利在整个产业经济中更多的是表现出其战略配置属性,而不仅仅是局限于法律属性上对某一项发明的保护。相比之下,市场规模容量相对较小的产业,如服务器产业,从业者数量和市场竞争程度相对较低,专利战爆发的可能性则会小很多。

2. 以政策引导促进产业化和技术聚集

如图3-12所示,是以政策引导模式为主的产业发展过程。这种模式与市场驱动模式的区别在于产业规划先于产业规模化形成,政策引导占据了主要因素,多出现在后发国家的赶超过程中,尤其表现在新兴产业和战略性产业中。新兴产业

第 3 章
研究产业发展路径

代表了未来市场的发展方向，后发国家与先发国家处于相同或相近的起跑线上，而战略性产业则是后发国家实现关键技术自主可控的核心领域，我国在高端通用芯片和高端装备制造方面的整体落后，使得这些影响上下游产业链且关联性大的关键技术成为我国必须要突破的战略性产业。

新兴产业专利态势受政策和资金的影响会产生较大波动。由于各国在政治、经济上的差异，以及全球经济发展对环境要素关注度日益增高，在新兴产业中多会涉及适合未来长远发展的领域，例如新能源、新材料等，这类新兴产业的产业规模和市场容量都需要长时间的政策和资金的扶持和培育才能达到市场自我循环的能力。在产业规划期后，技术开发和专利申请

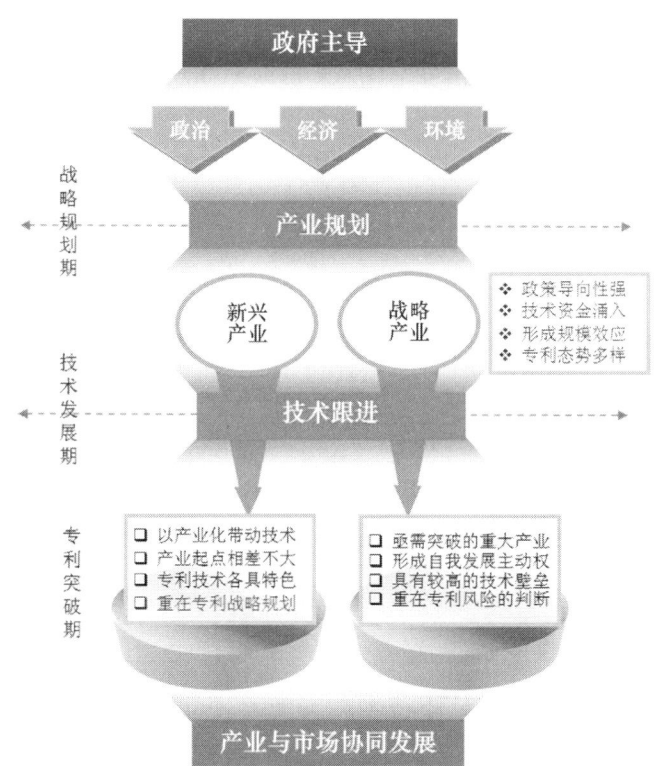

图 3-12　政府主导下的产业规划和技术布局

同步，国内和国外专利布局步伐时间差异性不大，国内虽然可能会在核心技术和专利的开发上存在一定时间程度上的落后，但是在产业政策和资金的扶持下，可以利用产业成熟度和市场化的领先性来弥补技术和专利的不足，实现技术的密集研发和专利的快速布局，利用外围专利战略迅速获得发展先机。除此之外，还可以依靠产业和市场的先发优势，采取"走出去"战略，充分利用国内资金优势，收购或重组国外的优质技术资源，从而缩短研发时间，减少产业化过程中的专利风险。

与新兴产业相比，战略性产业不仅需要从技术上进行突破，而且要花费大量的资金投入在自主技术的产业生态系统建设上。战略性产业的发展过程中不仅要突破已有技术和贸易壁垒，更为迫切的是要在现有经济秩序下构建自主可控的发展空间，在一些专利密集型的战略性产业中，以专利作为战略性产业自主创新的突破口则是一条可行和必经之路。

发挥专利在战略性产业中的作用，首先面对的是要克服国外设置的技术壁垒和专利障碍，形成具有自主知识产权的技术路线，其次要在资金、产业和市场上形成配套机制，从而支持以技术和专利作为突破口的产业整体环境的形成。

3.4.2 分析市场转换信号

市场风云变换使得产业内没有永远的强者，历史证明只有能够适应市场快速变化的企业才能生存和发展。近两年来相继破产或衰退的柯达公司、北电公司、诺基亚公司，在当年无一不是所在行业的领导者，拥有雄厚的资金和技术实力以及完备的专利储备库，是诸多核心专利技术的拥有者，对产业发展具有极高的控制度。但是这些昔日的龙头企业却因为没有看到产业未来的发展趋势，未能准确判断出市场传递的转换信号，

第3章
研究产业发展路径

导致企业未能成功转型而逐渐衰落。

最近,日本企业相继出现历史上最大规模的亏损也是因为没有及时和准确判断产业发展趋势,未能及早看清市场转换的信号,导致未能采取有效的转型措施。索尼、松下、夏普等传统家电企业,虽然拥有雄厚的资金和技术实力,在历年公布的专利排行榜中都屡居前列,但却没有能够搭上移动互联网产业发展的头班车,被苹果、三星等公司的快速发展远远甩在后面。

因此在专利分析时,不仅要对现有专利进行重点分析,还要结合产业未来可能的发展方向,以及可能出现的市场转换信号开展与技术预研相对应的专利规划。通过专利分析获得相关市场信息,通过市场信号来判断技术的发展方向和生命周期。正确判断市场的发展方向也是开展前瞻性技术研发和有效专利布局的重要前提。目前高科技公司越来越重视对未来5～10年的技术预见,并以此调整企业发展战略,提前制定发展规划,以适应多变的市场发展格局。与此相对的,则是对未来技术预见下专利有效布局与产业增长的预测[①]。

3.5 专利影响力分析

在专利依赖度高的产业中,专利在技术、企业和市场上发挥着重要的作用,通过专利影响力的研究,可以从专利和技术间的关联性扩展到产业、企业和市场因素,并通过对产业路径中各要素间相互关系的了解,为专利分析提供更加贴近产业实际的分析结果。

---

① 本书第6章将会系统地就这一问题进行论述。

3.5.1 从企业在产业链位置判断专利影响力

龙头企业的优势地位决定了其专利影响力要远大于一般企业的专利，对目标产业内龙头企业的梳理可以掌握基础专利与核心专利，结合龙头企业在技术路线推动的时间点，可以找出影响整个产业发展的重要专利。

1. 专利联盟的发起者和参与者

专利联盟的发起者多为技术领先型企业，其凭借技术先发优势掌握了核心技术，发起者多具有推动技术实现产业化的能力，是基础技术和产业发展的主要贡献者，其专利在整个产业的影响力和关注度较高。如 DVD 6C 建立专利联盟时，6 家发起者的专利强度（影响力或控制力）要远大于后来加入 DVD 6C 专利池的其余百余家企业，美国华纳公司作为一家内容提供商，能位列 6 家发起者之一，更多凭借的是其在产业中的地位，因此其能够以较少的专利量（华纳公司在 6C 专利池中的专利仅占不到 5%）而占据领导者的地位。

案例给予我国的借鉴在于，企业在技术研发时，应及时关注产业技术动向及联盟动态，要积极参与到专利联盟的组建中，获取联盟创始或初始会员的资格，努力承担技术开发任务，积极提交技术提案，为日后赢得市场的主动权。

2. 标准组织的推动者和参与者

在依赖技术标准规范及互联互通的产业，标准化的推动者和参与者的专利强度要大于非标准组织成员，积极推动标准化国家或地区的技术水平和专利强度要高于未参与标准化制订的国家或地区。

以通信领域的高通公司为例，其在 2G、3G 甚至 4G 移动通

第3章
研究产业发展路径

信的发展阶段均是以技术标准组织的推动者的身份出现的，其技术提案获得通过最多。因此高通公司在标准制定上的话语权为其自身的专利化推行提供了机遇。但在高通推行下一代移动通信 UMB 标准时，因标准化过程中嵌入的专利条件难以获得业界认可，使得 LTE 阵营的技术标准得以更快发展，导致高通公司不得不放弃 UMB 标准，而转投 LTE 阵营。

案例给予我国发展的借鉴是，在技术标准垄断的产业内，获得专利优势的实施途径就是积极参与技术标准的制定，积极提案形成对技术标准的推动。此外，针对不同技术路线的标准制定，应同时跟进，并行研发，确保企业未来利益不会因某一项技术路线的夭折而受到影响。

3. 核心技术和专利组合的持有者

关键核心技术的专利持有者具有促进产业发展的推动力。如蓝色激光二极管专利使得日亚公司由一家中小公司一跃成为行业的领军者，并形成推动整个产业的技术驱动力。又如三星公司依靠对早期基础专利技术判断、购买和转让，从美国和日本企业获得了 DRAM 半导体存储器技术，并从日本获得了新一代平板显示 TFT 的技术授权，不仅为其产业的迅速发展奠定了坚实的基础，而且在短时间内形成了超越美、日的产业化能力和技术研发能力。

此外，专利组合的持有者正日益成为产业内具有较强专利影响力的群体，如以高智公司为主的专利运营公司和专利授权组织，拥有的专利组合具有很强的技术实力。这些都成为判断重要专利的参考依据。

3.5.2 从产业链的价值分布判断专利影响力

主要体现为产业链中的上游对下游或价值链中的高附加值对低附加值所形成的产业控制和影响。在产业链的整合过程中，先发国家及主导企业为了保持产业领先，会采取剥离非核心业务，收缩细分产业的方式获得核心竞争力。如美国IBM公司和法国汤姆逊公司将硬件制造等低附加值产业剥离给后发国家，从而投入精力巩固其在高附加值的软件和服务业上的优势地位。通信领域中，高通利用对无线通信协议、视频编码等信息产业底层基础技术的把持，占据了产业链的高端，以华为和中兴为代表的硬件设备提供商则处在产业链的中下端，获得的利润大大少于产业高端的跨国公司。

通过对特定产业内企业或技术所处产业链的位置，可以较为清楚地判断专利在产业链各位置的影响力大小。

3.5.3 综合技术、企业及产业因素判断重点专利

目前，现有专利分析方法多会通过一些定量或定性的专利指标，如引证率、多方专利、权利要求保护范围等来确定产业内的重点专利，一定程度上重点专利可能具有以上特征，但是具有以上特征的专利能否真的是产业上所认可的重要专利还需要谨慎判断。现存问题主要在于单纯依靠指标来进行判断可能会存在遗漏和偏差，由于技术和领域的多样性使得如果缺少与技术、企业、产业和市场的结合，很有可能会存在与产业实际状况相脱节的误判。

而通过对产业发展路径的研究，能够在专利指标判断的基础上，进一步认识产业、技术和企业各因素在重点专利成因上的影响。通过这些因素的综合，才能更好地认识专利在产业中的作用和地位，以及专利在产业所表现出的实际价值。

第 3 章
研究产业发展路径

以下围绕 DVD 产业和锂离子电池产业,综合产业、技术和企业因素对重点专利范围的圈定以及专利在其中的影响力和作用方式进行说明。

1. 从产业链划定重点专利范围

从图 3-5 所示的 DVD 的纵向产业链中可以看到,中下游产业链均是以专利为主要竞争手段的企业聚集,但专利影响力的大小却因企业所处的产业链位置而有所不同。中国大陆和台湾以制造型为主的企业,属于下游的"制造加工者",对整个产业的控制能力有限,虽然也是该领域专利申请量的主要贡献者,但相对于处在产业链中游的索尼、东芝和松下等"标准制定者"而言,专利所发挥的作用非常有限。这一产业中,"标准制定者"可以认为是整个硬件产业的核心所在,所有的技术路线选择和专利标准制订均出自这些企业,同时也是专利联盟的构建者,因此可以判断重点专利集中在"标准制定者"手中。

再以富锂复合氧化物正极材料类型的锂离子电池在美国形成的产业链为例,如图 3-13,可以看出美国围绕该技术形成了从政府扶持研发,到专利转化许可,到吸引风险投资进入,直至逐步构建完整产业链的"官产学研"发展模式。

在该产业链中,受到美国能源部资助的核心技术研发机构阿贡国家实验室和芝加哥大学构成了该链条中的"基础研究"型核心专利的持有者,而位于产业链中下游的电池设备制造商美国安维亚公司构成了"应用研究"型核心专利的持有者。可见,通过企业或科研机构在产业链的位置,可以清楚地判断美国富锂复合氧化物正极材料锂离子电池重要专利持有者的分布情况。

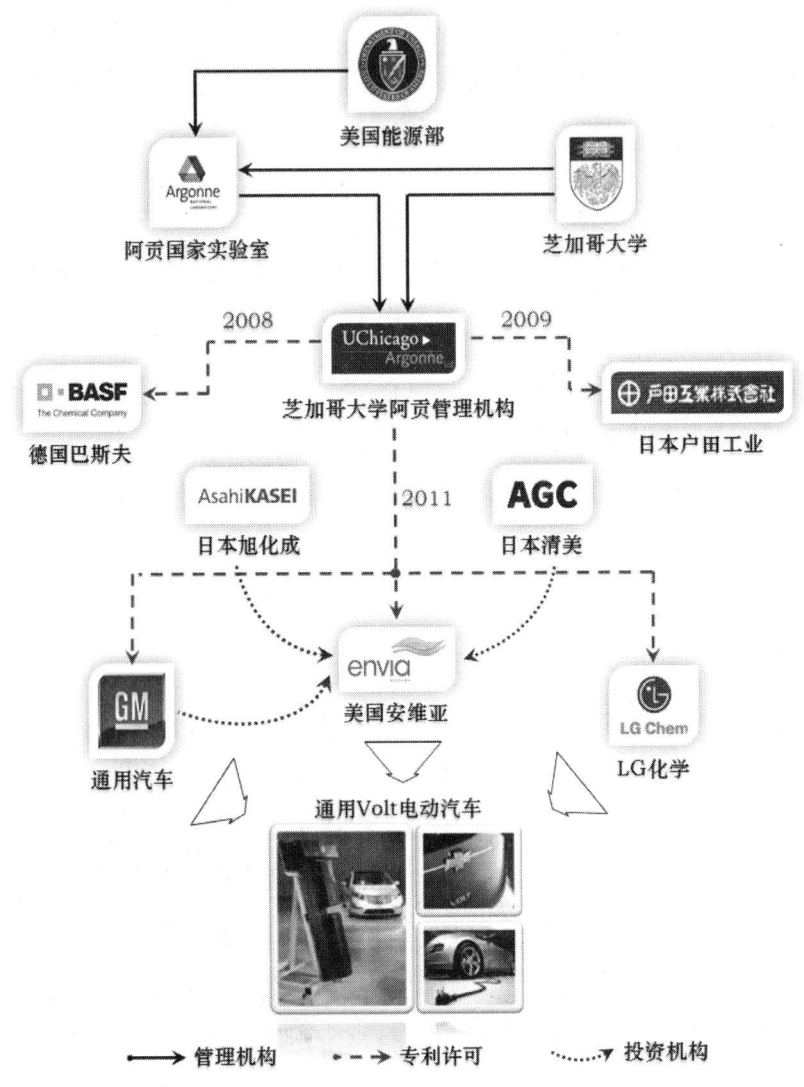

图 3-13 美国富锂正极材料技术研发、专利许可和产业化路线图

2. 从主导企业划定重点专利范围

DVD 产业专利申请人众多,选择主要的申请人对确定重点专利至关重要。从产业发展历史上看,索尼统一了 CD 标准,东芝统一了 DVD 标准,随后索尼又统一了蓝光 BD 标准。技术

第 3 章
研究产业发展路径

路线和标准之争，带来的是专利联盟和企业战略联盟的兴起，相继出现的 DVD 6C 和 3C 联盟原因就在于此。但在 DVD 时代称得上是对标准掌控的企业并不多，东芝、松下、索尼、飞利浦、汤姆森等构成了技术实力较强的第一集团，因此这些申请人的专利均构成了重点专利，结合这些重点企业在技术标准制定的时间点取交集，得到的就是其技术路线下的基础专利。

该领域中其他企业虽然也在该领域申请了大量专利，但无论从其对产业发展的掌控来看，还是其专利本身的价值来看，均与第一集团的专利实力及对产业的掌控力无法相比。如韩国三星公司在 DVD 时代试图通过大量的专利申请进入该领域的核心控制层，实现打造视听全产业链的目的。三星当时在专利申请数量上与东芝和松下等标准制定者不相上下，但是直到 DVD 技术衰退被替代时，该公司依然未被任何一个 DVD 专利联盟所接纳，专利数量的优势并不能换来其对整个产业链的影响力[①]。

再看富锂复合氧化物正极材料在美国形成的产业链。拥有核心专利的美国申请人主要集中在芝加哥大学—阿贡国家实验室和安维亚公司，也就是说这些申请人的专利将对整个产业的未来发展带来重要影响。据此深入分析，以芝加哥大学—阿贡国家实验室为例，可以得到如图 3-14 所示的核心专利组合分布，从而可以进一步验证居于产业链价值高点的主导企业在重点专利上拥有的核心实力。

---

① 三星 2005 年后才被 DVD 论坛所接纳的原因可参见本书第 7 章、第 9 章的详细分析。

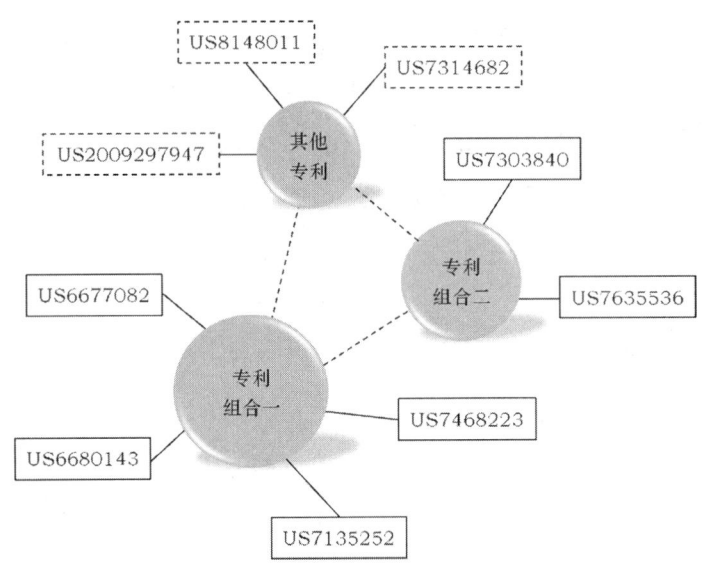

图 3-14　芝加哥大学—阿贡国家实验室富锂正极材料核心专利组合分布

3. 从技术分解确定重点专利范围

从技术路线可以获知技术发展的特点和脉络，对主流技术路线进行分解后，可以确定重点专利的分布。以 DVD 技术为例，图 3-15 所示的技术分解构成中主要包含"物理格式"和"应用格式"两类[①]。对 DVD 6C 联盟的专利池清单的专利统计分析可知，国外重点专利布局中 60％都是和"应用格式"相关的专利申请，这是源于国外已经奠定了"物理格式"基础，只需采用外部包围的专利战略就可以形成严密的保护网。可见，国外对重点专利运用的策略是利用少量核心专利构建专利组合，采取应用型专利构建外围保护。

相比之下，我国的研发中 88％的专利技术主要集中在了

---

① 物理格式表示专利发明点聚焦于光盘材料、物理结构、机械结构方面；应用格式表示专利发明点聚焦于与光盘系统相关的信源信道编解码、音视频编解码、系统文件格式、光盘格式方面。

国外已经奠定技术路线的"物理格式"上。这与当时我国科技界与产业界非常希望摆脱 DVD 巨额的专利费密切相关,试图从基础"物理格式"的制定上就避免与国外技术的重合。虽然我国企业所申请的这些专利都是基础性很好的技术,但是在缺乏后端内容提供与硬件产业化支撑的情况下,缺少具有自主知识产权的产业生态系统建设,这些技术犹如无本之木,难以转化为生产力,最终面临的还是被市场逐步淘汰,与此相关的核心专利也变得价值全无。

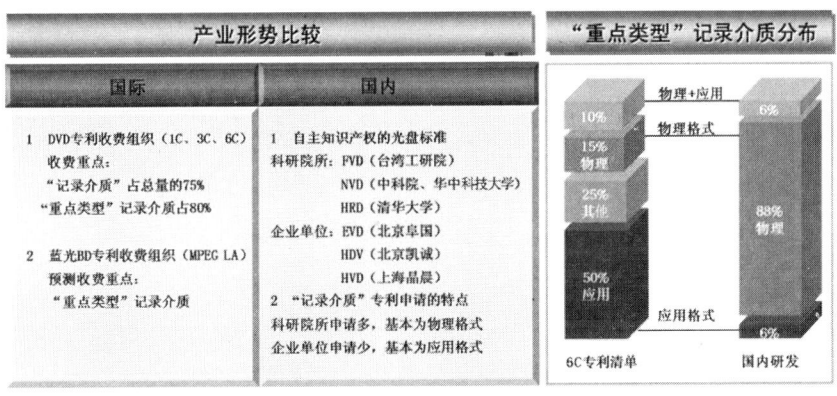

图 3-15 国内外 DVD 技术专利保护类型和侧重点对比

4. 从技术趋势划定重点专利范围

从技术趋势上划定重点专利的关键点在于摸清技术发展的萌芽期、发展期、成熟期和衰退期,并据此判断重点专利出现的节点和范围。

1995 年前后是 DVD 技术基础性专利较为集中的时间段,这也与产业上这一技术当时处于研发阶段相吻合,这一点从专利联盟的专利清单中也可以证明,在其列出的必要专利中,1995 年和 1996 年这两年的专利申请占据了大部分,说明 DVD 格式在这一时间段正处于标准制定阶段,属于技术萌芽期,重要专利的时间性特点一目了然。与此类似，DVD 的替代技术蓝光光盘标准的格式制定也于 2000 年前后开始起步，通过研究可以清楚发现，2002 年前后申请的大量专利，均是蓝光光盘标准格式的基础性专利，这一时间持续到 2005 年左右。

再从芝加哥大学—阿贡国家实验室的富锂复合氧化物正极材料专利所表征的技术发展趋势可以看出，如图 3-16。自日本最早于 1994 年提出该技术后，2000 年左右还处于该技术的起步期，芝加哥大学—阿贡国家实验室就围绕基础研究从分子式所有构成上完成了四项基础专利，且四项专利保护范围互相交织，构成了严密的保护网，随着之后专利申请的不断完善，重点专利构成的专利组合保护的边界范围逐渐扩大，由此可以判断出围绕该申请人的技术发展趋势将会形成影响产业链的重要专利组合。

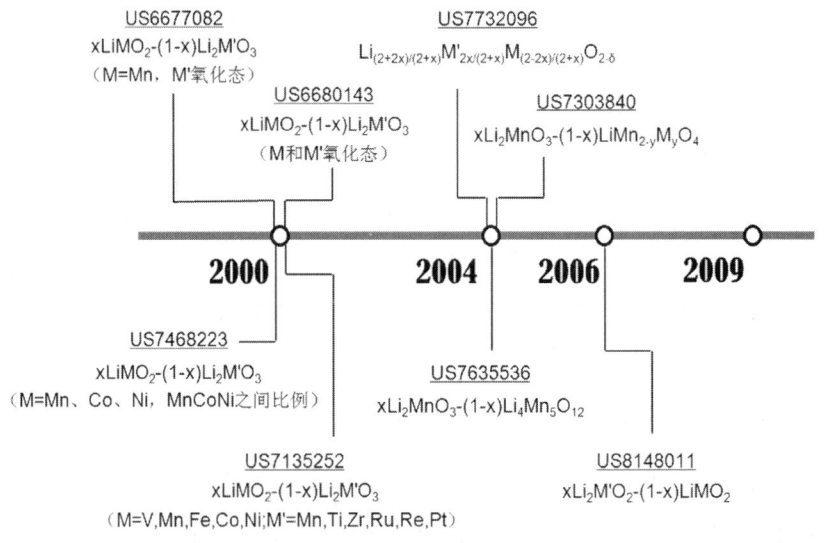

图 3-16 芝加哥大学—阿贡国家实验室富锂正极材料专利技术路线演进图[①]

---

① 国家知识产权局专利分析和预警课题组，锂离子电池加工工艺专利分析和预警 [R]. 国家知识产权局专利分析和预警工作领导小组办公室，国家知识产权局专利局电学发明审查部，国家知识产权局知识产权发展研究中心，2012.（课题组构成：李永红、陈燕、张鹏、肖光庭、刘红梅、孙全亮、张健*、武绪丽、古得龙、罗文辉、张谦、马克*、邓鹏、孟海燕，注*人员是引用部分主要贡献者）

中 篇

围绕需求选择专利分析模块

中篇

在充分了解产业和区域发展特点的基础上,要围绕产业和区域切实的专利分析需求,设置和选择适合的专利分析模块进行全面分析。中篇主要对专利分析模块的设置和专利对产业增长的影响展开研究,共设置3章内容展开论述。

第4章采用了"围绕核心,逐层递进"的方式,选择核心专利指标设置专利分析模块,通过专利指标的"基础分析"和"深度分析"形成所要导航产业或区域的初步专利状况摸查,再逐步扩展构建适合于产业、区域和企业发展特点的专利评价指标,找出影响产业、区域和企业发展的专利问题。

第5章则是为实现专利在经济发展中所发挥的创造、运用、保护和管理作用,解决产业和区域发展中面临的各种专利问题,在初步分析基础上,设置了包括专利开发和申请策略、专利许可、专利并购、专利联盟和技术标准、专利诉讼、风险预警和专利维权等在内的分析模块。旨在围绕产业和区域发展中对专利的特定需求,在专利指标分析的基础上提供更为贴近的专利解决方案。

第6章旨在通过专利与产业增长间作用关系的研究,发现产业增长中专利要素的影响力大小及作用方向,据此形成指导产业和区域经济发展的专利战略配置。通过专利增量与产业规模和市场份额间的联动关系和预测,确定合理的专利发展战略,减少专利申请的盲目性、增强专利技术的价值含量。

第 4 章　专利状况初步分析模块

专利分析旨在通过对包含技术、法律和市场信息的专利情报的深入研究，从技术发展路线、技术持有人、技术来源和技术特点等信息获得辅助技术创新的基础信息。在现今各式各样的专利分析方法和专利分析指标不胜枚举的情况下，如何找到专利分析的核心思想，并能有效地围绕企业技术研发和市场竞争的需求，构建专利指标体系和专利分析方案，是专利分析工作能否更好地服务于经济发展的关键所在。

道家"道生一、一生二、二生三、三生万物"的哲学思想给出了处理类似专利分析问题的启示：首先将专利分析简单化，找到专利分析方法的本源，构建核心专利分析指标，由此扩展形成各式各样的满足多种需求的专利指标评价体系，进而再将专利因素融入到经济发展活动中，找出专利与技术、产业、市场和企业的内在关联，构建专利与技术、产业和市场密切相关的指标体系，最终形成专利指标实用化体系。

在具体实现上，主要从数据统计的角度结合定量分析和定性分析建立专利初步分析模块。通过专利"基础分析"模块的设定，掌握产业内基本专利的分布状况。在此基础上扩展构建专利"综合分析"模块，完成对重要专利信息的深度挖掘。然后按照"由表及里，由浅入深"的原则，进一步挖掘专利在产业和市场上的作用体现以及对企业的影响情况，通过专利指标的"综合分析"模块，对专利数量、专利质量和专利价值进行综合评价，得到产业、区域、企业的专利技术竞争力状况及专利综合影响力指数。具体流程参见图 4-1。

专利导航产业和区域经济发展实务

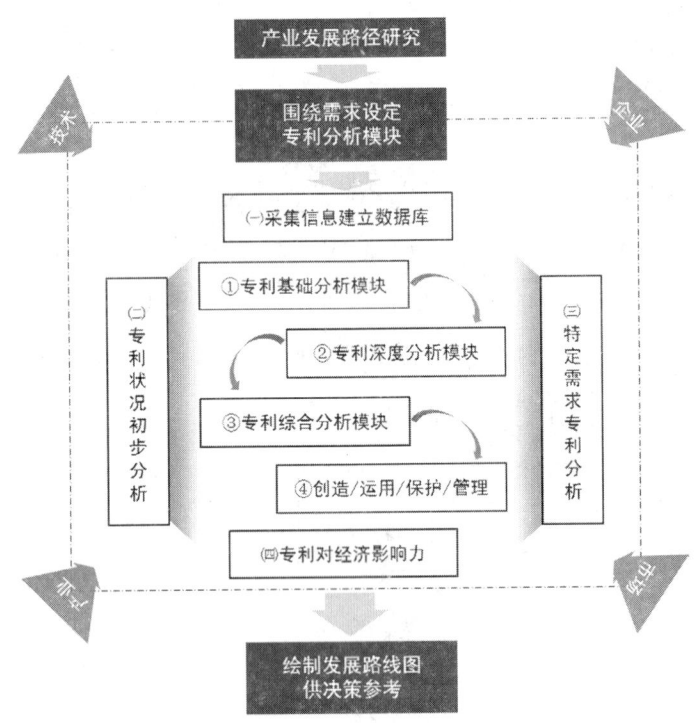

图 4-1　专利分析模块设置及应用流程图

4.1 采集信息建立情报分析数据库

情报研究是根据社会用户的特定需求，以现代的信息技术和科学研究方法论为主要手段，通过社会信息的采集、选择、评价、分析和综合等系列化加工，从而形成新的、增值的情报产品，以不同层次的科学决策服务为主要目的的一类社会化智能活动。通过情报分析将搜集整理来的信息碎片转化为可供决策者使用的形式。选取适合的材料和研究方法，对研究成果的取得至关重要。

专利虽然集技术、法律和市场信息于一体，但如果从服务经济发展的情报研究角度来看，仅仅依靠专利还难以提供决策所需的全面信息。为此，在开展专利导航的工作中，不仅需要采集专利数据，而且需要采集包含技术、产业和市场在内的非专利信息，从而完善统计分析的针对性和实效性。

4.1.1 建立专利信息数据库

专利分析首先要建立统计分析的数据基础，根据需要可以选择建立基础专利数据库和样本专利数据库两种方式。两个数据库的目的和作用各有不同，基础专利数据库涵盖全面的专利数据，适用于全方位的技术检索，用于摸清技术或产业的总体专利态势和产出。样本专利数据库是重要时间节点或权利人的专利集合，适用于依据重要权利人的专利态势判断产业引领者的专利动向和技术含量。

1. 建立基础专利数据库

（1）数据来源

专利数据的来源有多种方式，国家知识产权局专利局专利审查所使用的中国专利数据库（CPRS）和德温特全球专利数据库（WPI）是目前国内数据信息最为全面的专利数据库之一。对于普通公众而言，可以选择各类商用信息数据库和各国知识产权局网站提供的免费数据库。

（2）检索方式

通过分类号结合关键词等专利检索的手段，获得相关领域全面的专利数据，构建出的基础专利数据库，其专利数据反映了技术和产业发展历程中全部的专利技术。

2. 建立样本专利数据库

（1）构建龙头企业专利数据库

在一些专利依赖度高的领域，可以选择专利技术活跃或产业内龙头企业的专利数据构建样本数据库,其专利数据代表了产业发展的主要方向和技术重点,能够更精确地反映出专利持有人对所属领域的影响力状况。在建立龙头企业专利数据库时,龙头企业的选定可以综合以下各因素:

一是专利申请量和授权量排名。从该领域初步统计的专利数量中,根据产业规模及企业数量,筛选出专利申请量或授权量排名靠前的主要申请人。

二是具有产业影响力的企业。在标准组织、技术论坛、行业协会或专利联盟中具有影响力和活跃度的企业,往往是专利技术的主要持有者和贡献者。

三是市场份额及利润率的排名。市场上的领先者多数也是技术的引领者,在专利技术持有方面具有一定的优势。如苹果公司在智能手机领域的全球市场份额虽然只有15%,但却获取了整个产业中50%以上的利润。苹果公司的专利总量不到智能手机领域市场份额第一的三星公司专利总量的1/10,但其专利的价值含量和影响力已经远远超出了对手数量的范畴。

四是技术优势国家的代表厂商。产业聚集特性使得区域内的企业具有一定的竞争实力,虽然专利总量不多,但独有技术却具有一定的竞争力和影响力。如锂离子电池产业内大部分基础技术被日、韩两国所垄断,这两国内从事锂离子电池的企业拥有的所有专利基本上代表了这一领域未来的技术走向。

(2)构建重点技术专利数据库

重点技术主要是指产业内的主流技术或是未来具有发展潜力的新兴技术,围绕于此重点关注基础专利和核心专利组合的数据库构建。通过类似专利数据库的分析,找到支撑产业化发展的重点核心专利的主要技术持有人和技术发展动向,

第 4 章
专利状况初步分析模块

可为后续专利的转化、收购和运营提供参考。

4.1.2 建立非专利信息数据库

除专利数据外的非专利信息数据的获取,如技术、法律、产业和市场方面信息的获取,对将专利分析更好地与产业结合至关重要。非专利信息的获取主要包括以下内容。

1. 非专利文献信息

非专利信息的获取主要来源于学术期刊、学术研讨会、技术论坛等,由此可以辅助获得产业内主要技术持有人、主要发明人等与专利信息相关的内容。非专利学术期刊对技术热点和未来趋势的反映具有实时性,相比于专利数据库从申请到公开至少 18 个月的时间,能够更好地反映目前和未来一段时间内产业和市场的技术热点。CHI 公司采用的科学关联度指标就是将专利信息与引证的非专利信息相互结合,以反映技术发展的活跃度。研究发现,在生物和医药领域,采取非专利文献信息辅助获取技术动态和情报是专利情报之外非常重要的一个渠道。

2. 企业信息

主要获取国内外龙头企业的经营信息。上市公司从年报和财报中获得与企业经营活动密切相关的数据,如销售额、成本、人力资源、研发投入、专利收益或专利许可费用等。

3. 产业信息

由产业经济报告、行业协会等获取产业发展信息。主要从政府组织、行业组织、研究机构、金融机构、企业等发布的产业经济发展报告中,挖掘与专利或技术相关的信息,获得市场发展动态，为专利分析与产业结合提供背景支撑。

4. 市场信息

通过市场研究机构的报告获得市场发展和市场预期的信息。包括现有市场规模、市场容量、市场份额、市场领导者、未来市场预期等发布信息。

5. 法律信息

由中外法律数据库获得专利诉讼数据。从法律专业数据库（如 Lexis 或 Westlaw 数据库）获取产业发展中相关的专利诉讼信息，通过对产业历史中出现专利纠纷的了解，并由技术上的纷争点判断产业热点，从而形成对未来关注焦点的预测。

由专业网站获取专利转让信息。例如通过美国专利商标局官方网站获取专利权属人的转让信息，目的在于关注专利技术的流向性，为进一步挖掘专利的转让、许可、授权提供参考依据。

4.2 建立专利"基础分析"模块

设置基础分析模块的主要目的就是找出专利分析工作的核心环节，围绕于此展开和构建更加深入和具有特色的分析内容。经验表明，从专利的时间属性（When）、地域属性（Where）、权利人属性（Who）和技术属性（Which）四方面的要素可以形成基础的专利态势分析结果（4W，简称四要素分析法）。在四要素分析法中，每个要素指标可进一步分解成基础指标和引申指标，基础指标为专利数据可以直接得到的显性指标，引申指标为需要在基础指标层面进一步深化的隐性指标。

4.2.1 专利趋势分析

以专利的时间属性（When）为主要参照系，对专利指标所表征的时间维度上的信息进行提取分析。

1. 基础指标

（1）专利历年申请量

专利历年申请量表征了专利申请的趋势信息。根据专利申请的类型，可进一步区分发明专利历年申请量、实用新型历年申请量和外观设计历年申请量，其中发明专利历年申请量还可以进一步分成PCT途径专利历年申请量和非PCT途径专利历年申请量。

专利历年申请量结合技术维度信息则反映了专利背后所属技术的专利活跃度情况；专利历年申请量结合权利人维度信息则反映了专利背后所属申请人的专利活跃度情况；专利历年申请量结合区域维度信息则反映了专利背后所属区域的专利活跃度情况。

因此，专利历年申请量宏观上显示出专利数量在时间上的活跃度情况，微观上则可以显示出技术发展动向、企业专利布局动向、区域专利发展动向等。

（2）专利历年授权量

专利历年授权量表征了专利权获得的趋势信息。其中，发明专利因经过实质审查，获得授权则代表了发明相对于现有技术具有一定的新颖性、创造性和实用性，其价值含量要高于未经过实质审查的实用新型专利。

与专利历年申请量类似，专利历年授权量结合技术、企业和区域的因素，同样表征了具有价值含量较高的技术、申请人和来源地等信息。

2. 引申指标

（1）专利布局时间差

从专利的时间维度上还可以显现出技术领先者与技术追赶者、先发国家和后发国家、跨国公司和中小企业在同一专利技术布局上的时间先后。及早发现技术在时间点上的清晰差距，可以为后发者在专利战略制定、技术引进以及自主开发中提供准确的情报信息。在一些传统产业中，发达国家和跨国公司具有技术先发优势，早早地就依靠基础性研究获得了原始技术及专利权，后发国家很难在短时间内赶超。相反，在一些战略新兴产业上，后发国家与发达国家的技术差距相对较小，表现为专利布局的时间差较短，因此可以凭借完善的专利规划、及时高效地专利申请实现技术跟进。

（2）专利平均存续期

专利授权后的存续期是专利在时间维度上的一项重要指标。其表征了申请人对所申请专利技术含量和商业价值的综合考量。一般来说，与高技术含量、产业化支撑技术、交叉许可、标准技术、专利池等密切相关的专利授权后存续期会依照其产生的价值形成较长的专利寿命。反之，技术含量不高、专利申请动机不明确的专利往往存续时间较短，其产生的市场价值也较低。

（3）专利数量趋势预测

从以往专利历年申请量或授权量的数量和增量趋势，可以大致估算出相关领域未来一段时期专利增量及总量的水平。结合相关领域重点技术和主要权利人的申请量分析，可以估测出主要竞争对手在某一领域或技术点下可能申请或取得授权的专利数量，为企业的专利发展规划提供参考依据。

4.2.2 专利区域分析

以专利的地域属性（Where）为主要参照系，对专利指标所表征的地域维度上的信息进行提取分析。

1. 基础指标

（1）国家区域分布

专利制度自诞生之日起就具有地域属性。在专利的地域属性中最突出的一项就是专利的区域分布，其表征了申请人专利布局区域的选择和意向，也与申请人希望获得专利保护的范围密切相关。市场规模大、法律法规完善的地区往往是专利权人优先布局的选择。通过分析专利在不同国家的专利分布情况，可以掌握哪些国家或地区是专利的聚集区，在企业进入相应国家或区域时，要根据各国专利法规进行深入的专利分析。

（2）技术来源分布

通过对专利优先权的分析，可以得到该项专利最早提出国家或地区的信息，进而了解该件专利的来源地。据此可以初步估测出某项技术的专利主要来自于哪一国家或地区。在少数情况下，一些申请人首次提交专利申请国并非是申请人所在国家或地区，而是其认为具有一定影响力的国家，因此会给该指标分析带来一定干扰。例如，我国台湾地区很多企业的首次专利申请是在美国提出的，并以此为优先权进行其他国家的布局。

（3）省市区域分布

通过对中国专利申请数据省市区域排名，可以看出国内在专利申请利用方面的整体情况，为区域经济依靠技术创新提升产业竞争力，以专利战略助推产业升级提供横向比较。

2. 引申指标

(1) 多方专利申请

多方专利申请指的是在两个或两个以上的国家或地区就同一发明提交的一组专利申请。申请人除了在本国申请外，在其他国家或地区进行专利申请越多，可能意味着申请人对其专利技术价值的肯定，因此可以根据多方专利来作为间接判断重要专利的依据之一。

三方专利指的是在欧洲专利局、美国专利商标局和日本特许厅同时申请的一组专利家族，保护的是同一发明。三方专利是目前世界经济合作组织（OECD）在评价国家或地区的专利实力方面的重要指标之一。采用三方专利家族作为专利指标，增强了国际间基于专利指标的可比性，通过三方专利，国内优势和地理位置的影响被消除了。另外，由于在申请三方专利时，专利申请人必须额外支付相关费用和承受获得其他国家扩展保护的时间耽搁，除非专利申请人认为他自己的专利物有所值，否则是不会申请三方专利的。所以三方专利家族中的专利普遍具有较高的价值。

此外，结合产业转移和产业承接的特点以及技术来源和主要市场等特点，甚至可以根据四方或五方专利来实现专利指标的平衡和选择。

(2) 在美专利申请

在美专利申请指的是向美国专利商标局提出的专利申请，由于美国司法体系对专利保护力度领先于全球其他国家或区域，导致在美专利申请成为一种企业国际化或是核心技术保护的重要途径。一方面，美国作为最大的创新型国家和技术输出国，其国内企业专利布局的首选区域就是美国本土；另一

第 4 章
专利状况初步分析模块

方面，美国作为全球最大的消费市场，也吸引着世界各国的企业纷纷进入，而专利权作为一种保护自身良性发展的有效防御武器就成为各国企业在美积极专利布局的必选动作。因此，美国专利申请往往能代表世界先进技术的发展趋势和方向。

4.2.3 专利权利人分析

以专利的权利人属性（Who）为主要参照系，对专利指标所表征的权属人信息进行提取分析。

1. 基础指标

（1）专利申请量排名

专利申请人的申请量排名指标反映了某一领域内专利申请人的技术活跃度情况及其专利布局策略。研发投入越多、技术开发越活跃、专利申请更积极、专利布局更广泛，则反映在专利申请人的专利申请数量上。包括世界知识产权组织和各国专利局在内的官方机构，每年的专利申请量排行榜以及各分支技术的专利申请量排名，一定程度上反映了当前经济环境下各企业的专利投入情况，是一项重要的参考指标。

（2）专利授权量排名

专利申请人的授权量排名指标反映出某一领域内专利申请人获得专利权利和掌握技术实力的情况。专利授权量排名较专利申请量排名的含金量更高，更能表现出企业专利申请的价值。往往在某一领域内专利授权量排名前列的企业在产业发展和专利谈判中拥有主动权。如 2011 年华为公司在美的专利授权量已经排名信息技术领域的前 20 位，显示出华为公司在积累专利谈判筹码，增强专利交叉许可能力方面取得了长足的进步。

(3) 专利储备量排名

专利储备量指标是一个存量指标，表示申请人拥有的有效专利与正在申请未决专利的总量。专利储备量的多少代表了申请人在产业内拥有的专利技术实力。一般来说，专利依赖度高的产业，产业内龙头企业在专利积累上较为积极，拥有的专利储备较多。例如，北电公司破产前将 6 000 件专利储备打包出售，谷歌收购摩托罗拉公司后，获得了该公司 17 000 件专利储备，柯达公司在破产前宣布出售公司约 11 000 件专利储备，高智公司宣称有数万件的专利储备。不难发现，申请人的专利储备量越来越成为衡量企业间专利综合实力的重要指标。

（4）申请人类型构成

专利申请人类型指标反映了专利申请主体的构成。经验表明，在完全市场化的经济环境中，专利申请的主要群体是企业，其次是科研机构和大学，而中国在专利申请主体上，企业占比要远小于科研机构和大学以及个人。通过关注专利申请人类型的构成及变化，可以了解技术的价值含量。

2. 引申指标

（1）申请人合作分析

申请人合作指标反映了专利申请人间存在的技术联合研发情况，在一些前瞻性技术开发中，为降低技术风险，企业多会采取联合研发，分散风险的方式来投入。

（2）核心发明人分析

对核心发明人指标的熟练掌握能够快速地发现技术的主导者，通过对核心发明人轨迹的研究，可以发现技术演变的路线，可以追踪技术的流向。如日亚公司中村修二教授对蓝色激光

第4章 专利状况初步分析模块

二极管实用化的推动,带来了LED产业突破性的发展,其作为核心发明人,相关专利的重要程度远高于其后出现的LED外围专利。

4.2.4 专利技术点分析

以专利的技术属性(which)为主要参照系,对专利指标所表征的技术信息进行提取分析。

1. 基础指标

(1)专利分类号排名

国际专利分类(IPC)在大类、小类、大组和小组上的排名反映了专利在技术上的聚集度。热点技术和新兴技术对专利分类号具有"生长"和"促进"作用,掌握专利分类号排名的变化对了解技术的发展趋势,形成对未来发展的规划判断具有一定的指导。除IPC分类号外,德温特的手工代码MC、日本专利局F-term分类、欧洲专利局EC分类和美国专利商标局的UC分类可结合各自特点,实现不同需求的专利分类号统计分析。

(2)关键词索引排名

关键词索引排名指标是根据专利数据库中专利文本的挖掘,借助软件自动运行提取而实现的一种专利地图。通过关键词索引可以得到相关领域专利的热点和空白点分布,结合时间轴信息,可以进一步揭示相关领域技术发展热点的历程,甚至预测出未来可能出现的技术热点。

(3)技术分解点排名

技术分解点排名指标是从专业角度对专利分析对象的技术进行拆解,按照每个分解点所对应的专利分类号的集合进行专利统计排名。其目的是通过统计，发现在一项技术的构成中，哪些技术分解点是专利聚集区，以此为寻找核心专利提供参考依据。如风电技术宏观层面可以分解为控制技术、电机技术、叶片技术、齿轮箱技术等八大一级技术分支，通过对每个技术分支的专利数量统计，可以找到专利相对集中点。

2. 引申指标

（1）专利技术聚集度

专利技术聚集度指标通过对专利技术持有人的统计，掌握技术持有人对技术的垄断程度。对苹果公司专利按照专利聚集程度进行统计就会发现苹果公司在触摸面板领域拥有绝对的优势，不仅专利数量集中，而且专利质量高，具有很高的专利强度。相比之下，苹果在其他领域的专利聚集度并不集中，在数量上并无明显优势。因此，有研究认为苹果公司依靠的是"一点突破"的方式，以其触控技术为核心逐渐构成了专利包围圈。

（2）专利技术扩散度

专利技术扩散度指标反映了一项专利可能涵盖的技术领域，根据专利申请的主副分类号来进行表征。如果一项专利有多个分类号且覆盖面较广，表明该项专利具有较强的技术扩散性，有可能是一项重要专利。从申请人的角度研究专利技术扩散则表征了专利申请人的技术广度。有研究发现，苹果公司专利的扩散度相对不高，基本是围绕在其核心的触控技术基础上形成的外围专利技术。

4.3 建立专利"深度分析"模块

专利定量综合分析是基于专利态势四要素分析基础，将四

第 4 章
专利状况初步分析模块

要素间相互关联反映专利与技术、专利与企业、专利与产业以及专利与市场的关系进一步细化，从专利影响了什么（what，1W）入手进行更加深入的分析。

4.3.1 技术路线演进中关键专利

技术演进过程中始终伴随着专利的产生。因此从时间（when）上找出技术（which）的发展历史，并对技术演进过程中关键节点的重要专利，以技术为基础结合专利权人、专利时间等因素，对支撑技术发展的核心专利和外围专利的布局时间和特点给予全面的掌握。通过对技术路线演进中关键专利的挖掘，可以对基础技术及外围技术的专利分布情况追本溯源，更好地去了解技术、专利和产业发展间的内在关联。

1. 重要时间节点的关键专利

在技术的发展和演进中，随着颠覆性技术、替代技术和改良技术的出现，在各自时间节点中都伴随着关键专利的产生，以及由此所产生的一系列外围专利。正确识别和找出对应的关键专利及持有人，对研发路径的选择、合理规避专利陷阱、提早进行专利规划都具有重要的意义。

如图 4-2 所示案例是二甲醚制备技术在 40 年发展中重点专利技术演进的路线图，在每个关键时间节点上都形成了重要专利。通过分析发现，两步法是最早出现的二甲醚制备方法（也是目前唯一工业化的方法）；一步法比两步法起步晚了 10 年，技术发展不如两步法稳健，技术较为分散，陆续出现了四种工艺，由于催化剂没有取得突破性进展，导致至今未能形成产业化。

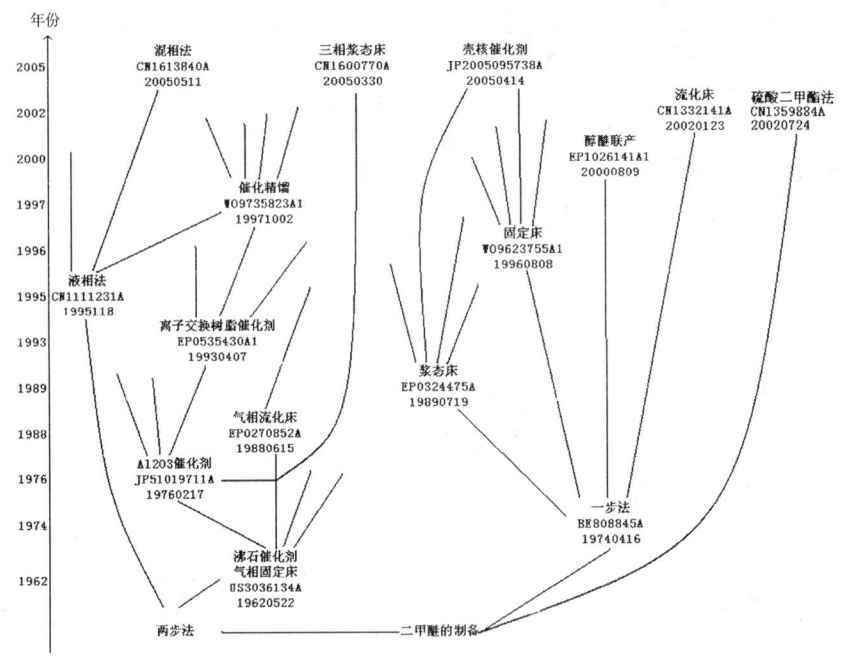

图 4-2 二甲醚制备技术演进发展路线图[①]

2. 龙头企业技术演进中的关键专利

具有商业化前景的技术背后往往是由该领域内的龙头企业在积极推动，其凭借技术、资金、人才和政策的优势，不断地将已经进行专利布局的独有技术推广为事实上的公用标准，以此来实现技术产业化后获取最大利润。因此摸清产业内龙头企业的技术演化中的关键专利，能够有效地对未来发展规划进行合理预期。

图 4-3 所示为 Intel 公司在 CPU 处理器关键技术——指令系统上的技术发展路线与其在华专利布局的对比图。不难发

[①] 国家知识产权局专利分析和预警课题组.新型煤化工大宗化学品（碳一化工）专利分析和预警[R].国家知识产权局专利分析和预警工作领导小组办公室，国家知识产权局专利化学发明审查部，国家知识产权局知识产权发展研究中心，2011.（课题组构成：崔军，陈燕，李彦涛，王雷，刘雷，罗玲，赵凤阁，刘广南，胡杨，王瑾，刘庆琳，陈飚，杜伟，王科.）

现，Intel 公司在每次推出新的指令集的同时，相关核心专利组合也在同期进行在华布局。正是对技术演进过程中关键节点专利布局的高度重视，才使得 Intel 公司能够凭借"事实标准"确定产业主导的地位。

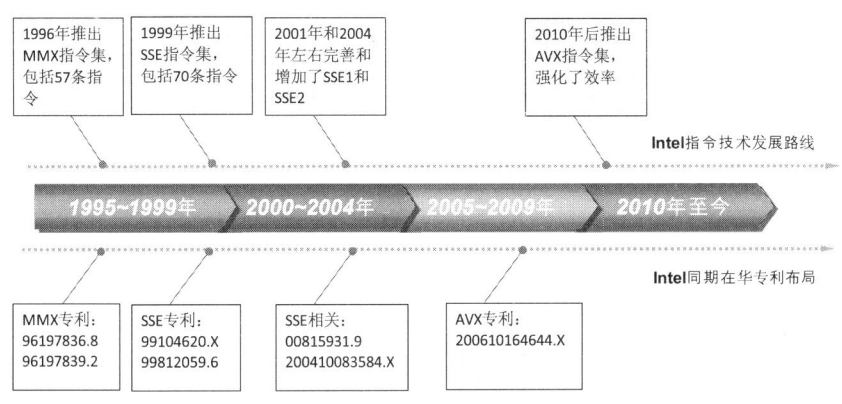

图 4-3　Intel 公司技术发展路线及在华专利布局对比[①]

3. 专利引证和许可中的关键专利

专利引证是衡量专利质量和价值的重要指标。前后引证关系图往往包含了技术追溯性信息，而专利许可则表征了专利的授权与使用，一定程度上，存在专利引证关系可以构成专利许可的理由。因此，对专利引证和专利许可中关键专利的掌握，对技术引进和使用以及专利战略规划、抢占专利先进都具有重要的现实意义。

如图 4-4 所示的案例属于半导体存储器领域，从分栅闪存技术发展中的重要专利引证和许可关系中不难发现，最早的基础性专利始于 Harari 的 US4328565A，随后该申请人相继创建

---

① 国家知识产权局专利分析和预警课题组.高性能计算机芯片指令系统专利分析和预警[R].国家知识产权局专利分析和预警工作领导小组办公室，国家知识产权局专利局电学发明审查部，国家知识产权局知识产权发展研究中心，2011.（课题组构成：李永红，陈燕，李胜军，林柯，周述红，田冰，富瑶，顾静，马克，刘庆琳，陈飚.）

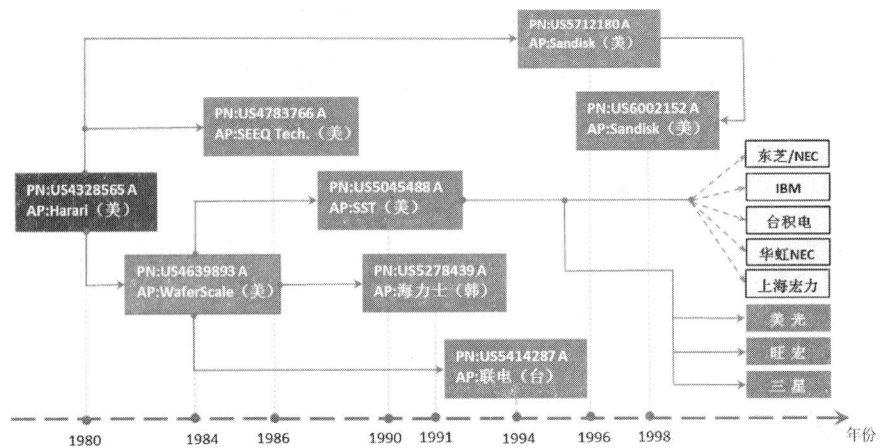

注：1. 图中实线箭头表示专利引证关系，虚线箭头表示已获知的技术许可关系。
2. 图中除了 US639293A 是涉及在晶圆上制造方面的专利，其余均为存储单元相关的专利。
3. Harari 是 WaferScale 和 Sandisk 公司的创始人。

图 4-4　半导体分栅闪存技术演进重要专利引证及许可关系[①]

了 Sandisk 和 WaferScale 两家公司。我国企业则是基于美国 SST 公司的技术许可之后，才开始加入分栅技术的研发，如上海华虹 NEC 所接受的技术许可来源就是美国的 SST 公司。

4.3.2 重点技术的专利功效矩阵

重点技术专利功效矩阵是对技术（which）本身深入挖掘，从专利发明的目的和功效等专利信息中发现技术的聚集情况，找到专利技术集中区和空白区，与产业中遇到的技术瓶颈相对应，判断技术演化过程中存在的技术难点，有助于后续专利布局。由专利功效矩阵可以进一步融入权利人（who）和时间（when）要素，进而延伸出更广范围的专利态势。

---

① 国家知识产权局专利分析和预警课题组.高密度存储器技术专利分析和预警[R].国家知识产权局专利分析和预警工作领导小组办公室，国家知识产权局专利局电学发明审查部，国家知识产权局知识产权发展研究中心，2010.（课题组构成：李永红，汤志明，陈燕，朱世茜，田冰*，陈丽娜，王少峰，尹剑峰，马克*，李岩，马宁，注*人员是引用部分主要贡献者.）

第 4 章
专利状况初步分析模块

1. 重点技术—专利功效矩阵

专利功效矩阵是构建专利与技术关联性的有效方法,能够直观地反映技术要素之间的相互关系,从而对研究对象进行深入细致的分析。通过对重点技术绘制专利功效矩阵,可以掌握专利布局重点与技术分支间的对应关系,了解专利申请人的布局意图和研发动向。

此外,专利功效矩阵分析方法还可以延伸出技术角度分析法。一般可以分成 MPEST 技术地图和 TEMPOS 技术地图。MPEST 是将专利数据库中的专利按照材料(material)、特性(personality)、动力(energy)、结构(structure)和时间(time)等五个方面进行加工,而 TEMPOS 则是按照如表 4-1 所示的结构和内容对专利文献进行加工。

表 4-1 TEMPOS 技术角度分类示意[①]

技术分析角度	功效矩阵概念的延伸
处理(treatment)	温度、速度、时间、频率和压力等
效果(effect)	目标、性能和功效等
材料(material)	材料、成分、混合物和附加物等
加工(process)	制造方法、系统和工艺等
产品(product)	产品、部件、结果和产量等
结构(structure)	结构、形状、装置、组分和电路等

2. 重点技术—专利申请人矩阵

以矩阵的形式表示重点技术与申请人间的关系,能够直观地反映出国内外龙头企业各自关注的专利布局重点,以及专利技术空白点。有助于对重点专利申请人的技术动向进行持续追踪。

---

① 陈燕,黄迎燕,方建国,等.专利信息采集与分析[M].清华大学出版社,2006.

表 4-2 海上风电基础塔架技术—申请人专利矩阵分布（单位：件）

申请人	单桩	多桩	悬浮式	网架式	吸附式	重力式	基础结构
维斯塔斯（丹）	6	2	6		1		
通用电气（美）	3	1	2			1	
中国水电顾问	3	3		5	1		7
西门子（德）	2		1				2
上海交大	3		1			1	1
三菱重工（日）	4	4					
再生动力（德）	1	1				4	
爱罗丁（德）		1					2
三一电气							4
爱纳康（德）	1						1
金风科技							1

表 4-2 是海上风电的基础塔架技术中各分支技术的申请人专利布局情况。通过对比可以较为清晰地看出，风电领域的跨国公司在塔架技术上的布局呈现出全面性，专利布局的重点既包含近海的塔架专利，也包括未来发展趋势的远海的塔架专利（悬浮式）。相比之下，国内在海上风电相关领域的专利较少，且均集中在海上风电的初级阶段——近海海域。

3. 重点技术—专利布局时间矩阵

通过将技术专利布局从时间维度上进行矩阵化，可以对专利技术的发展趋势和技术路线的演变过程有清晰把握。如表 4-3 是海上风电的基础塔架技术中各分支技术的专利历年申请的情况。不难发现，国外在海上风电塔架的专利申请起步较早，2001 年即开始了专利布局，且主要以近海和远海的单桩和悬浮式为主，我国不仅在技术上起步晚（2009 年才有专利），而且专利多集中在近海（单桩）的塔架技术上。

第4章 专利状况初步分析模块

表4-3 海上风电基础塔架技术—申请时间专利矩阵分布（单位：件）

	年代	单桩	多桩	悬浮式	网架式	吸附式	重力式	基础结构
国外历年	2001		1					1
	2002							1
	2003		2		1			
	2004			1				1
	2005	1		1				2
	2006		2	1				
	2007	1	2					1
	2008	2		1				1
	2009							
	2010	4		5				1
	2011	4	2	5			1	1
国内历年	2008							
	2009							2
	2010	2	3		3		1	3
	2011	4		1	2	1		8

4.3.3 新增或衰退的技术点分布

对新增或衰退技术点的研究是从时间（when）和技术（which）维度进行综合研究，以掌握产业化的热点技术、未来技术的发展趋势及具有商业前景的重点技术。

1. 近五年新增或衰退技术点分布

以近五年专利申请量为依据，从时间、技术的角度进行分析，找出专利申请量持续增长或是出现下降的技术点，结合该领域主要申请人的专利布局策略，即主要申请人在该领域近五年的专利增量来判断相关技术是否处于热点或衰退的状态。通过短期预测模型，判断未来一段时间可能出现的热点技术及专利布局状况。

表 4-4 CPU 指令技术分支近五年专利申请活跃度汇总[①]

排名	技术分支	近五年申请占比	排名	技术分支	近五年申请占比
1	多核	75.7%	15	中断与异常处理	50.0%
2	二进制翻译	73.2%	16	其他运算	49.6%
3	格式转换	64.0%	17	标志处理与控制寄存器操作	49.2%
4	分支	62.9%	18	Cache 管理	47.6%
5	虚拟化	62.1%	19	移位	46.2%
6	电源/功耗管理	61.5%	20	打包/分组/压缩/解压缩	46.0%
7	流水线控制	57.1%	21	寄存器重命名	45.5%
8	算术	56.3%	22	安全	44.4%
9	线程控制	55.6%	23	指令编码	40.4%
10	寄存器—寄存器	55.4%	24	多指令集兼容	38.7%
11	多线程控制	54.5%	25	存储器—寄存器	35.3%
12	子程序调用与返回	53.8%	26	转移	23.7%
13	多线程	51.1%	27	协处理器	20.0%
14	其他处理机控制	51.1%			

表 4-4 是 CPU 处理器技术中指令技术各分支技术点近五年专利申请数量占分支总数量的占比情况。不难发现，以多核、二进制翻译、格式转换在内的技术近五年专利申请量呈现出较高的比率，显示出这些技术是近年来的热点。与此相对，协处理器、转移、存储器—寄存器等技术近五年的专利申请量占比很低，显示出这些技术可能是在指令技术中正在趋于衰退的技术分支。

2. 龙头企业新增或衰退技术点分布

相关领域内龙头企业的技术动向代表了整个行业的发展方

[①] 国家知识产权局专利分析和预警课题组.高性能计算机芯片指令系统专利分析和预警[R].国家知识产权局专利分析和预警工作领导小组办公室，国家知识产权局专利局电学发明审查部，国家知识产权局知识产权发展研究中心，2011.（课题组构成：李永红，陈燕，李胜军，林柯，周述红，田冰，富瑶，顾静，马克，刘庆琳，陈飚．）

向，对该领域内基于龙头企业构建的专利数据库进行重点专利申请趋势研究，有助于及早发现市场转向信号及产业发展方向的变化，为后发企业紧盯竞争对手技术研发动向，提前进行专利布局提供情报信息。

3. 热点地区新增或衰退技术点分布

一些具有地域性的技术，可以对研发活动活跃地区的近年来新增或衰退技术点分布进行深入研究。如锂离子电池领域，最早的产业化研究发源于日本，随后韩国和中国等东亚国家相继进入这一领域，逐渐形成了锂离子电池的世界研发格局。因此，从这一地区专利数据的统计中，可以看出近年来锂离子电池的发展趋势以及新旧技术之间交替的情况，可以为规划未来的技术发展路线奠定基础。

4.3.4 重要专利权人专利点分析

对重要权利人技术活跃度的研究是从权利人（who）和技术（which）维度进行综合研究，以掌握重要专利权人或行业内龙头企业的技术研发动向和活跃度情况，进行技术跟踪的研究。

1. 技术研发动向

可以对重点专利权人的专利数据建立专题数据库，从技术角度分解重点专利权人的技术研发动向和专利布局态势间的关系。如图4-5所示，是对高通公司在CPU处理器领域中专利的数量统计，包含了CPU处理器核心指令技术的专利统计。

高通公司作为一家拥有通信领域基础专利的高技术公司，在2005年之前并未涉足CPU处理器领域，其原有芯片业务仅涉及移动基带类芯片。但随着2005年高通公司取得ARM公司

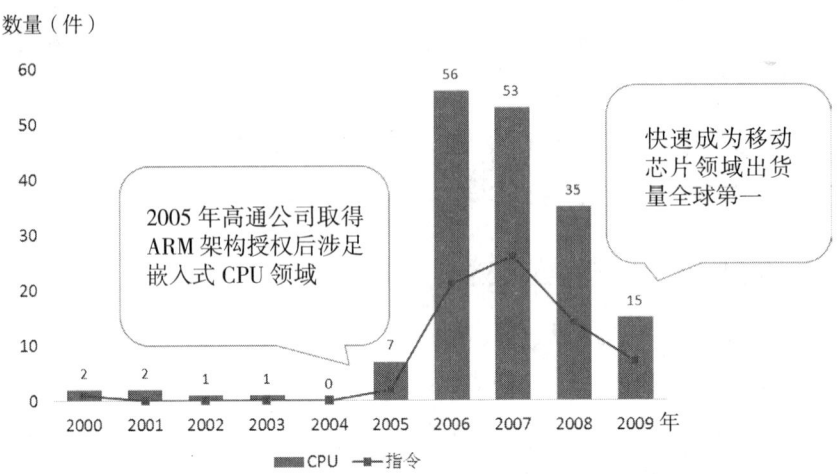

图 4-5 高通公司进军嵌入式 CPU 领域前后核心专利布局比较[1]

嵌入式 CPU 指令架构授权后，获得了在此基础上独立发展的机会，于是快速开展了 CPU 处理器技术的专利布局，尤其是在指令技术方面的专利申请更是占到了其 CPU 处理器技术专利布局的一半，专利布局速度之快、数量之大、目标之准，将高通公司历来在移动通信领域娴熟运用专利的手法，如法炮制般地在 CPU 处理器领域也淋漓尽致地发挥了出来。经过几年的时间，高通公司在嵌入式 CPU 处理器领域的出货量已经稳居全球领先的地位。

2. 技术集中度和活跃度

重要权利人的专利技术集中度和活跃度情况表明了产业的竞争关系。垄断产业的专利倾向于集中掌握在少数龙头企业手中，其专利动向代表了整个行业的技术发展趋势；而竞争激烈产业的专利集中度相对较低，专利申请更为活跃，专利诉讼战也较多。如表 4-5 是高密度存储器产业的龙头企业技术集中度

---

[1] 以高通公司在华专利数据为统计基础。

和活跃度统计数据。可以看出，该领域竞争异常激烈，专利数据表明没有一家企业能够长时间保持绝对垄断的地位，年度专利申请量排名交替易主，每家企业均有一定的技术实力。

表 4-5　高密度存储器技术龙头企业技术活跃度统计[1]

排名	申请人	主要布局国家	近三年申请占比	年度申请量排名
1	英飞凌[1099]	DE[724];US[362]	0 of 1 099	1998～2000 年第一
2	三星[837]	KR[808];US[300]	5% of 839	2003～2005 年第一
3	富士通[677]	WO[364];JP[310]	5% of 677	2005～2007 年前三
4	美光[552]	US[544];IT[9]	27% of 552	2007～2009 年第一
5	英特尔[532]	US[520];WO[19]	6% of 532	—
6	飞利浦[506]	EP[370];US[110]	3% of 506	—
7	Sandisk[468]	US[463];JP[5]	15% of 468	2004～2006 年前三
8	NEC[462]	JP[456];EP[59]	13% of 462	1998～1999 年前三
9	三菱[396]	JP[384];US[118]	4% of 396	2001～2002 年前三
10	AMD[392]	US[388];DE[20]	4% of 392	—

注：美国—US，日本—JP，中国—CN，韩国—KR，德国—DE，意大利—IT，国际申请—WO，欧洲申请—EP。

此外，还可以对重要权利人专利布局开展研究，主要是从权利人（who）和地域（where）维度进行综合研究，以掌握重要专利权人的专利地域布局策略。

3. 专利布局的均衡性和针对性

重要专利权人的专利活动往往代表了产业内龙头企业的布

---

[1] 国家知识产权局专利分析和预警课题组.高密度存储器技术专利分析和预警[R].国家知识产权局专利分析和预警工作领导小组办公室，国家知识产权局专利局电学发明审查部，国家知识产权局知识产权发展研究中心，2010.（课题组构成：李永红，汤志明，陈燕，朱世茜，田冰，陈丽娜，王少峰，尹剑峰，马克，李岩，马宁.）

局策略。作为技术的引领者和专利制度娴熟的运用者，市场环境下，在研发投入、专利布局地、维护时间、经费运用等方面均会围绕企业自身状况和市场发展前景综合考虑。因此重要专利权人专利布局的均衡性体现出了资源利用的最大化。如重要专利权人可能对美、日、欧等重要国家、地区开展专利布局，也可能仅针对美、中等重要市场或生产地而进行专利布局。通过对重要专利权人专利动向的摸查，可以了解其专利布局的意图和目的。

4. 专利布局的首次申请地分析

一般而言，专利申请的首次申请地多是重要专利权人所属国家或地区。通过分析重要专利权人的首次申请地的异同，可以推测重要专利权人在布局策略上的思路，进而挖掘出重要专利。但这一普遍规律有时也会因企业战略的不同或企业在全球分支机构的不同而有所改变，如台湾联发科技股份公司（简称"联发科公司"）的专利申请战略在2005年之后产生了重大变化。联发科公司2005年后专利的首次申请地全部变更为美国，以此为优先权，再向本土和其他国家进行申请，这种策略的变化显示出联发科公司希望尽可能多和快地获得美国专利授权，以此形成公司发展的核心竞争力。又如，由于日本专利多以本国先申请为主，以此为优先权再向外申请，因此，可以对日本企业在美、欧或中申请与仅在日的申请进行比较，两者的差值有可能是价值含量并不高的专利申请，或是为了防御性公开而申请的专利。

4.3.5 企业技术融合度与互补度

对企业间技术融合度和互补度的研究是从权利人（who）和技术（which）维度进行综合，以此掌握企业间技术的相似

第 4 章
专利状况初步分析模块

性或是互补性。现有企业间的跨领域专利收购、业务整合的目的就是增强相关领域的技术实力，因此可为企业开展并购、业务扩展提供专利依据。此外，还可以据此分析结果对企业间的经营合作或联盟提供参考依据。

1. 企业技术融合度

企业技术融合度表示不同企业在自身擅长领域的能力融合程度。如果在具有相同技术能力的公司间进行合作或结为联盟，则会产生该领域技术含量更高的组织形态。

例如，对日本锂离子电池的专利分析表明，索尼、松下和三洋的综合技术实力排在前三位。从专利技术实力的对比上可以看出，排名二、三位的松下公司和三洋公司在锂离子电池业务上开展技术合作或是合并，则会迅速超过锂离子电池领域技术综合实力排名第一的索尼公司。

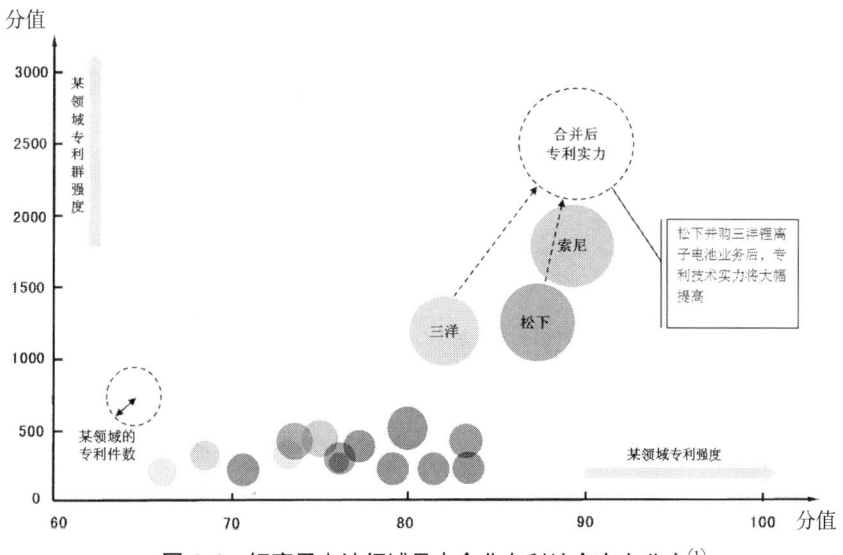

图 4-6　锂离子电池领域日本企业专利综合实力分布[①]

---

① 图片根据日本 Patent Result 公司互联网公开资料编辑整理。

如果进一步分析两家公司现有的专利储备,可以获知在日本FT分类"[5H017]:电池用的载体及集电体"和"[5H050]:电池电极及活性物质"这两个领域中,二者联合后的综合实力会得到显著提升。

2. 企业技术互补度

企业技术互补度表示不同企业在自身弱势领域的能力互补程度。据此可以找到市场上符合自身发展的合作伙伴或并购对象,增强企业自身的市场竞争能力。如宝洁公司专注于日化用品,专利技术涉及家居护理、美发美容、健康护理等领域。相比之下,吉列公司专利技术涉及电池、剃须刀、牙刷等产品,与宝洁公司部分产品线形成竞争。如图4-7中Ⓟ所在区域(右上方)代表宝洁的专利优势区域,其专利技术主题涉及织物及家居护理、美发美容、婴儿及家庭护理、健康护理、牙刷等方面。Ⓖ所在区域(左下方)代表吉列专利优势区域,其专利主题涉及电池、剃须刀、牙刷、电子产品等方面。

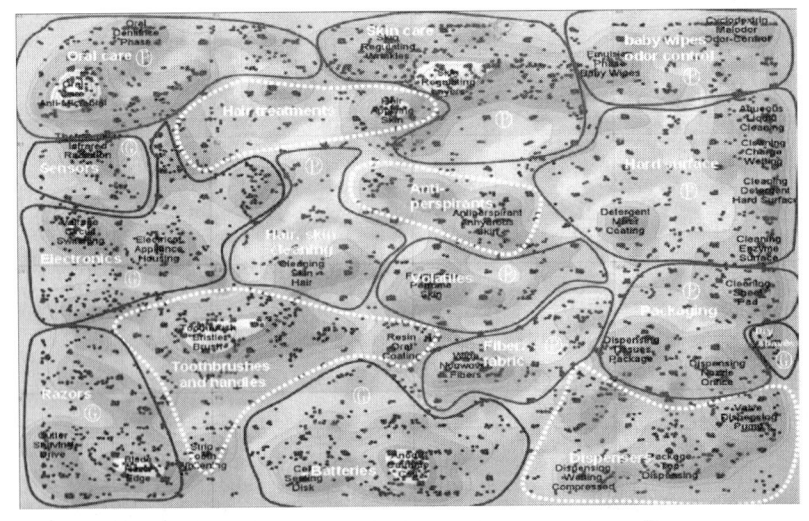

图4-7 宝洁公司与吉列公司专利技术分布图[①]

① 图片由Thomson路透集团吴正提供。

从专利技术构成来看，两者是一个很好的互补关系。当宝洁公司斥资570亿美元并购吉列后，不仅增强了原有业务能力，将宝洁公司原有产品线从关注女性用品市场扩大到了男性用品市场，扩大了其专利覆盖的领域和专利的拥有量，进一步提升了企业综合实力。

4.4 建立专利"综合分析"模块

专利信息集技术、法律、市场信息于一体，涵盖战略、市场、经营、技术、人才等多方面的重要竞争情报信息，其提供的信息是许多竞争者向公众透露的某些关键信息。但专利数据海量的特点客观上要求建立一套用于评价专利对技术创新、区域发展、产业发展和企业发展合理有效的指标体系。

4.4.1 专利指标体系构建原则

1. 主要目的

构建专利评价指标体系应当实现以下几个方面的基本目的。

一是建立更为全面、反映专利情况更为彻底的专利指标体系。以往存在的指标只是一些简单的数量描述和类型分布，既难以分析深层次的问题，也无法为更进一步的专利分析提供资料。由于原有指标结构简单、范围狭窄，因此在分析专利数据时很难将之与其他相关的特别是有关的现象联系起来，即使在分析专利自身的情况时，也会由于指标不能提供丰富的信息，而导致分析只能停留在表面，无法揭示其背后的深层次问题。所以建立范围更广、与其他经济现象相联系的专利指标是非常必要的。

二是揭示专利与经济增长的关系。专利活动的价值必须在经济上反映出来,随着科技活动与经济活动的联系日趋紧密,专利活动与经济的联系也在不断加强。一项(组)专利的应用会改变某个企业的生产活动,有时甚至会促进整个行业的变革,专利的应用会带来明显的生产活动的改革与经济效益的提高。可见,专利活动与经济活动是密不可分的。而原有的专利指标大多只衡量专利本身数量的大小,并没有揭示专利对经济发展的促进作用。因此,将研究目的定在设立专利指标,通过数学模型来测定专利对经济增长的贡献。

三是较客观、科学、全面、准确地评价我国在世界上、我国不同地区、各个行业、企业的专利综合实力和竞争力,以及专利自身价值。为制定和实施我国专利战略(包括国家、行业和企业三个层面的专利战略)提供客观、科学的数据支持,以科学发展观为指导,对国家、行业或地区的科技创新和经济发展起到宏观导向作用。并以其作为国家和地区的科技、经济统计评价指标体系的一部分,提高专利在国家科技、经济活动中的显示度,促进相关部门开展研究工作。

2. 构建原则

对专利评价指标体系进行构建,需要满足以下设计原则:

(1)科学性

单一指标的使用和不同指标的配合使用,应当合理;专利评价指标所涉及的计算公式,应当经得起推敲并为实践所肯定。

(2)客观性

专利评价指标体系应该是客观的,体现在它以实际统计数据为基础,避免主观臆断或随意性。专利评价指标对于数据的反映,应当贴切,没有歧义。

第4章
专利状况初步分析模块

（3）系统性

专利评价指标体系应当全盘考虑到专利数量和质量、现状和趋势、投入和产出等不同角度对实际情况的反映，力求全面。

（4）实用性

专利评价指标体系应当是实用的，体现在它与专利工作、科技创新、经贸活动密切相关，在实际工作中切实可用。

（5）指导性

专利评价指标体系应当具有指导性，体现在它对专利工作、科技创新、经济发展和促进贸易具有科学的评价性、正确的影响力和导向作用。

3. 指标构建

通过对专利指标体系进行说明，并进行可行性分析，将各类指标赋予权重，形成一个综合完整的专利评价指标体系，如表4-6所示。

表4-6 专利综合评价指标体系和指标权重系数表

指标体系			权重系数	
大类	具体指标		大类	具体指标
数量类(A)	专利申请量（A_i）		W_A	W_A
质量类(B)	授权类(B1)	专利授权量（B_i）	W_B	W_{B11}
		专利授权率（β_i）		W_{B12}
		专利引证指标（$B_{引证}$）		W_{B13}
	法律状态类(B2)	专利第 n 年的存活量（$B_{存活}$）		W_{B21}
		专利第 n 年的存活率（$\beta_{存活}$）		W_{B22}
		专利平均寿命（$B_{寿命}$）		W_{B23}

续 表

指标体系		权重系数	
大类	具体指标	大类	具体指标
价值类(C)	运营类 (C1) — 专利自实施量（$C_{实施}$）	W_C — W_{C1}	W_{C11}
	专利自实施率（$\varepsilon_{实施}$）		W_{C12}
	专利许可实施量（$C_{许可}$）		W_{C13}
	专利许可实施率（$\varepsilon_{许可}$）		W_{C14}
	专利权转移量（$C_{转移}$）		W_{C15}
	专利权转移率（$\varepsilon_{转移}$）		W_{C16}
	专利权质押量（$C_{质押}$）		W_{C17}
	专利质押率（$\varepsilon_{质押}$）		W_{C18}
	专利无效请求量（$C_{无效}$）		W_{C19}
	专利无效请求率（$\varepsilon_{无效}$）		W_{C10}
	效益类 (C2) — 专利运营价值（$C_{运营}$）	W_{C2}	W_{C21}
	专利产品产值（$C_{产品}$）		W_{C22}
	专利产品增加值（$C_{增加}$）		W_{C23}
	对外申请类 (C3) — 专利对外申请量（$C_{对外}$）	W_{C3}	W_{C31}
	专利对外申请率（$\varepsilon_{对外}$）		W_{C32}
	PCT 专利申请量（C_{PCT}）		W_{C33}
	同族专利申请量（$C_{同族}$）		W_{C34}

第4章
专利状况初步分析模块

续表

指标体系			权重系数	
大类	具体指标		大类	具体指标
其他类(D)	申请人类(D1)	申请人数量($D_{数量}$)	W_D	W_{D11}
		申请人类型为企业/科研院所的数量占申请人数量的份额(D_i)		W_{D12}
		主要申请人申请量份额($D_{排名}$)①		W_{D13}
	技术类(D2)	技术覆盖范围(D_{IPC})		W_{D21}
		技术成长率($D_{成长}$)		W_{D22}
		技术成熟系数($D_{成熟}$)	W_{D2}	W_{D23}
		技术衰老系数($D_{衰老}$)		W_{D24}
		新技术特征系数($D_{新技术}$)		W_{D25}

4.4.2 产业专利指标评价体系

除了产业发展的经济效益以及环境资源保护能力等因素外，产业发展现状的构成要素主要有产业规模、产业发展水平、产业结构、产业科技创新能力等，并且通过专利情报分析，还可以了解到产业技术的发展方向、技术的关联度等信息②。

1. 产业规模

产业规模是指一类产业的产出规模或经营规模，产业规模可用生产总值或产出量表示。规模的横向扩展，即生产、经营同类产品的规模的扩大；而规模的纵向扩展，即从研发、技术成果转化、推出产品到市场营销，自上到下关于产业规模的研究。

---

① 指排名前 N 的申请人的专利申请份额，N 一般取 3~10。
② 详细的指标评价体系可参见本系列丛书第 2 卷《专利与产业发展系列研究报告》。

产业规模的形成，必定伴随着一批专利的产生。随着产业规模的扩大，专利申请量会大量增加，会吸引诸多新的专利申请人，专利申请人会在全球多个市场进行专利布局，其技术领域也会扩散到整个产业的上中下游。由此可见，专利的数量与产业规模有着一定的联系。

在专利评价指标体系32个具体指标中，筛选出如表4-7所示指标[①]。

表4-7 产业规模专利评价指标[②]

	指标筛选	权重系数
数量类指标	专利申请量（$A_{总量}$）	W_A
质量类指标	专利平均寿命（$B_{寿命}$）	W_{B23}
价值类指标	无	
其他类指标	申请人数量（$D_{数量}$）	W_{D11}
	技术覆盖范围（D_{IPC}）	W_{D21}
补充类指标	专利合作申请量（$A_{合作}$）	W_{A1}

根据对以上五个指标的筛选和赋予的不同权重，得出通过专利指标评价产业规模的指标体系：

$$I_{规模} = W_A \times A_{总量} + W_{B23} \times B_{寿命} + W_{D11} \times D_{数量} + W_{D21} \times D_{IPC} + W_{A1} \times A_{合作}$$

其中，各指标赋予的权重值总和为1。

2. 产业发展水平

在产业不同的发展阶段，技术的研发和资金的投入都会有一定的倾向性和规律性，与技术直接关联的专利数据就会对此有所反映。因此，可以通过对专利数据进行研究，找出其中的评价指标，来了解产业发展到何种阶段。

---

① 对于指标的筛选，较合理的方式应是通过实证分析，对所有指标进行筛选，找出适合的评价指标。此处筛选出的指标是综合论文文献以及笔者对专利研究的基础上提出的，选出指标的合理性还有待实证研究。

② 对于产业规模评价质量类指标（参考第6章）选择了专利平均寿命和专利合作申请指标，但在实际应用中可根据不同的需求选择相应的指标。

第4章
专利状况初步分析模块

在专利评价指标体系 32 个具体指标中,筛选出如表 4-8 所示指标。

表 4-8 产业发展水平专利评价指标

	指标筛选	权重系数
数量类指标	无	
质量类指标	专利授权量（$B_{总量}$）	W_{B11}
	专利第 n 年的存活量（$B_{存活}$）	W_{B21}
价值类指标	专利对外申请量（$C_{对外}$）	W_{B31}
其他类指标	申请人数量（$D_{数量}$）	W_{D11}
	申请人类型为企业的数量占申请人数量的份额（$D_{企业}$）	W_{D12}
	主要申请人申请量份额（$D_{排名}$）	W_{D13}
	技术覆盖范围（D_{IPC}）	W_{D21}
	技术成长率（$D_{成长}$）	W_{D22}
	技术成熟系数（$D_{成熟}$）	W_{D23}
	技术衰老系数（$D_{衰老}$）	W_{D24}

对所选取的以上指标,可以按照两个层次进行分析,一个层次是通过指标对产业进行一个定性的分析和描述;另一个层次是通过对指标赋予的不同权重,在定性描述的基础上,进行定量的分析。

（1）第一层次：定性分析

申请人类型为企业的数量占申请人数量的份额（$D_{企业}$）:用来判断该产业的产业化程度,份额越大,产业化程度越高。

主要申请人申请量份额（$D_{排名}$）:用来判断该产业的垄断化程度,份额越大,垄断化程度越高,不利于产业的良性发展。

技术成长率（$D_{成长}$）、技术成熟系数（$D_{成熟}$）、技术衰老系数（$D_{衰老}$）:用于判断产业的发展阶段,通过计算连续几年的数据，以此来判断该产业是处于成长、成熟和衰老哪个阶段。

以上指标是对产业自身进行纵向的分析，以下通过定量的指标来对产业之间进行横向的对比分析。

(2) 第二层次：定量分析

根据对专利授权量（$B_{总量}$）、专利第 n 年的存活量（$B_{存活}$）、专利对外申请量（$C_{对外}$）、申请人数量（$D_{数量}$）、技术覆盖范围（D_{IPC}）等五个指标的筛选和赋予的不同权重，得出通过专利指标评价产业发展水平的指标体系：

$$I_{水平} = W_{B11} \times B_{总量} + W_{B21} \times B_{存活} + W_{C31} \times C_{对外} + W_{D11} \times D_{数量} + W_{D21} \times D_{IPC}$$

其中，各指标赋予的权重值总和为 1。

3. 产业竞争力

产业竞争力，指某国或某一地区的某个特定产业相对于他国或地区同一产业在生产效率、满足市场需求、持续获利等方面所体现的竞争能力。技术革命决定了一个产业的兴衰，它不因一国一地的特殊情况而改变其总的演变趋势，从技术角度出发是评价一个产业竞争力的有效手段，而技术与专利是紧密相连的，因此挖掘专利评价指标体系同样是评价产业竞争力的一种手段。

在专利评价指标体系 32 个具体指标中，筛选出如表 4-9 所示指标。

根据对以上指标的筛选和赋予的不同权重，得出通过专利指标评价产业竞争力的指标体系：

$$I_{竞争力} = W_A \times A_{发明} + W_{B11} \times B_{发明} + W_{B12} \times \beta_{发明} + W_{B22} \times \beta_{存活} + W_{B23} \times B_{寿命} + W_{C31} \times C_{对外} + W_{C32} \times \varepsilon_{对外} + W_{D11} \times D_{数量} + W_{D21} \times D_{企业} + W_{D13} \times D_{排名} + W_{D21} \times D_{IPC}$$

其中，各指标赋予的权重值总和为 1。

第4章 专利状况初步分析模块

表4-9 产业竞争力专利评价指标

指标筛选		权重系数
数量类指标	发明专利申请量（$A_{发明}$）	W_A
质量类指标	发明专利授权量（$B_{发明}$）	W_{B11}
	发明专利授权率（$\beta_{发明}$）	W_{B12}
	专利第 n 年的存活量（$B_{存活}$）	W_{B21}
	专利第 n 年的存活率（$\beta_{存活}$）	W_{B22}
	专利平均寿命（$B_{寿命}$）	W_{B23}
价值类指标	专利对外申请量（$C_{对外}$）	W_{B31}
	专利对外申请率（$\varepsilon_{对外}$）	W_{B32}
其他类指标	申请人数量（$D_{数量}$）	W_{D11}
	申请人类型为企业的数量占申请人数量的份额（$D_{企业}$）	W_{D12}
	主要申请人申请量份额（$D_{排名}$）	W_{D13}
	技术覆盖范围（D_{IPC}）	W_{D14}

4.4.3 区域专利指标评价体系

区域经济是国民经济的基础，准确、全面地反映区域经济发展水平，客观衡量经济发展进程的统计数据是当地政府制定区域经济发展规划的重要依据。科学的区域经济发展指标体系，可以为人们准确地了解和认识区域经济发展提供可以量化的判别、评价标准，为客观地衡量区域经济发展进程、为各级领导和政府部门制定科学规划与决策提供重要参考。因此，选择或建立一套系统的、科学的衡量区域经济发展评价指标体系有着显著的必要性。

1. 区域规模

区域规模包括整个区域的产业和经济规模，一般来说，在经济发达、产业发展势头良好的区域,其技术实力较强,从而专利申请较为活跃,因此通过对专利情报数据进行分析,选取一定的指标建立评价指标体系,能在一定程度上反映出整个区域的规模。

在专利评价指标体系32个具体指标中,筛选出如表4-10所示指标。

表4-10 区域规模专利评价指标

	指标筛选	权重系数
数量类指标	专利申请量($A_{总量}$)	W_A
质量类指标	无	
价值类指标	无	
其他类指标	申请人数量($D_{数量}$)	W_{D11}
	技术覆盖范围(D_{IPC})	W_{D21}

选择以上指标的主要原因为:①专利申请量($A_{总量}$)和申请人数量($D_{数量}$)直接反映了该区域受关注的程度,区域规模越大,相应的专利申请量和申请人数量就越大;②区域规模越大,其覆盖的上中下游技术就越多,则其技术覆盖范围(D_{IPC})就会越大。

根据对以上三个指标的筛选和赋予的不同权重,得出通过专利指标评价区域规模的指标体系:

$$A_{规模} = W_A \times A_{数量} + W_{D11} \times D_{数量} + W_{D21} \times D_{IPC}$$

其中,各指标赋予的权重值总和为1。

2. 区域发展水平

区域发展水平评价主要是对某国家或地区的技术发展水平及现状进行综合评价。一个区域的发展水平,可以通过技术

第 4 章
专利状况初步分析模块

水平的高低来进行衡量,其中技术水平和专利有着一定内在的联系,因此通过专利数据的分析能从一方面反映出区域发展水平的程度。

在专利评价指标体系 32 个具体指标中,筛选出如表 4-11 所示指标。

表 4-11　区域发展水平专利评价指标

	指标筛选	权重系数
数量类指标	专利授权量（$B_{总量}$）	W_{B11}
质量类指标	专利第 n 年的存活量（$B_{存活}$）	W_{B21}
价值类指标	专利对外申请量（$C_{对外}$）	W_{C31}
其他类指标	申请人数量（$D_{数量}$）	W_{D11}
	技术覆盖范围（D_{IPC}）	W_{D21}

选择以上指标的主要原因为:专利授权量（$B_{总量}$）、专利第 n 年的存活量（$B_{存活}$）、专利对外申请量（$C_{对外}$）、申请人数量（$D_{数量}$）、技术覆盖范围（D_{IPC}）等都具有一定规模的量,具有一定的代表性,能反映区域的发展水平,其中授权量比申请量更能反映一个区域的技术状况。

根据对以上五个指标的筛选和赋予的不同权重,得出通过专利指标评价区域发展水平的指标体系:

$$A_{水平}=W_{B11}\times B_{总量}+W_{B21}\times B_{存活}+W_{C31}\times C_{对外}+W_{D11}\times D_{数量}+W_{D21}\times D_{IPC}$$

其中,各指标赋予的权重值总和为 1。

3. 区域竞争力

区域竞争力是指区域内各经济主体在市场竞争的过程中形成并表现出来的争夺资源或市场的能力,或者说是一个区域在更大区域中相对于其他同类区域的资源优化配置能力。区域竞争力分为三个层次：基础竞争力，核心竞争力和主导竞争力。基础竞争力是由自然资源、劳动力、资本、设施、科技等基础性要素产生的竞争力；区域的核心竞争力亦即区域的产业竞争力，是指区域内的产业在一定的经济体制和经济运行环境下，所表现出来的综合实力及其发展潜力；区域主导竞争力是指区域经济辐射能力的大小。

与专利相关的是区域的核心竞争力即区域的产业竞争力，下面主要围绕区域的核心竞争力通过量化模型，设定专利评价指标来进行评价区域的竞争力。

在专利评价指标体系的 32 个指标中，筛选出如表 4-12 所示指标。

表 4-12　区域竞争力专利评价指标

	指标筛选	权重系数
数量类指标	发明专利申请量（$A_{发明}$）	W_A
质量类指标	发明专利授权量（$B_{发明}$）	W_{B11}
	发明专利授权率（$\beta_{发明}$）	W_{B12}
	专利第 n 年的存活量（$B_{存活}$）	W_{B21}
	专利第 n 年的存活率（$\beta_{存活}$）	W_{B22}
	专利平均寿命（$B_{寿命}$）	W_{B23}
价值类指标	专利对外申请量（$C_{对外}$）	W_{B31}
	专利对外申请率（$\varepsilon_{对外}$）	W_{B32}
其他类指标	申请人数量（$D_{数量}$）	W_{D11}
	申请人类型为企业的数量占申请人数量的份额（$D_{企业}$）	W_{D12}
	主要申请人申请量份额（$D_{排名}$）	W_{D13}
	技术覆盖范围（D_{IPC}）	W_{D14}

第4章
专利状况初步分析模块

根据对以上指标的筛选和赋予的不同权重,得出通过专利指标评价区域竞争力的指标体系:

$A_{竞争力}=W_A \times A_{发明}+W_{B11} \times B_{发明}+W_{B12} \times \beta_{发明}+W_{B22} \times \beta_{存活}+W_{B23} \times B_{寿命}+W_{C31} \times C_{对外}+W_{C32} \times \varepsilon_{对外}+W_{D11} \times D_{数量}+W_{D21} \times D_{企业}+W_{D13} \times D_{排名}+W_{D21} \times D_{IPC}$

其中,各指标赋予的权重值总和为1。

4.4.4 企业专利指标评价体系

企业是市场和创新主体,同样也是申请专利的主体。利用专利信息,设计一套科学的专利评价指标体系对企业进行评价,对于企业发展和依据企业综合实力制定扶持政策均有指导意义。

1. 企业技术水平

技术创新是企业生存和发展的保证,企业技术创新水平的高低已成为决定企业生存和发展的关键要素。专利是企业技术水平的一个重要且可量化的指标,由于专利数据的客观性和可获取性,因此基于专利数据的企业技术水平和实力的评价得以广泛应用。

表4-13 企业技术水平专利评价指标

	指标筛选	权重系数
数量类指标	无	
质量类指标	专利授权量($B_{总量}$)	W_{B11}
	专利引证指标($B_{引证}$)	W_{B13}
	专利第n年的存活量($B_{存活}$)	W_{B21}
价值类指标	专利对外申请量($C_{对外}$)	W_{C31}
其他类指标	申请人数量($C_{对外}$)	W_{D11}
	技术覆盖范围(C_{IPC})	W_{D21}

在专利评价指标体系 32 个具体指标中，筛选出如表 4-13 所示指标。

选择以上指标的主要原因为：①专利授权量（$B_{总量}$）、专利第 n 年的存活量（$B_{存活}$）、专利对外申请量（$C_{对外}$）、申请人数量（$D_{数量}$）、技术覆盖范围（D_{IPC}）等都具有一定规模的量，具有一定的代表性，能反映企业的技术水平，其中授权量比申请量更能反映一个企业的技术状况；②专利引证指标（$B_{引证}$）能判断出公司更为领先或基础的技术，可以用来评估企业的技术影响力，并且可以揭示专利的承继性，是评价一个企业技术实力的重要指标。

根据对以上 5 个指标的筛选和赋予的不同权重，得出通过专利指标评价企业技术水平的指标体系：

$$C_{水平} = W_{B11} \times B_{总量} + W_{B13} \times B_{引证} + W_{C21} \times B_{存活} + W_{C31} \times D_{对外} + W_{D11} \times D_{数量} + W_{D21} \times D_{IPC}$$

其中，各指标赋予的权重值总和为 1。如 $B_{引证}$ 数据不可获取，可以忽略不计。

2. 企业创新能力

企业创新能力就是企业在市场中将企业要素资源进行有效的内在变革，从而提高其内在素质、驱动企业获得更多的与其他竞争企业的差异性的能力，这种差异性最终表现为企业在市场上所能获得的竞争优势。创新能力的高低，直接关系到一个企业竞争力的强弱。

在专利评价指标体系 32 个具体指标中，筛选出如表 4-14 所示指标。

表 4-14 企业创新能力专利评价指标

	指标筛选	权重系数
数量类指标	发明专利申请量（$A_{发明}$）	W_A
质量类指标	发明专利授权量（$B_{发明}$）	W_{B11}
	发明专利授权率（$\beta_{发明}$）	W_{B12}
	专利引证指标（$B_{引证}$）	W_{B13}
	专利第 n 年的存活量（$B_{存活}$）	W_{B21}
	专利第 n 年的存活率（$\beta_{存活}$）	W_{B22}
	专利平均寿命（$B_{寿命}$）	W_{B23}
价值类指标	专利对外申请量（$C_{对外}$）	W_{B31}
	专利对外申请率（$\varepsilon_{对外}$）	W_{B32}
	PCT 专利申请量（C_{PCT}）	W_{B33}
	同族专利申请量（$C_{同族}$）	W_{B34}
其他类指标	申请人数量（$D_{数量}$）	W_{D11}

根据对以上指标的筛选和赋予的不同权重，得出通过专利指标评价企业创新能力的指标体系：

$$C_{创新}=W_A\times A_{发明}+W_{B11}\times B_{发明}+W_{B12}\times \beta_{发明}+W_{B13}\times B_{引证}+W_{B21}\times B_{存活}+W_{B22}\times \beta_{存活}+W_{C23}\times B_{寿命}+W_{C31}\times C_{对外}+W_{C32}\times \varepsilon_{对外}+W_{C33}\times C_{PCT}+W_{C34}\times C_{同族}+D_{D11}\times D_{数量}$$

其中，各指标赋予的权重值总和为 1。如 $B_{引证}$ 数据不可获取，可以忽略不计。

3. 企业技术发展方向

随着科学技术的发展，技术创新因素对经济增长的贡献越来越大，企业间的竞争也越来越表现为技术的竞争，企业能及时了解技术发展方向则会在竞争中掌握主动。一般情况下，企业通过专利布局对其创新技术进行保护，因此利用专利分析可以挖掘企业的技术发展趋势和脉络。

在专利评价指标体系 32 个具体指标中，筛选出如表 4-15 所示指标。

表4-15　企业技术发展方向专利评价指标

	指标筛选	权重系数
数量类指标	无	
质量类指标	无	
价值类指标	无	
其他类指标	技术成长率（$D_{成长}$）	W_{D22}
	技术成熟系数（$D_{成熟}$）	W_{D23}
	新技术特征系数（$D_{新技术}$）	W_{D25}
补充类指标	近三年专利申请量所占份额 $(O_3=\sum_{近三年} D_{总量}/\sum A_{总量})$	W_3

选择以上指标的主要原因为：①选择技术成长率（$D_{成长}$）、技术成熟系数（$D_{成熟}$）等指标，是由于这些指标通过定量的数据分析后，判断该企业的技术处于何种发展阶段，对企业技术发展阶段有个定性的分析；②新技术特征系数（$D_{新技术}$）和近三年专利申请量所占份额（O_3），主要能反映出新技术的动向，以此来对判断企业技术发展方向给出辅助支撑。

对企业技术发展方向的判断，通过以上指标进行定量分析后，采取定性描述的方式分步骤来进行。

第一步：利用技术成长率（$D_{成长}$）、技术成熟系数（$D_{成熟}$）来判断企业技术的发展阶段，通过计算连续几年的数据，以此来判断该技术领域处于成长、成熟哪个阶段。

第4章 专利状况初步分析模块

第二步：计算新技术特征系数（$D_{新技术}$）和近三年专利申请量所占份额（O_3），在某一技术领域如果$D_{新技术}$和O_3越大，说明新技术的特征越强，其有可能是未来的技术发展方向或企业近年来的研发重点。

4. 企业竞争力

企业竞争力是指在竞争性市场条件下，企业通过培育自身资源和能力，获取外部资源，并综合加以利用，在为顾客创造价值的基础上，实现自身价值的综合能力。这里所评价的企业竞争力，主要通过评价企业技术实力来体现。

在专利评价指标体系32个具体指标中，筛选出如表4-16所示指标。

表4-16 企业竞争力专利评价指标

	指标筛选	权重系数
数量类指标	发明专利申请量（$A_{发明}$）	W_A
质量类指标	发明专利授权量（$B_{发明}$）	W_{B11}
	发明专利授权率（$\beta_{发明}$）	W_{B12}
	专利引证指标（$B_{引证}$）	W_{B13}
	专利第n年的存活量（$B_{存活}$）	W_{B21}
	专利第n年的存活率（$\beta_{存活}$）	W_{B22}
	专利平均寿命（$B_{寿命}$）	W_{B23}
价值类指标	专利对外申请量（$C_{对外}$）	W_{B31}
	专利对外申请率（$\varepsilon_{对外}$）	W_{B32}
其他类指标	申请人数量（$D_{数量}$）	W_{D11}
	技术覆盖范围（D_{PCT}）	W_{D21}

根据对以上指标的筛选和赋予的不同权重，得出通过专利指标评价企业竞争力的指标体系：

$$I_{竞争力}=W_A\times A_{发明}+W_{B11}\times B_{发明}+W_{B12}\times \beta_{发明}+W_{B13}\times B_{引证}+W_{B21}\times B_{存活}+W_{B22}\times \beta_{存活}+W_{B23}\times B_{寿命}+W_{C31}\times C_{对外}+W_{C32}\times \varepsilon_{对外}+W_{D11}\times D_{数量}+W_{D21}\times D_{IPC}$$

其中，各指标赋予的权重值总和为1。如$B_{引证}$数据不可获取，可以忽略不计。

第5章　特定需求专利分析模块

专利申请的目的、需求、管理和运用是市场经济环境下企业最需要考虑的一些因素，同时也是实施知识产权战略过程中需要重点关注的方面。不同时间、不同地域、不同对象对专利的诉求各不相同，专利已经从促进科技进步、保护智力财产的有效手段，演变成参与市场竞争、保持优势的重要武器。专利分析在专利的创造、运用、保护和管理的各个环节中发挥着不同的作用，如图5-1所示。

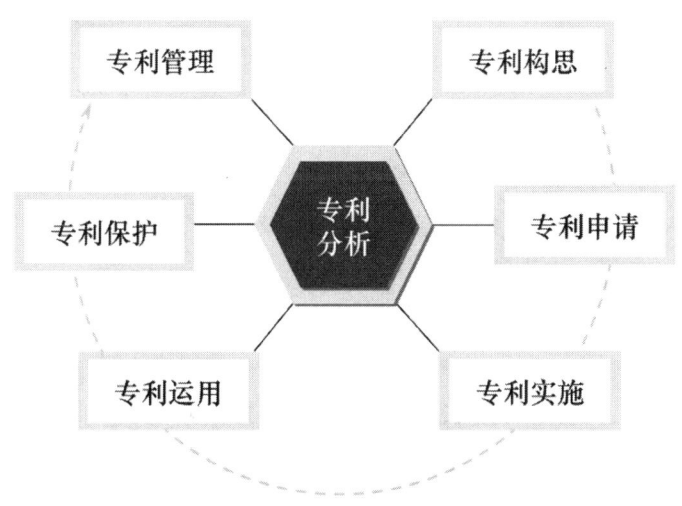

图5-1　专利分析在创造、运用、保护和管理各流程中的应用

5.1 专利创造模块

5.1.1 专利开发策略

专利开发策略是对申请专利在战略层面的考量。这一阶段需要思考的问题包括：为什么申请专利？采取专利保护还是

商业秘密保护？专利最终发挥怎样的功能？专利能够带来怎样的效果或收益？技术研发、专利开发、技术产业化和市场前景间存在怎样的相互关系？

1. 专利开发动机

专利是保护发明创造、鼓励科技创新的一种有效手段。专利在现今社会中也越来越成为保持核心竞争力、增强市场影响力的重要手段。因此专利申请的目的性表现各不相同，这种不同体现在国外与国内的不同，企业与研究机构和个人的不同，跨国公司和中小企业的不同。结合中国专利制度发展特点，针对中国特有的专利申请动机进行了分析，按照"技术—专利—产业—市场"这一链条，从专利申请是否是以市场化应用为导向可分成专利申请的市场化行为和专利申请的非市场化行为。

专利的市场化行为表现为专利申请的动机是以市场化竞争为最终目的，将专利作为保护技术创新和获取竞争优势的重要资本。

（1）获得技术垄断优势

专利申请目的以占领市场和获得技术垄断优势为前提。医药行业的专利最具代表性，专利药的开发周期时间长，一旦成功，在专利保护期内，可以获得受法律保护的独占实施权。

（2）获得参与市场竞争的机会

专利申请的目的表现为参与和获得市场竞争的机会。如借助专利申请和布局，参与专利联盟的组建、参与技术标准组织、获得与竞争对手交叉许可的权利等。

（3）实施防御性公开

专利申请的主要目的是为了早期技术公开，避免他人抢先申请专利而形成对自身未来技术使用上的影响。

专利申请的非市场化行为是指专利申请的动机并不是以专利最终产业化、市场化为目的，仅仅出于科研任务需求、名誉需求、评级需求等。这类专利申请由于在申请动机上就不是以技术转化和市场应用为目的，因此在专利价值和运用方面会大打折扣。我国目前正在自上而下地推进国家知识产权战略，目的在于提高全社会的自主创新能力，促进各地区人均专利拥有量的增长。但是如果不能正确引导，良好的政策设计初衷就很有可能变成单独追求专利数量上的提高，而忽视了专利质量背后所表征的核心技术能力的提升。

2. 专利开发与市场信号

技术研发和专利开发过程与技术转化后的商业前景密切相关。企业在技术开发中应时刻关注市场的动态变化和反馈信息，正确判断技术路线，获得专利开发效益的最大化。

（1）构思阶段

主要着眼于基础技术的开发，需要掌握现有技术及发展路线情况，对未来产业化和市场前景有初步规划。这个阶段所有注意力都集中在技术开发上，对市场信号尚不敏感。这一阶段专利开发所承担的风险最大，但是如果构思阶段形成的专利能最终为市场所接受，获得的利益也是最大的。

（2）基础研究和试验阶段

在此阶段，已将概念带入初期试验，技术开始成形，需要对未来的商业化进行合理预期，只有未来能够产业化的技术才有可能实现技术的延续。因此这一阶段的专利开发具有一定的机会性，在商业前景并未明朗前，有时可能需要对多技术路线同时进行试验性专利开发，前期专利开发成本较大，但此时专利价值含量也较高。

（3）产品试制和针对性开发阶段

这一阶段技术开发的路线已经基本成熟，标准已经建立，试制产品阶段已经可以产生一定的收益。专利开发已列入计划，开发费用也呈现持续上升的态势。

（4）商业化和大规模生产阶段

这一阶段随着产品的生产进入正轨，生产成本和市场规模基本已经确立，专利开发已经从前期投入进入到了应用阶段，专利的经济价值得以体现。

5.1.2 专利申请策略

专利申请策略是对专利在战术层面的考量。这一阶段需要思考的问题包括：哪些技术适宜申请专利？如何提高专利的撰写水平？专利申请应如何布局规划？

专利申请是一项专业性很强的工作，从申请的动机、申请的内容、申请的范围到申请的时间等都需要深思熟虑，从而实现最优的保护效果。

1. 专利申请与商业秘密

申请专利即意味着公开，专利公开则预示着发明技术方案的完全曝光。如果专利申请后，自身利益未能因法律而得到较好的保护，则其中的利益平衡是需要申请者重点考虑的问题。商业秘密则是不为公众所获知，仅为权利人所掌握并能够为其带来预期收益的一种保护形式。

采取专利申请还是商业秘密取决于申请者的经营策略，一种较为理想的方式是采取核心内容保密，而在其外围采用专利形式进行保护，但这种方式对专利撰写水平的要求极高。

一般情况下，可以根据本领域技术侵权判定的难易程度或是本领域主要竞争对手专利申请策略的特点作为参照，来制订专利申请或是商业秘密的选择标准。对于侵权易判定或是容易被"反向工程"实现的领域，可以采取专利申请的形式进行保护，反之则选择商业秘密。

2. 专利布局区域

传统的专利布局思维方式大致可以分成以下几种情况：一是在产品或市场销售所在地开展专利布局；二是在产品未来的销售地开展专利布局；三是在全球主要专利局进行专利布局。

但市场竞争日益激烈已迫使专利不仅仅是保护自身利益的武器，更多的是与竞争对手进行交叉许可和谈判的筹码。因此围绕竞争对手的专利布局，来重新规划自身的专利布局，采用带有进攻性的思维布置企业总体的专利战略，就显得格外重要。在此思路下，专利布局需要延伸考虑的因素就变成：一是在竞争对手主要市场所属地区进行专利布局；二是在竞争对手的所属国家进行专利布局；三是在竞争对手产品的制造基地所属国家进行专利布局。

企业在实际专利布局时，可以综合以上几种情况，并充分考虑企业自身的经营和资金情况，以及现有专利储备情况进行综合考量，选择能够带来利益最大化的组合方式进行专利布局区域的选择。

3. 专利公开时机

一般而言，申请人对重要专利和系列申请在布局时往往对公开时机较为敏感。系列申请由于属于一个大的发明构思，包括多件相互关联的专利申请，有可能专利申请时间跨度较大，因此在布局专利时,应充分考虑在先申请的公开时间对在后申请专利的新颖性或创造性的破坏,防止因专利申请策略不当造成利益损失。此外,申请人对于某些重要专利中所包含的信息不想尽早公开,则可以通过 PCT 申请等形式实现公开时间的延长,以此获得足够长的保密期。

4. 专利组合类型

申请者在布局专利时,可以综合考虑发明、实用新型和外观设计的组合。例如,苹果公司将三者组合发挥到极致,使之能够更好地运用除发明外的其他专利保护形式。对于一些侵权易判定的工业设计类应积极布局外观设计专利;对于电子信息产业更新换代快的特点,也要重视实用新型专利的使用。研究发现,苹果公司在华申请的1224件专利中[①],发明专利757件(占62%),实用新型专利141件(占12%),外观设计专利326件(占26%),苹果公司充分运用了三种专利类型的保护形式,构筑了强有力的专利组合。同样还发现,掌握移动通信基础专利的美国 InterDigital 公司在我国也申请了大量的实用新型专利。跨国公司这种专利组合的动向值得我国企业密切关注和跟踪学习。

5. 专利防御性公开

在专利申请的定位中,防御性公开是很重要的考量因素。在一些难以有效通过专利形成制衡对手的领域,或是该领域技术具有普遍性,但为了防止他人占先,可以采取专利率先申请的防御性公开方式,有助于提供在先技术公开的证明,破

---

① 截至 2012 年 7 月的统计数据。

第 5 章
特定需求专利分析模块

坏他人在该点专利布局对本企业未来发展的影响。日本企业在防御性公开上应用较为广泛，很多专利仅在本国提出申请，并未向国外进行专利布局就是其中很好的证明。

5.2 专利运用模块

5.2.1 专利联盟与专利池

1. 专利联盟功能及组织形式 *

专利联盟（也称专利同盟、专利经营实体等）是指由多个专利拥有者，为了能够彼此之间分享专利技术或者统一对外进行专利许可而形成的一个正式或者非正式联盟组织。

专利联盟的出现是科技发展和专利制度结合下的必然产物，通过集中管理成员专利的合作方法，实现了规避"专利丛林"和"反公共地悲剧"的功能。更为具体的，专利联盟能够消除专利实施中的授权障碍，有利于专利技术的推广应用。专利联盟还能够降低专利流通成本，有利于专利技术的推广使用。如专利联盟不仅可以通过"一站式许可"等多种方式降低专利许可中的交易成本，还能减少专利纠纷，降低诉讼成本。此外，专利联盟通过集体谈判与跨国公司相抗衡，可以有效应对技术壁垒，减少贸易摩擦，增强企业抗风险能力。组建专利联盟，从"零散制造"走向"共同创造"，形成集成创新的合力，才能有效抵御来自外部专利战略的攻击，突破非关税贸易壁垒。

---

* 国家知识产权局高培发展研究平台课题组，专利运营问题调查研究 [R]，专利运营基础与实务 [R]. 国家知识产权局知识产权发展研究中心，2011.（课题组成员：陈燕，李胜军，谢小勇，刘淑华，孙玮）在此引用上述课题部分研究成果。

随着市场竞争的日益激烈和世界知识产权体系的飞速发展，近年来的重要专利联盟案例中，出现了许多不同形式的专利联盟组织模式，大致可分为三种：独任管理模式，专利平台管理模式，独立的第三方管理模式。

（1）独任管理模式

即参与联盟的拥有特定技术或标准的几个较大的专利权人联合，把自己的专利权共同授予其中某一家企业，作为整个联合许可合同的代理，由该企业对外进行一揽子许可，负责分配许可收益。专利权人并未组建新独立实体。如 DVD 3C 专利联盟就是典型的独任管理模式，其联合许可的执行人为飞利浦。

（2）专利平台管理模式

这种模式采用组织化的方法来对多种技术或标准以及多个产品类别进行管理，旨在为许可人和被许可人提供更灵活的协议。进入"池"内的各成员可以拥有针对特定标准的各自独立的许可，许可人和被许可人之间可以就一些具体事项达成协议，比如交叉许可和非必要专利的许可。目前采用这种组织形式的专利联盟只有 3G 平台。

（3）独立第三方管理模式

即专利联盟的管理事务托付给一家与专利权人没有人事和资本关联的独立第三方，由其决定申请加入标准的专利是否具有必要性，以免出现共谋限制价格或产量等垄断性行为。很显然，这种模式将有效排除专利权人的不当影响和共谋垄断倾向。我国的专利联盟大都采用这一组织形式。

2. 专利联盟的运行机制

从大的层面上看，专利联盟的运行包括专利联盟设立和运

第 5 章
特定需求专利分析模块

营两个阶段,其中专利联盟组建运行主要包括两项必要程序,首先是征集和审定所需要的专利,并组成相应的专利联盟;其次是确定专利联盟的管理结构和对外实施许可,包括制定关于管理人和各专利权人权利配置的规则,对外许可、纠纷处理,等等。具体运行机制如图 5-2 所示。

组建完成后,专利联盟要成功开展运行,需要满足如下条件:第一,专利联盟中的专利必须是有效专利;第二,专利联盟中的专利技术是非竞争性的;第三,专利联盟的专利政策安

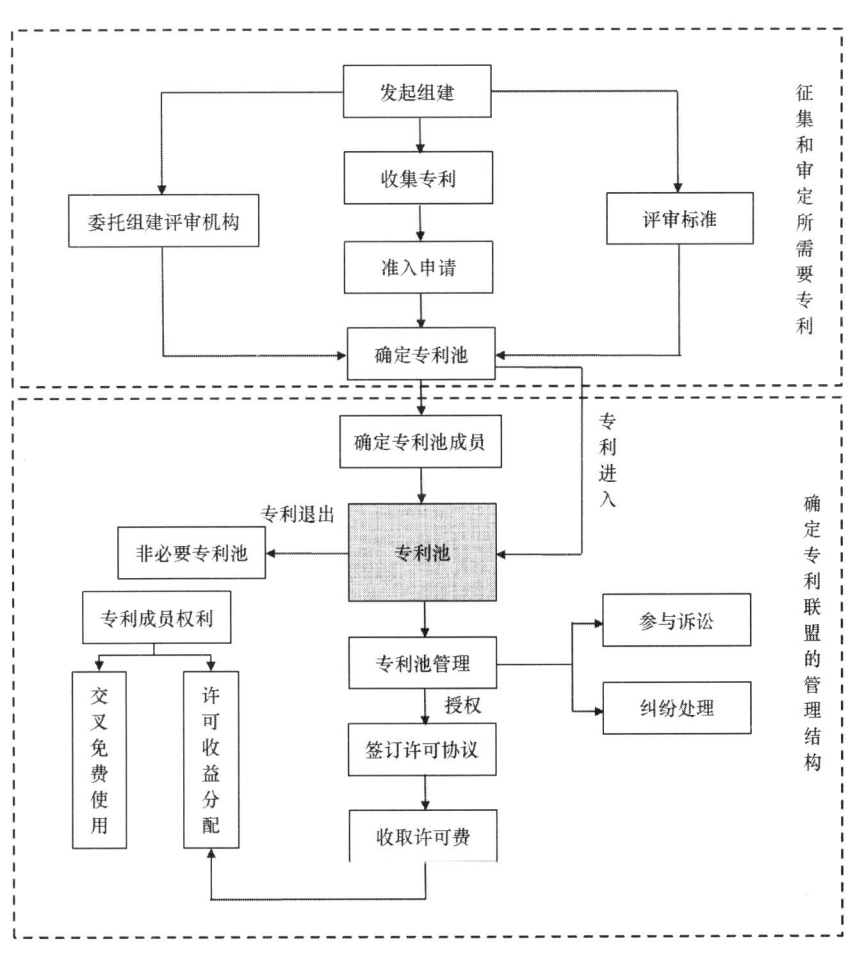

图 5-2 专利联盟的运行机制图

排不能给下游制造企业带来竞争劣势；第四，有独立专家或者评估师判定哪些专利对于实施上述技术标准是不可或缺的，在此基础上确定必要专利的集合；第五，专利联盟中的企业不能形成价格联盟；第六，必要专利持有人需要任命专利联盟管理人员，签发许可，收集专利许可费，分派专利许可费等执行性管理任务；第七，必要专利持有人保有向专利联盟之外的当事人签发许可的权利；第八，专利联盟中的许可人对专利联盟内部成员签发的许可是排他许可；第九，全部回授规定限定于被许可人获得的必要专利，并且包含非独占许可条款，以及其他公正、合理的条款；第十，相关专利共同定义了一种技术标准。

3. 专利池的构建和机制 *

由专利联盟的功能及机制可以看出，其实质就是通过构建专利池，实现"池"内专利的布局、创新、产业化等，从而维持"池"内企业的技术优势，最终实现价值最大化的有组织行为。从这一点可以认为专利池是使专利联盟功能实现、运行机制有意义的核心。以下着重对专利池的构建和运行机制进行阐述。

专利池是指不同类型专利权的两个以上所有者相互许可或向第三方许可的协议。专利池组建的初衷是加快专利授权，促进技术应用。专利池的合法要件包括：必要专利，许可必须基于非歧视的基础，必须有机制确保商业上的机密资讯不可互相交换，不可抑制产业未来的研发和创新[1]。

---

* 国家知识产权局高培发展研究平台课题组，企业专利池构建操作实务研究，[R]. 国家知识产权局知识产权发展研究中心，2011.（课题组成员：陈燕，孙全亮，吴辉，李岩，王雷，刘庆琳，邓鹏，寿晶晶，谭毅，罗秋林，崔静思）在此引用上述课题部分研究成果。

[1] 欧盟关于3GPP的许可函中对专利池的合法包含项。

第 5 章
特定需求专利分析模块

构建专利池首先应对入"池"的专利进行筛选,防止非必要专利的进入。判定一项专利能否进入专利池的最终标准有两项:一是该项专利是否为某一技术领域内相互补充的必要专利,即某一标准推行过程中不可避免会涉及的专利;二是该项专利商业上的必要性,即生产该许可产品不可避免的专利或寻找该专利的现存替代品经济上不可行(如替代成本过高等原因)。

构建和运作专利池需要根据一定的原则,同时也需要一定的管理机构进行管理。根据专利池运作和构建原则,首先要成立一个中立的管理机构对入"池"专利进行筛选、技术跟踪和评估,超出有效期限的专利即被清除出专利池,新授权的专利会被邀请加入。管理机构的职责还表现为使专利池的成员可以使用"池"中的全部专利从事研究和商业活动,且彼此间不需要支付许可费;"池"外的企业则可以通过支付使用费使用"池"中的全部专利,而不需要就每个专利寻求单独的许可。

专利池管理机构的设立一般采用两种方式:一种是由专利池另行成立一个专门的独立实体,即将标准制定机构与专利许可机构分离,专利池成员首先与独立实体签署专利授权协议,再由该独立实体统一负责专利许可事务;另一种是不另设独立机构,由专利池委托其部分成员代表专利池负责专利管理工作。

专利池的运行机制如图 5-3 所示,主要包括内部交叉许可机制、对外许可机制和许可费收取、收益分配机制三方面。

内部交叉许可机制是指专利池成员通过交叉许可获得整个专利池,与此同时,各成员必须把基于该专利池发展所得到的新专利回授给专利池成员全体。其特征主要表现为:当事人为享有专利权的权利所有人双方;专利权利所有人之间签订许可协议对各自所持有的专利权相互进行许可不涉及对第三方的共同许可问题。

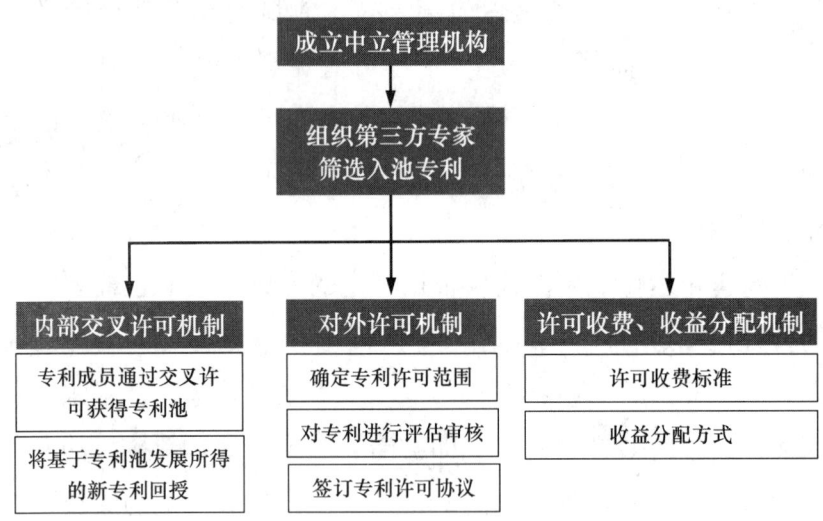

图 5-3　专利池的组织运行机制

对外许可机制是指专利池权利人对第三方的专利许可问题。开展对外许可时，首先要考虑允许许可的范围。知识产权的地域性使得专利池中专利的保护范围不同，一般认为，专利池许可的范围应该与专利权保护的地域范围相一致。对外许可协议的签署是专利池对外许可运行的关键环节，其中的核心问题是许可模式的采用和许可费用的支付。对外许可的基本模式是一站式许可，即专利权人将个人享有的某一技术领域的专利交由一个正式或者非正式的机构进行管理，此机构将所有专利池中的专利统一进行许可或者用于生产，并根据统一的许可费率对外提供专利许可，并依据专利权人在专利池中的专利贡献的多少进行许可费用的划分。在签订许可合同前，应当考虑清楚以下问题：专利许可人将哪些权利授权给被许可人？授权被许可人利用专利技术可制造什么产品？授权被许

第 5 章
特定需求专利分析模块

可人在什么范围内销售和使用？如何计算专利许可费？专利许可费什么时候支付？支付价款采用什么方式？授权专利的有效期和可实施性？授权的专利是否有品质保证？因授权专利引起诉讼纠纷时，如何解决？等等。当这些条款都达成一致，许可协议签署后，专利池对外许可机制正式运作。

一般情况下，各国专利池对外许可机制的具体模式有所不同，我国通常采用第三方管理模式。即将专利池的事务交付给一个独立第三方，由其决定申请入池的专利是否具有必要性，之后进行审阅评估，拟定标准草案，实施专利池管理措施，收取专利使用费，分配利益。这既避免了因为技术垄断而被指控的情况发生，也避免了因利润分配不均而产生的诉讼。

协议签订前，专利费的收取、制定收益分配标准等问题也应该得到解决。基本原则为：许可费用的收取应当遵循一次性收费的原则，不能重复收费。要按照扣除管理机构成本支出后依据相应的约定进行分成[①]。关于专利许可收费标准，许可费率一般不超过专利产品净售价的5%，且根据非歧视原则对外一般执行统一的收费标准。为了确定合理的专利收费标准和专利池成员间的分配比例，专利池确定专利许可费收取和分配的计算方法包括成本累计法、市场比价法、所得估算法等。由于专利池权利人在专利许可上占有强势地位，造成了专利信息的不对称性，为了保护被许可企业的合法权利，由标准化组织限定最高专利费率，这是促进专利许可双方利益平衡的重要方式。

---

① 如根据各专利权人在专利池中享有的核心专利数量、专利价值等或者根据双方协议上的其他约定。

5.2.2 专利与技术标准

1. 技术标准分类

不同的机构对标准有不同的定义。国际标准化组织将"标准"定义为：标准是指由一些技术规范或其他明确的准则所组成被用作规则、指南或特征的定义的文件，其目的是要求产品、工艺及服务等达到一定的要求。我国政府文件中将"标准"界定为：对重复性事物和概念所作的统一规定。它以科学、技术和实践经验的综合成果为基础，经有关方面协商一致，由主管机构批准，以特定形式发布，作为共同遵守的准则和依据。

技术标准是指对标准化领域中需要协调统一的技术事项所制定的规范，包括技术标准、产品标准、工艺标准、检测试验方法标准以及安全、卫生、环保标准等。按照其形成过程的不同，技术标准可分为法定标准和事实标准两大类。法定标准是指由政府及其授权的标准化组织或国际标准化组织制定或确认的技术标准。事实标准是指由处于技术领先地位的企业、企业集团制定（有的还需行业联盟组织认可，如DVD标准需经DVD论坛认可），由市场实际接纳的技术标准。由于技术标准所包含的技术日益复杂，且技术的研发需要巨额投入，研发能否成功以及能否被接纳为标准都存有风险，因而由少数企业独自研发形成技术标准的情形会越来越少，企业更愿意结成技术联盟共推技术标准。

根据标准制定与产品制造的先后顺序，标准的制定一般有两种情况：一种是超前，即标准的制定领先于技术的发展和产品制造；另一种是滞后，即在相关的技术和设备产品已经进入市场后再制定相应的标准。在国际竞争越来越激烈的今天，先标准后制造已成为跨国公司跑马圈地的重要手段。

第 5 章
特定需求专利分析模块

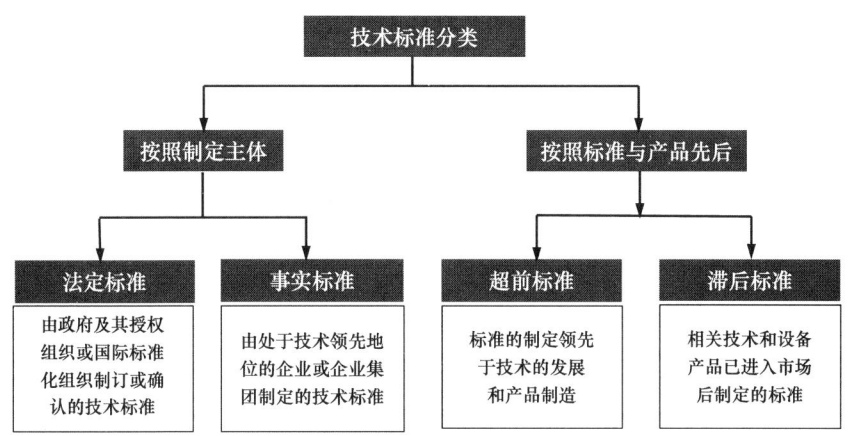

图 5-4 技术标准的分类方式

2. 标准引入专利

传统意义上，标准与专利技术本来是互不相干的，两者在本质属性上存在差异。标准追求公开性和普遍适用性，强调社会集体利益，力求能够以最小的成本推广使用。专利在法律上是一种具有较强排他性和绝对性的私有财产，专利持有人追求的是利用专利权使自身的利益最大化，不允许未经授权的推广使用。标准与专利的这种利益互斥性，使早期的标准化组织在制定技术标准时都尽可能地避免将专利技术引入标准中。但自 20 世纪 90 年代以来，专利数量的迅速增长以及专利技术产业化速度的不断加快，使得专利与标准的关系发生了根本改变，从分离走向结合，出现了技术标准专利化趋势，专利逐渐成为标准中一个不可或缺的部分。

作为促进社会化大生产发展的重要手段，一个技术标准通常规定了一个或一类产品的技术要求，因此会涉及多项专利技术。为此需要从组合的视角进行分析。标准的制定需要有一定的程序，要有协商一致的过程，并且要由公认机构公布。国际上以及各国的标准化组织都规定制定各类标准的程序，制定标准时必须严格按照程序去做。具体专利选入技术标准流程参见图5-5所示。

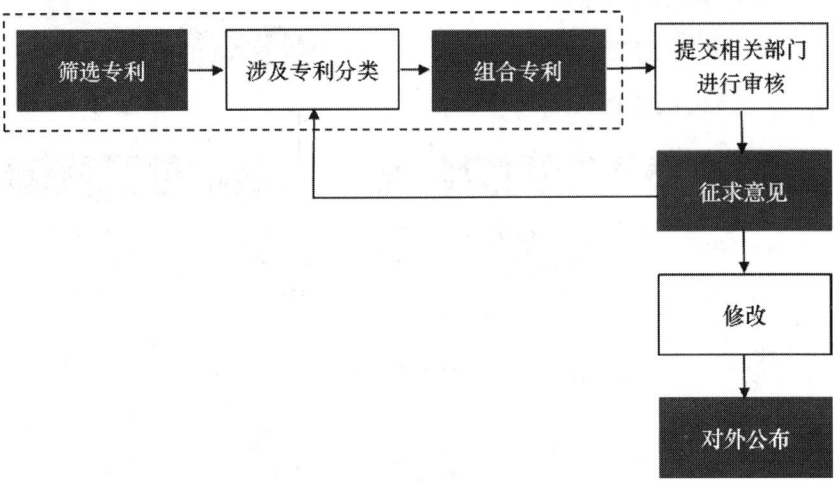

图5-5 专利选入技术标准流程图

标准中所涉及专利通常可以分为基础专利、核心专利和一般专利三类。其中基础专利为实施技术标准中所规定产品技术所必须采用的技术方案所属的专利，是所有专利中重要程度最高的，无法通过其他商业上可行的、并且不侵犯该专利权利要求的替代实施方式来实现的。核心专利实质为实现技术标准中所规定产品技术要求的集中最优专利技术方案所属的专利。在重要性上仅次于基础专利，虽然有可能被其他专利所替代，但是其替代成本有时往往过大，使得核心专利也只掌握在少数人手中。一般专利是实现技术标准中所规定产品技术要求的普通技术方案，能够被其他商业上可行的，并且不侵犯这些专利权利要求的替代实施方式所替代。

5.2.3 专利许可和转让

1. 许可方式

专利许可是指专利权人许可他人在限定的时间和地域范围

第 5 章
特定需求专利分析模块

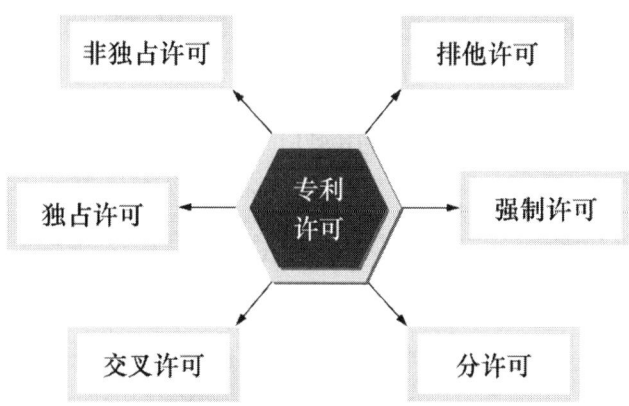

图 5-6　专利许可的六种方式

内使用专利，被许可人向专利权人支付专利许可使用费。专利许可的标的为专利使用权，不影响专利使用权的归属。

如图 5-6 所示，从形式上看，专利许可主要包括独占许可、非独占许可、排他许可、交叉许可、分许可、强制许可六大类。其中独占许可、非独占许可、排他许可是专利许可贸易的三个基本种类。

2. 专利许可的运营形式 *

根据许可类型的差异，许可的运营形式主要包括限制型许可和互惠型许可两种类型。

（1）限制型许可

限制型许可是指通过技术或其他方面的优势地位，限制竞争对手扩张或进入市场的专利许可运营方式。常用的限制型许可包括回售条款、强制性一揽子许可、发现专利侵权趁机进行授予许可、利用授权许可扩大本企业技术的市场四种方式。

---

* 国家知识产权局高培发展研究平台课题组，专利运营问题调查研究 [R]，专利运营基础与实务 [R]. 国家知识产权局知识产权发展研究中心，2011.（课题组成员：陈燕、李胜军、谢小勇、刘淑华、孙玮）在此引用上述课题部分研究成果。

①回授条款。回授条款是指专利权人以许可为条件,要求被许可人必须将基于该专利而作出的改进或发明专利,授权给许可人。在专利许可合同的有效期内,在原有技术和专利基础上可能需要进行较小的改进,有时甚至需要进行实质性的重大改进和拓展。对专利进行这样的后续改进的知识产权权属问题,各国法律的规定有所不同。

②强制性一揽子许可。在国际技术转让中,限制性商业行为最为突出,各种限制性条件也为数最多。一揽子许可即把被许可方需要的技术和不需要的技术作为一个整体,一起许可给被许可方。被许可方不得只购买其需要的技术,而不购买其不需要的技术。在不同国家的法律上,以及在不同的国际条约上,对限制性商业做法的规定可能会不尽相同。

③发现专利侵权趁机进行授予许可。这是企业直接从专利权获得收益的一种方式,当发现其专利权被侵犯,可以主动向该侵权对方提出签订授权许可使用合同的建议,要求其支付相应的使用许可费。这也是我们所说的"棍棒"式的许可。如果对方不愿意签订许可使用合同,则作为专利权人的企业可提出侵犯专利权损失赔偿诉讼,同样能达到提高本企业专利收益的目的。

④利用授权许可扩大本企业技术的市场。企业取得专利权后积极向其他企业提供授权许可,也是扩大本企业市场的一种重要战略。提供这样的授权许可一般可以达到扩大本企业已经权利化的技术的市场和分散、转换产业的风险。

一旦某个产品或技术通过专利获得了排他性独占权,尽管有从专利独占那里获取相应利益的优点,但是这一技术的市场有可能不能充分发育扩张,其他类似技术还可能抢占或夺取其相应的市场。因此,通过授予其他企业廉价的使用许可,施展扩大其技术专利市场的战略从而获得极大利益者也不在少数。

(2) 互惠型许可及其运营流程

互惠型许可是指通过企业的专利授权许可和企业之间的交叉授权，实现双方均获利的形式。随着市场竞争的日趋激烈和科学技术综合化、复杂化趋势的日益明显，这种互惠型许可已成为专利许可的主流。

互惠的专利许可交叉授权，是企业互相取长补短的极佳形式。要真正达到这一目标，企业本身应该首先拥有优秀的技术专利，这是与对方开展谈判获得对方有价值的技术专利的基础。整个互惠型许可依次经过选择谈判策略——确定许可费用、交叉授权谈判——许可合同签订备案三个步骤（见图5-7）。

企业在进行专利交叉授权谈判时，首先要决定用什么样的策略进行谈判。可以选取的策略包括：将所申请的专利权分割，以扩大拥有专利权的件数；选择关键的几项专利作为核心专利等。这样，专利交叉授权谈判就变成为就本企业的专利群和对方进行的谈判。

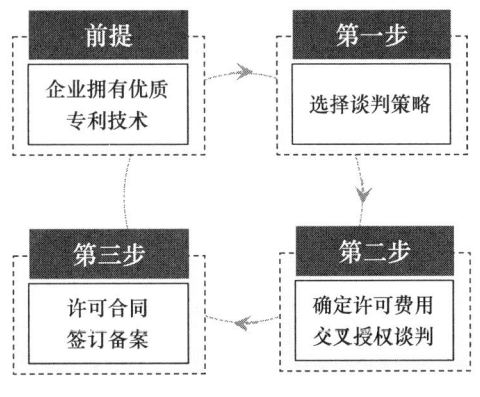

图5-7 专利互惠许可流程

选定谈判策略后,双方开始进行专利交叉授权谈判,双方企业持有专利的件数和许可费用是谈判的重要内容。国内专利交叉授权谈判中,企业双方经过持久性的长期谈判,多数能够实现双方许可费用的均衡。谈判结束后,双方签订许可合同并备案。

3. 专利许可费用

无论哪种许可方式,企业进行专利技术许可能否实现,关键在于许可方对该专利价值的心理预期和被许可方对该专利应用价位能否达成一致,即专利许可费用是否合理。这就需要考虑许可费用确定的因素及其计算方法和流程。

(1)专利许可费用的确定因素

经过近百年的商业、司法实践以及学者们的努力,国际上已经形成了正常情况下计算专利许可费率的一般惯例。在这些惯例中,专利许可费高低需要考虑的因素主要包括专利法律属性、专利技术本身因素、专利许可策略。如图5-8所示。

图5-8 影响专利许可费用的因素

第 5 章
特定需求专利分析模块

①专利法律属性。专利是法定权利的属性决定了专利权利的价值取决于其法律状态,即专利许可费受专利法律状态的影响。根据商业实践经验,影响专利许可费高低的法律因素主要包括:专利保护范围,相关专利是否为从属专利,专利许可协议的种类以及许可的权利范围和相关专利的法律稳定性[①]。

②专利技术本身因素。技术属性对专利许可费的影响巨大。考虑到技术种类多样、技术效果和经济效益的差异比较难用客观尺度进行衡量。常用的衡量标准包括,技术的先进性、由信息化时代所带来的越来越多的产品网络外部性特征、由实践中总结出来的专利技术在不同技术领域对市场竞争的影响等[②]。

③专利许可策略。对于专利权人来说,从战略上明确专利许可的利益诉求并非难事,但错误的许可策略则可能造成权利人利益的巨大损失。

要做到专利许可行为符合自己的经营战略,真正重要的是确定自己的许可策略。即根据企业自身的市场地位、研发实力、资本实力、相关产品的特性等因素,以及许可专利在相关产品生产过程中的重要程度、许可专利在战略上对权利人的重要程度,另外还应当考虑被许可人所在国(地)专利保护的强度等综合因素,从企业综合利益、经营发展战略高度来决定专利许可的策略。通常企业的专利许可策略包括强势许可策略、

---

① 被许可人获得利益的大小取决于其获得权利的多少以及相应的时间和地域的限制。更重要的是,取决于许可协议本身的性质以及由该协议的法律性质所带来的被许可人能够获得的权利范围。专利的法律稳定性取决于两个方面,一个是专利权利的种类;另一个是专利权利是否经过无效程序以及随后的行政诉讼程序。

② 一般来说,具有网络效应特征的产品容易形成技术上的依赖,从而导致较高的专利许可费;而专利越是对市场竞争产生大的影响,越容易产生较高的许可费。

退守型许可策略、开放的自由许可策略、单纯授权性许可策略四种类型。

（2）许可费率计算方法

专利许可费率的计算基础植根于专利技术价值的高低。为了追求客观性和价值的量化，理论界及实务界发展出一系列关于专利技术价值的计算规则，以对专利技术的市场价值进行评估，主要包括成本法、市场法、收益法三类[①]。

在专利许可商业实践中，许可费通常是双方谈判的结果，是多方长时间博弈的结果，其协商的过程通常需要经过三个步骤（见图5-9）。首先，明确协议各方在专利许可中的战略意图和利益诉求，据此明确许可条件（包括许可的权利种类、地域范围等）、制定许可费的基本标准；其次，各方交换协议条件及基本利益诉求，据此各方重新考虑许可费标准；最后，各方进行交易磋商、讨价还价，力争有利于己方并能为对方所接受的许可费金额。

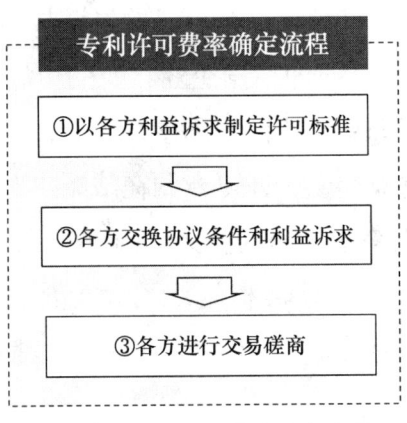

图5-9 专利许可费率确定流程

[①] 成本法主要从专利技术持有人的角度来评估重置类似的专利技术所需要花费的成本，在专利许可业务中，用来帮助专利权人自我评价专利技术的价值。市场法通过与专利技术过去的交易价格或者类似技术的交易价格进行对比和修正，来评估专利技术的现时交易价值，是一种相对客观的评价方法。收益法是从专利技术的购买者角度，通过计算实施专利技术的预期收益的方法来评估专利技术的现值。三种评估方法从不同角度来计算专利技术交易价格，均存在不可克服的障碍。

第5章
特定需求专利分析模块

5.2.4 专利诉讼

现代专利诉讼除了体现为一种法律行为外，更多地则表现出了"专利"在市场上的"核武器"效应。在市场激烈竞争、优胜劣汰的环境下，掌握先机、拖延对手、获得先发优势是企业发展的第一要务，因此专利诉讼可以理解为是对专利手段的一种有效运用。

1. 诉讼时机选择

诉讼时机的选取对威慑竞争对手、取得竞争主动权、获得侵权损害赔偿具有重要的影响。根据对以往专利诉讼经验的总结，有以下几种诉讼时机的选择策略。

（1）隐而不张，蓄势待发

对专利技术被他人侵犯，首先判断对方的发展阶段和产业规模。如果对方尚处于上升期，产业规模还比较小，对自身市场地位和市场份额尚未构成直接威胁，可不急于提起专利诉讼，而是采取观望的态度。直到对方的发展已经步入正轨，"船大难掉头"时，再通过专利诉讼的手段，运用"养肥待宰"战略，获得商业上的竞争优势。

（2）出其不意，一击制胜

市场上在与竞争对手胶着时，要时刻关注竞争对手的动向，并采取适合的专利诉讼策略，以达到预期目的。一种方式，如在竞争对手准备公司上市募股的前夕，可以发出专利侵权的警告函，藉此与对方达成预计的谈判条件，从而达到牵制竞争对手的目的。另外一种方式，可在与对方商谈专利许可或授权时，以事先并未告知的方式，突然发起专利诉讼，使得对方猝不及防，形成威吓之势，以此达成既定的和谈条件。

（3）连环出击，多点开花

为了形成全面的围剿和打击，在对竞争对手提起诉讼后，采取分期、分批、阶段性和目的性地在多个不同地区提起专利诉讼，让竞争对手陷入"顾此失彼"的境地。如苹果为了围剿Andriod阵营智能手机领导者，先后在美国、德国、荷兰、英国等地对三星和HTC等公司发起了密集的专利诉讼。

2. 诉讼地域选择

除了要把握好专利诉讼的时间，专利诉讼地域的选择也是能否获得优势的重要因素。结合竞争对手的产业特点和所属国家，开展目的性明确的专利提诉，有可能会在短时间内达成预期目的。诉讼地域的选择可以考虑以下一些因素。

（1）竞争对手市场规模最大地区

针对竞争对手产品市场规模最大的地区展开专利诉讼，有利于限制竞争对手的销售环节，从而造成竞争对手有可能失去相关市场，从而给对方造成"逼迫"的压力，形成日后谈判的主动权。例如，美国对专利侵权的案件会发布临时禁止令，在确认产品侵权后还有可能发布永久禁止令，这将会对竞争对手的产业发展形成巨大的影响。

（2）竞争对手生产规模最大地区

针对竞争对手生产规模最大的地区提起专利诉讼，有利于依靠法院颁布限制令，对竞争对手的生产和制造环节进行关停，从而对竞争对手形成"致命"打击。

（3）竞争对手专利布局薄弱地区

专利诉讼的最终目的就是要实现威慑力，使得竞争对手按照符合自身利益的谈判轨迹来发展。除了选择对方市场和产地外，在对方专利布局薄弱地区发起诉讼，可减少对方利用专利反诉的手段提起诉讼的可能，增强获胜的几率。

（4）专利诉讼频发地区法院

通过与专利律师的沟通，掌握专利诉讼的区域特性，例如美国东德克萨斯州地方法院是受理专利诉讼案件频率较高的法院，因为从赔偿金额和判决效率上看，该地区法院都更能符合提诉者的利益诉求。

3. 诉讼专利选择

专利诉讼背后是双方利益的博弈，诉讼的焦点则是争议专利，因此对诉讼专利的选择至关重要，通常应考虑以下几个因素。

（1）侵权易判定

专利诉讼过程中的难点是专利权是否被侵害的认定，举证的难易决定了案件的审理过程和方向。在选择诉讼专利时，并非一定要搬出基础与核心专利，只需找到最利于法院取得侵权判定的专利，就足以产生正面的效果。例如，在CPU处理器领域中，技术上可以分成指令技术、多核技术、多线程技术、低功耗技术和处理器接口技术等，但由于CPU处理器技术本身的高精密与高集成度的特性，使得仅有指令技术和处理器接口技术是显而易见，并容易判定是否侵权的两个关键点，因此以往的专利诉讼也多以此点为依据。

（2）专利组合包

提诉专利宜采取专利组合的形式，通过多件专利形成的组合，最大限度地围绕侵权对象的覆盖范围。在专利组合中，宜采取多技术点的策略，增强自身专利组合包诉讼强度，使

得对手处于较难规避的状态,如难以通过无效所有专利的形式来反击或是进行规避设计。

(3)专利质量评估

参与专利战的专利首先在稳定性和有效性方面应当是符合要求的,宜选择权利要求保护范围适中的专利,避免因权利要求保护范围过于宽泛而被对手采取无效的措施。在评估专利时,可以采用引证率等指标,从高引证率的专利中,筛选出适合的专利,如果对手的专利有引用该专利的情况,可深入分析二者的相关性,增强获胜筹码。

4. 诉讼应对机制

专利诉讼应对中,要综合评估规避设计、专利无效、和解谈判、退出市场、交付赔偿等各种方案的优劣,找到适合自身利益最大化的应对方案。

(1)明修栈道,暗渡陈仓

面对专利侵权指控,可以采取规避设计的方式进行危害消除。这种方式首先要评估规避设计的可行性以及所需时间和法院判决时间的平衡点。在一边积极应诉的同时,可以采取加紧设计绕开的技术,即使在法院判断侵权成立时,依然可以依靠绕开技术继续进行商品的生产和销售。

(2)避实就虚,积极应诉

面对专利侵权指控,宜先对诉讼专利进行全面分析,继而对原告的专利储备和技术实力进行评估,同时整理自身专利资产,判断自身是否有专利可以进行抗衡。同样是为了增加谈判筹码,可以在评估后准备应诉的同时,选择自身专利库中的优质资产,对原告提起反诉,在表达"姿态"的同时,

第 5 章
特定需求专利分析模块

增强双方专利战的胶着性,为日后和解提供有力武器。

(3)权衡大局,以和为贵

专利战往往是一项两败俱伤的烧钱游戏,胜者一般要经过长时间的法院庭审过程,有时赢得的专利赔偿金尚难以支付律师费,败者更是在损害赔偿的基础上需要负担昂贵的法律诉讼费。因此,在专利诉讼中,不仅要求被告考虑时间、金钱和效率的关系,原告也要同时考虑相关因素,如果二者能就利益的平衡点达成妥协,采取积极和解的方式是一种可行的解决方案。

5.2.5 专利并购 *

通过并购取得知识产权等无形资产是目前很多企业增强核心竞争力的一种开拓性战略。专利并购是企业法人在平等自愿、等价有偿的基础上,以一定的经济方式取得其他法人专利权的行为,是企业进行专利资本运作和经营的主要形式。从方法上看,专利并购包含以专利为标的的合并和收购两层含义。并购是合并与收购的合称。合并是指两个独立的公司组成一个公司,若保留其中一个公司的资格则称为合并,若原来两个公司均归于消灭而成立一个新公司则称为新设合并。而收购则是指一个公司取得另一个公司一定比例的股份从而取得对该公司的控制权。

从形式上看,专利并购包括直接的专利购买和包含在企业并购活动中的专利合并和购买,即专利连同企业一起并购。

---

* 国家知识产权局高培发展研究平台课题组,专利运营问题调查研究 [R],专利运营基础与实务 [R]. 国家知识产权局知识产权发展研究中心,2011.(课题组成员:陈燕、李胜军、谢小勇、刘淑华、孙玮)在此引用上述课题部分研究成果。王淇,专利收购 [R],国家知识产权局知识产权发展研究中心,2012.

从类型上可以分为从属性收购、经营性收购、垄断性收购、战略性收购四种类型。

1. 专利并购动因

相关主体进行专利并购的原因较为复杂，往往是多个动因驱动后的结果，一般情况下，专利并购的动因主要包括以下四方面。

（1）提升研发能力

随着现代技术大型化、高精尖化和系统化特点日趋明显，各技术领域之间的界线也越来越错综复杂和模糊，使得技术研发过程中需要投入大量的高端人才、资金、材料等，大大增加了技术研发的风险。而通过购买现成的专利技术，引进别人研究成功的技术，可以节省时间、资金和人力，将可能收到事半功倍的效果。

（2）形成垄断市场

专利并购可以作为竞争的策略。现代企业彼此之间存在非常激烈的市场竞争关系，为构筑或者提升与对手的抗衡能力而进行的专利并购可以获得专利对冲能力，进而获得市场平衡能力，实现垄断市场的目的。

（3）突破技术壁垒

技术后发企业在发展过程中可能会面临技术先发企业所编织的庞大专利网。要合理地避开该基本专利或者专利网是非常困难的。即使可以回避也是非常不经济或实施效果很差，特别是需要耗费较长的时间从而贻误市场机会。此时，可以通过购买先发企业的专利实现对这一封锁的立即突破。

(4) 打通产业链

除主导产业外，很多企业还实行多元化的发展战略①，这就需要打通产业链从而实现业务领域的拓展。通过专利并购，可以扩大专利涉及的领域，从而实现产业链覆盖范围的扩张和上下的贯通。

2. 专利并购途径

专利并购有多种途径，主要包括直接购买、企业并购中购买、专利拍卖等交易中购买等。

(1) 直接购买

直接购买是指购买方同出售方直接进行沟通，洽谈标的专利的转移事务。这种方式的优点是供需双方直接沟通，对于专利的把握和彼此之间的信任关系的建立比较有利。不足之处在于，这类洽商情况比较复杂，既涉及专利定价问题（定价过程还涉及专利等无形资产评估业务，而这类业务目前从操作性上看，并没有一个可信赖的、权威的标准），也涉及专利分析和技术交流等活动，会耗用较多的资源。另外，直接收购由于是一对一的操作模式，彼此之间供需信息的获取也会是一个问题。

(2) 专利拍卖

专利拍卖即现场专利拍卖（Live Patent Auction）是近年来兴起的新的专利销售方式。这给专利购买者提供了一条比较便捷的获得专利的途径。

所谓的专利拍卖就是改变过去那种一对一的转让方式，通

---

① 多元化发展战略主要包括同心多角化战略、纵向一体化战略、复合多元化战略。

过市场竞价交易的方式来实现专利权的转移，具有覆盖面广、公平竞价、合理出售等特点。对于有意转让专利权的人与潜在的购买者，是一种很好的专利购买交易方式。目前，专利拍卖已经成为国际上专利转让、专利交易的一种新模式。企业在进行专利技术交易时可以将专利拍卖加以运用，以提高交易的可能性。

（3）企业并购

随着经济的全球化，企业间并购的考量因素已经从传统的成本与规模效应因素逐渐转化为专利等因素。基于专利的企业并购，以专利的获取为直接目的，其最终目的是将并购目标企业的专利资源转移到并购后的新企业中。

知识经济时代，专利成为企业的重要战略要素和核心竞争要素，企业在获取专利方面的竞争日趋激烈。通过并购获取技术不失为赢得专利战的明智之举。通过并购获得专利，能够使中小企业在相对较短的时间里成长为具有较多资产的价值实体。如思科系统公司始终将并购小型企业的专利技术作为其保持技术领先优势的基石之一，近20年来并购了大大小小100家企业。2004年12月8日，联想公司以17.5亿美元收购IBM公司全球PC业务，其中最重要的是IBM Thinkpad品牌和有关PC技术，从而奠定了其在PC领域的国际化地位。而IBM公司则扔掉了一直处于亏损状态的PC业务，并以此换取了联想公司第二大股东的地位，成功实现了专利价值的转换。

3. 并购流程

不同途径的专利并购的流程有所差异，下面分别对较为复杂的专利拍卖和企业并购两种途径的流程进行介绍。

第 5 章
特定需求专利分析模块

(1) 专利拍卖的流程

作为一种无形资产的拍卖，专利拍卖的流程与有形资产拍卖的流程一样，首先由专利卖出方提出出售申请，拍卖公司评价认可并符合拍卖品要求后完成验收。此后开始正式进行拍卖，买方则需要首先取得投标人资格并注册，在拍卖现场竞标胜利后，获得相关专利，其具体操作流程详见图 5-10。

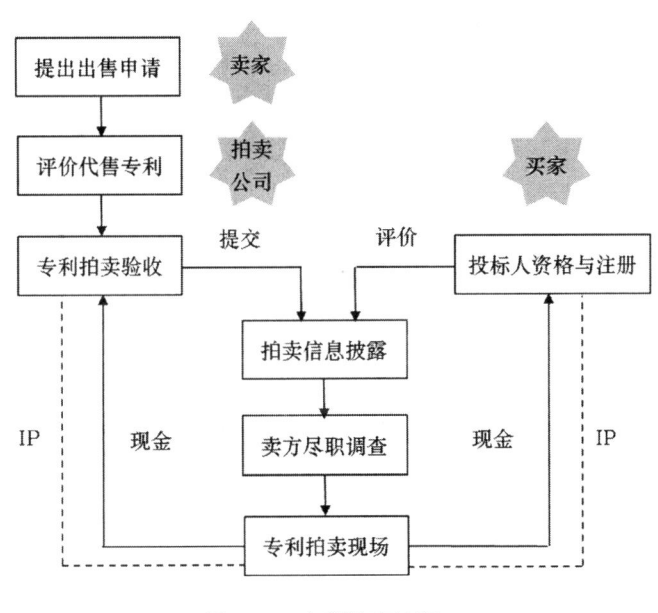

图 5-10　专利拍卖流程

(2) 企业并购流程

企业并购背景下的专利资源转移，并非是等到并购交易结束后才开始转移的，而是在并购前就已经开始了。从制定专利的并购计划，筛选目标企业，评价目标企业专利资源的价值，到并购谈判和交易结束以及并购后专利的整合过程，是一个始终贯穿专利资源转移目标的企业并购活动。

一项成功的基于专利的企业并购的全过程，可以分为并购前管理阶段、并购中管理阶段和并购后管理阶段，主要涉及并购专利的甄选、确定、谈判和合同签订几个环节。这每一环节都将对并购后专利资源作用的发挥产生重要的影响。为了达到企业预期的并购目标，必须在考虑并购者与被并购者各自拥有的专利资源及其相关结构特性的基础上，对不同的并购阶段进行有效的管理。忽略其中任何一个环节的管理，都会给并购后的知识产权资源的转移和其价值创造带来损害，从而降低并购的效果。具体并购流程参见图 5-11。

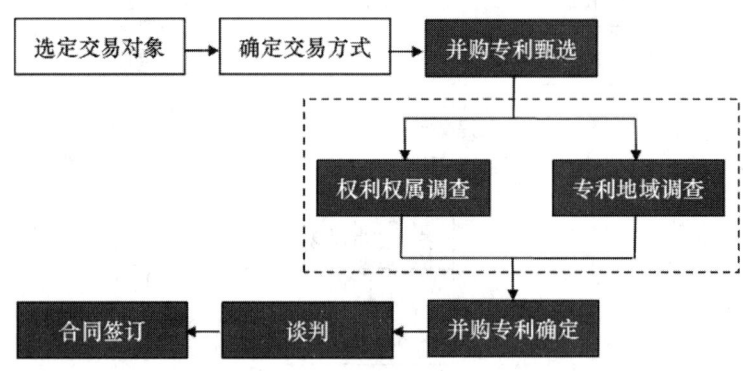

图 5-11　企业专利并购流程

5.2.6 专利融资 *

1. 专利融资的方式

专利融资是指将专利技术作为资本进入金融领域以获得融资所需资金的相关活动，即以专利权为资本通过金融手段在金融市场（包括银行、风险投资公司）获得一定的现金流。

---

* 国家知识产权局高培发展研究平台课题组，专利运营问题调查研究 [R]，专利运营基础与实务 [R]. 国家知识产权局知识产权发展研究中心，2011.（课题组成员：陈燕，李胜军，谢小勇，刘淑华，孙玮）在此引用上述课题部分研究成果。

第 5 章
特定需求专利分析模块

按照融资所形成的权益性质，可以将专利融资分为负债式专利融资和所有者权益式专利融资两大类。前者是指专利权利人将其所拥有的合法且目前仍有效的专利资产出质，从银行等融资服务机构取得资金形成企业负债，并按期偿还资金本息的一种融资方式；后者是指作为专利权利人将其所拥有的合法且目前仍有效的专利未来预期收益进行估值、股份化等处理。各级政府为支持相关主体使用专利融资，可以设立专门的政府基金或有政府基金参与的融资服务机构，购买相关主体专利未来预期收益化处理的新增股份，科技型中小企业从基金或融资服务机构取得资金形成企业所有者权益。负债式融资从形式上还可以分为专利组合、专利质押等，所有者权益式融资从形式上还可以分为专利基金、专利信托和专利证券化等（参见图 5-12）。

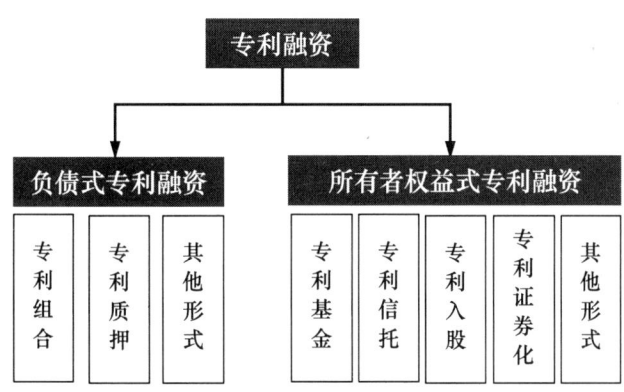

图 5-12　专利融资主要方式

2. 专利融资流程

由上述对专利融资方式的介绍可知，专利融资具有多种方式，涉及金融、市场、政府、企业等多个主体，不同融资方式的流程或多或少存在一定差异。

(1) 负债式专利融资流程

负债式专利融资由于仅涉及专利权所有人、中介机构和资金所有人三方,因此其运营流程相对简单,主要由融资辅导和融资供给两大系统组成,如图5-13所示。

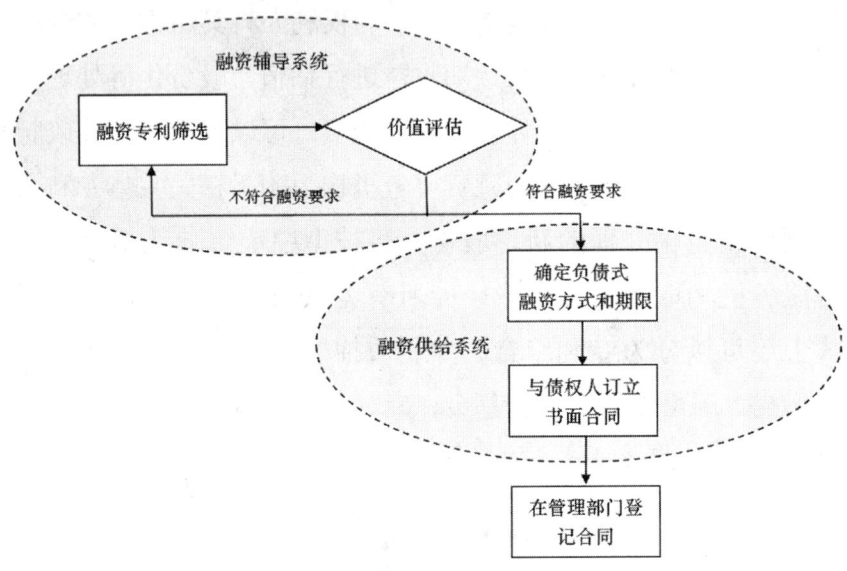

图 5-13 负债式专利融资流程

融资辅导系统主要是指专利服务中心、专利展示交易中心、技术产权交易所等各类中介,发挥相应的政策咨询、信息发布、专利检索、投资引导、项目推介以及专利交易等作用,配合无形资产评估事务所、律师事务所、专利管理咨询机构、专利经营机构等社会中介组织,为科技型中小企业专利融资提供服务,推动专利融资业务的顺利开展。

融资供给系统为资金的提供方,主要是指政府和金融机构,其中政府通过设立中小企业技术创新基金、专利实施计划、风险投资引导基金等项目,为科技型中小企业的专利创造、专利商品化、产业化,多方位筹集资金。金融机构以银行为主体,在商业银行和政策性银行建立为科技型中小企业服务的职能

第5章 特定需求专利分析模块

部门,开展专利质押等试点工作。

负债式融资的具体流程为:首先是专利权所有人将能够出质的专利资产筛选出来,并自己或寻找第三方对其进行价值评估,接着对符合融资要求的专利资产确定负债式融资方式和期限,与资金所有人进行谈判,双方达成一致后签订书面合同,最后将合同在管理部门予以登记即可。

(2)所有者权益式专利融资流程

所有者权益式专利融资是一种以专利预期收益为导向的融资方式,交易结构和法律关系相对复杂、参与主体众多。所有者权益式专利融资是一项创新性、系统化和结构化金融安排,涉及融资企业、各种类型的金融机构、评估机构和担保机构等众多市场主体,交易环节众多,环环相扣,联系紧密,因此流程相对复杂。

下面以其中具有代表性的专利证券化为例(见图5-14),介绍其具体流程。

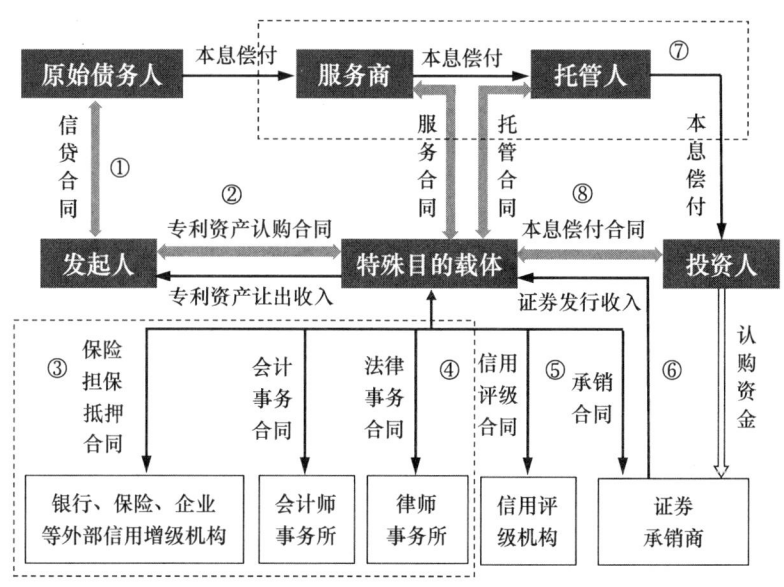

图5-14 所有者权益式专利融资—专利证券化融资流程

①选择拟融资的专利。发起人确定专利融资目标，选择能够产生预期现金流的优质技术专利资产作为基础资产，排除权属不明、权利受严重限制和侵害、不具有营利能力和较强变现能力的技术专利资产。根据证券化的具体目标选择适合证券化的专利，将这些专利资产从资产负债表中剥离出来，形成一个专利资产组合，作为融资的基础资产。

②组建特设信托机构（简称SPV），实现资产的"真实"出售。发起人选定拟融资的专利资产后，就要选择或设立一家特殊目的载体（SPV）。SPV有信托（Trust）和公司（Company）两种。以信托关系设立的SPV称为特殊目的信托（SPT），以公司形式设立的SPV称为特殊目的公司（SPC）。

③完善融资组合，进行内部评级。SPV确定后，必须首先完善融资结构，与相关的参与者签订一系列法律文件，明确融资过程中各相关当事人的权利义务。还要聘请信用评级机构对资产组合的信用风险及资产证券化结构进行评估，以决定是否需要信用增级以及增级的幅度。

④进行信用增级，发行评级。为了能使将要发行的专利资产最大限度地吸引投资者，SPV需要提高专利支持证券的信用等级，这种信用增级既可以是发起人也可以是第三人提供。在按评级机构的要求进行完信用增级之后，评级机构将进行正式的发行评级，并向投资者公布最终评级结果。

⑤发售融资证券，并由SPV向发起人支付购买价款。信用评级完成并公布结果后，将经过信用评级的证券交给证券承销商去承销，可以采取公开发售或私募的方式来进行。从证券承销商那里获得发行现金收入，然后按事先约定的价格向发起人支付购买证券化资产的价款。

⑥证券挂牌上市交易。证券发行完毕后，到证券交易所申

请挂牌上市。

⑦资产售后管理和服务。发起人要指定一个资产池管理公司作为服务人或亲自对资产池进行管理,负责收取、记录由资产池产生的现金收入,并将这些收入全部存入托管银行的收款专户。接着,由托管银行按约定建立积累金,交给 SPV,由其对积累金进行资产管理,以便到期时对投资者还本付息。

⑧向投资者支付本息。发行证券筹集的资金支付给发起人作为转移资产的对价,资产收益支付证券的本息。按照证券发行时说明书的约定,由委托银行按时、足额地向投资者偿付本息。如果资产池所产生的收入在还本付息、支付各项服务费之后还有剩余,那么这些剩余收入将按协议规定在发起人和 SPV 之间进行分配,资产证券化交易的全部过程也随即结束。

3. 专利融资核心问题——专利价值评估

专利融资主要有政府主导、市场主导以及政府与市场相结合的三种不同发展模式,无论何种模式均需要诸如专利技术交易中心、专利价值评估机构等市场主体来支撑专利融资的完成。因此,在某种程度上可以认为专利融资的核心问题为专利价值评估。

专利的价值体现在其为企业现在或者将来创造的价值,包括从产品到市场能给企业创造的利润和从产品、成本上给企业带来的利益。

一般银行以及金融机构在进行专利价值评估的时候,主要考虑专利的经济价值、技术价值、专利权价值、合同价值和竞争价值五个方面的因素。专利的经济价值主要根据专利权相应的产品及技术所在专利保护的国家涉及产业规模及在研发、制造及市场经济环境的重要度而定。专利技术价值主要看该发明是否能促进整个产业、公司技术进步，是原创性的技术抑或仅仅是改进技术。专利权的价值主要评价专利权取得后对企业的影响和阻止其他企业取得专利权的价值。合同上的价值主要评价申请专利转让的可能性，及时回收开发成本的多少。竞争价值主要评价和相关企业或发明可能应用领域中的竞争关系，主要体现在提高进入成本的能力，降低运营成本的能力以及增加客户价值的能力。

5.3 专利保护模块

5.3.1 专利预警

我国专利制度发展 30 年伴随了改革开放的 30 年，在经济快速发展的同时，专利制度也日趋完善。但受制于经济结构和产业类型发展不均衡的限制，我国目前还处在低端制造和技术模仿的阶段，国外依靠先发优势建立起来的技术壁垒短时间内难以打破，跨国公司以专利侵权为由打压国内企业的贸易诉讼战屡见不鲜，如美国更是借助"337"条款的方式以专利为武器对国内企业进行贸易打击。

因此，现阶段我国无论从重点科技项目和重大经济项目，还是企业经营活动都亟须建立专利预警机制，开展以专利情报分析为主的专利风险预警和应急工作都具有非常现实的意义。基于此，在我国自主创新能力和产业化水平还不高、我国企业参与国际分工和国际竞争经验还不足、企业专利意识和专利战略还需要长时间培育和规划的背景下，应当适时开展有针对性的专利预警工作，从而减少重大投资、招商引资、技术引进和海外贸易等活动中潜在的专利风险。

第5章
特定需求专利分析模块

1. 专利预警的含义

预警是指潜在危险发生之前，根据以往总结的规律或观测得到可能性前兆，发出紧急信号、报告危险情况，以维护相关主体利益和最大限度地减小损失的行为。将"预警"概念运用到专利领域，专利预警可以理解为对可能发生的专利风险提前发布警告，并制定应对预案，以维护相关主体利益和最大限度减少损失的行为。

（1）狭义的专利预警

狭义的专利预警一般指对专利侵权风险的预警，该定义包含三层含义：一是专利预警的潜在危险是指专利侵权风险，而非在专利申请、应用过程中面临的因为新颖性被破坏、撰写不合理而被驳回或无效的风险；二是专利预警的分析方式是提前发布警告并制定应对预案，而并非宏观的界定是否存在风险；三是专利预警的根本目的是维护相关主体利益和最大限度减少损失，这意味着专利预警并不能给相关主体带来额外的利益，仅仅是对理论上应得利益的维护。

（2）广义的专利预警

广义的专利预警含义更为广泛，不仅包含企业在研发、生产、销售、引进、许可、转让、出口、海外参展等过程中可能存在的专利侵权风险的预警，而且包含企业在专利申请、专利布局、专利运营、专利管理等各方面的专利风险管控和预警。例如，企业专利实力在产业内所处地位的评估，可以一定程度上为企业提供专利申请和布局方面的预警信息，当经过专利分析发现竞争对手已经在重要市场展开或完成专利布局时，此时企业关注的专利风险预警应集中在专利战略规划层面的预警，即如何通过合理配置现有专利资源或调动开发新的专利资源以达到与竞争对手相抗衡的目的,从而减少市场上可能存在的专利风险。

由此可见,广义的专利预警已经不再仅仅局限于微观和直接的专利侵权风险分析和预警,而是上升到对专利宏观战略层面的预警上。即前者属于专利战术层面的预警,而后者属于专利战略层面的预警。以下内容将围绕这两个层面的预警展开。

2. 专利预警的主要内容

由专利预警的含义可知,专利预警与风险管控紧密关联。从这一意义上讲,专利预警的主要内容无论是宏观还是微观层面,都可以认为是围绕风险管理的内容展开的,其主要集中表现在两个方面:一是专利预警分析,即对相关主体可能遇到的各种潜在风险的监测、识别、诊断、评价,并由此对风险发生的前兆进行提炼;二是应对方案的制订,即根据预警分析的评价结果,制订相应的对策,以便对潜在可能发生的风险进行控制与防范。

需要注意的是,相关主体可能遇到的潜在专利风险既包括侵犯别人专利权的风险,也包括被别人侵权的风险。前者更多地被技术后发的相关主体关注,从后发主体上看,需要寻求的是避免专利侵权;后者更多地被技术先发主体关注,从先发主体上看,需要寻求的主要是专利权的维护。

3. 专利预警的操作流程

专利预警工作的流程主要分为四个阶段,即预警监测机制的建立、专利预警分析、专利风险分析和应对方案制订。需要强调的是,专利预警分析和专利风险分析之间存在一个小循环,即首先根据预警分析的结论进行风险判断,然后再根

第 5 章
特定需求专利分析模块

据风险预兆调整相应的分析深度和方向。如图 5-15 所示。

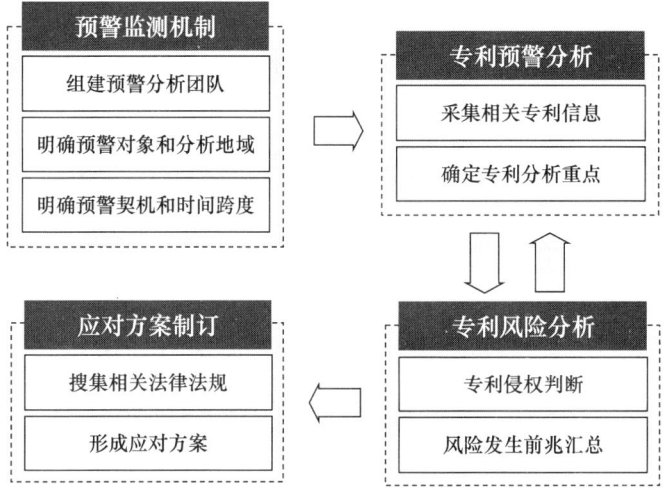

图 5-15 专利预警流程分析

(1) 预警监测机制

预警监测机制建立的目的在于确定专利预警工作的参与人员和工作机制,是专利预警工作得以展开的保障。基于专利信息专业性和不断变化的特性,因此首先需要组建包括专利分析人员、技术人员、市场分析人员等专业人员在内的专利预警团队,在此基础上,根据市场和技术信息明确开展专利预警工作的对象和地域,在明确预警期限的前提下开展本阶段的专利预警工作。同时,要根据相关信息确定预警信息公布的时机和后续动态跟踪式预警服务开展的前兆等。

(2) 专利预警分析

专利预警分析是预警工作的基础,这一阶段的工作内容主要包括专利信息采集和分析重点确定两部分内容。前者通过制订适当的检索策略,查找可能侵犯或被侵犯的疑似专利,后者通过重点分析进行深入的标引,进一步缩小疑似专利的范围。

（3）专利风险分析

专利风险分析是预警工作的核心部分，这部分的工作主要是通过对比已有或潜在专利技术内容、保护范围、权利要求等要素，对是否存在侵权事实或进一步发展可能会产生侵权风险进行评价和判断，明确专利侵权风险发生的概率及其发生的前兆。

（4）应对方案制订

应对方案的制订是预警工作的重要部分。这部分工作是在风险分析的基础上，结合相关主体的发展规划和相关法律法规，制订包括根据侵权风险的等级、企业的市场与成本需求、规避障碍专利的必要性和可能性等操作性预案，以最大限度地降低风险事件发生所带来的利益损失。

4. 专利风险等级判断

专利风险等级即存在专利风险的程度，对开展预警监测和制订应对方案至关重要。恰当地判断专利风险的程度也需要从宏观专利战略和微观专利战术上进行考虑。

（1）宏观层面风险等级

专利战略层面定义风险等级主要从宏观角度以定量分析为主的分析方式，结合定性分析，初步确定专利风险的发生环境及主要来源。从实际应用角度上看，专利风险的存在必然存在施力一方，即把竞争对手作为可能实施专利侵害的主要对象，以此确定分析目标可能存在的风险程度[①]。

在具体判断流程上，采取逐层递进的方式进行，方法采取竞争对手与分析目标的专利指标比较，如图5-16所示流程。

[①] 此处"竞争对手"的含义不局限于企业层面，可以扩展到国家或地区甚至个人；与此相对，"分析目标"也不局限于企业，也可以是区域、产业或个人等。

第 5 章
特定需求专利分析模块

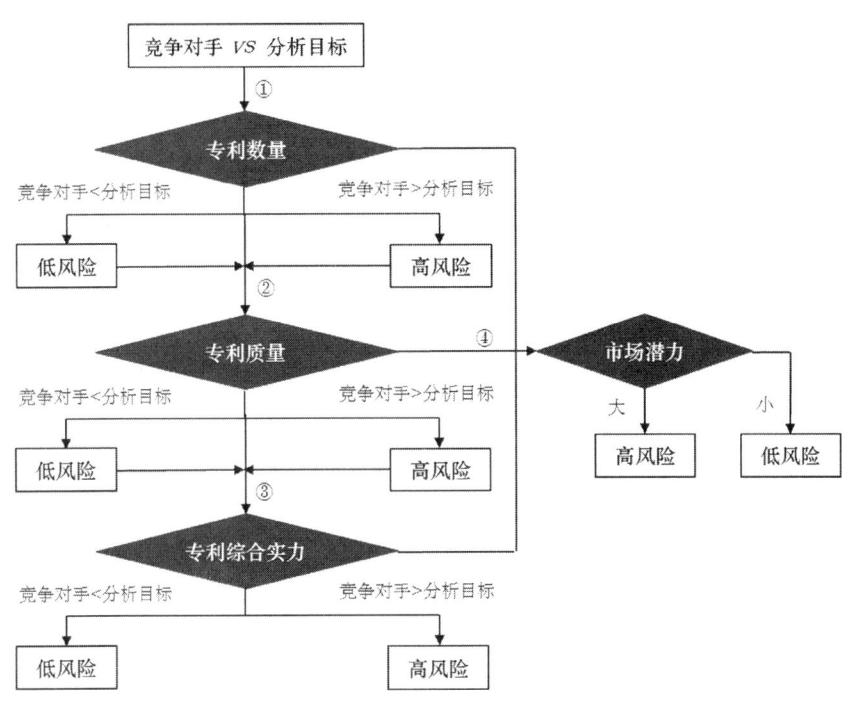

图 5-16 战略层面专利风险判断

首先,从专利数量上进行初步判断,如果在某一领域或某一技术点上竞争对手的专利数量远远领先于分析目标,则可以初步判定分析目标存在较高的专利风险,反之风险则较低。但专利数量的多寡并不能作为判断专利风险的唯一依据,还应进一步从专利质量的角度进行再次判断[①],例如,即使竞争对手专利数量少于分析目标,但是如果其专利质量较高,即其专利在产业中具有重要影响,是诸如标准组成专利或是专利池的核心专利,则其相对于分析目标而言,具有较高的专利风险。当竞争对手不仅专利数量多,而且专利质量也较分析目标高的情况下,之前初步判断的高风险等级应进一步提升,以警示分析目标注意。在此基础上,综合专利数量和质量因素,

---

① 专利质量的评判标准参见第 4 章内容。

再融合专利价值以及专利信息所融合的技术、法律和市场信息，从专利综合实力的角度进行最终判断[①]，得到竞争对手与分析目标间专利风险情况的结论。

以上判断过程均基于专利信息的定量和定性分析进行，但专利作为保护发明创造，参与市场竞争的有力武器，市场环境是决定是否利用该"武器"进行权益维护或是战略进攻的主要因素。因此，专利风险的高低还有赖于分析目标和竞争对手所处的产业和市场环境，即还需要结合市场潜力进行专利风险的判断。如果处于专利密集度高、产业竞争激烈、未来市场潜力巨大的环境中，则发生专利诉求和专利诉讼的几率会很大；但如果处于专利密集度不高，产业和市场发展较为平稳的环境，则专利侵害发生的可能性较低。

通过上述较为宏观的判断，可以大致确定分析目标在所处领域可能存在的专利风险情况，在此基础上，可有针对性地进一步开展深入的定性分析。

（2）微观层面风险等级

专利战术层面的风险等级是指在专利战略层面的风险确定后，针对分析目标可能存在的侵权风险进行专利定性分析。在此基础上进一步形成专利风险程度的判断。这一步主要针对具体专利的风险情况进行判断，并通过专利检索的方式，获取与分析目标相关的专利，根据专利侵权判定原则，进行专利风险等级的判定。

根据专利侵权判定的结果，可以将专利风险等级分成高、中、低、无等几类，以此来初步判断专利侵权的程度，如表5-1所示。

[①] 专利综合实力的判断参见第4章和第9章内容。

第 5 章
特定需求专利分析模块

表 5-1 战术层面专利侵权判定原则

侵权物技术分解	涉及专利技术分解	比较过程	判断原则		侵权判定	
			全面覆盖	等同原则	是否侵权	风险等级
A+B+C	A+B+C	技术特征相同	√	×	是	高
A+B+C+D	A+B+C	增加一项及以上特征	√	×	是	高
A+B+D	A+B+C	C和D具有非实质性区别	×	可能	可能	中
A+B	A+B+C	减少一项及以上特征	×	×	否	低
A+B+E	A+B+C	C和E具有实质性区别	×	×	否	无
D+E+F	A+B+C	技术特征完全不相同	×	×	否	无

①高风险。如果疑似侵权物（产品或方法）所采用的技术方案中必要技术特征与相关专利权利要求的全部必要技术特征相同，即满足全面覆盖原则，构成高风险等级。具体表现形式有：

a. 疑似侵权物的技术方案的技术特征包含了相关专利权利要求中记载的全部必要技术特征，则其落入到该专利的保护范围。

b. 疑似侵权物采用的是下位概念，而相关专利权利要求中记载的必要技术特征采用的是上位概念，则其落入到该专利的保护范围。

c. 疑似侵权物在相关专利权利要求中的全部必要技术特征基础上，又增加了新的技术特征，则其落入到该专利的保护范围。

d. 疑似侵权物对在先技术而言是改进的技术方案，并获得了专利，属于从属专利，未经在先专利权人许可，实施该从属专利覆盖了在先专利权的保护范围。

②中度风险。如果疑似侵权物有一个或一个以上的技术特征与相关专利权利要求保护的技术特征相比，从字面上看不相同，即存在区别技术特征，但经过分析可认定两者可能是相等同的技术特征，即存在适用等同原则的可能，则构成中度风险。

满足等同原则需同时具备如下条件：

a. 疑似侵权物的技术特征与专利权利要求的技术特征相比，以基本相同的手段，实现基本相同的功能，产生了基本相同的结果。

b. 对该专利所属领域普通技术人员来说，通过阅读专利权利要求和说明书，无须经过创造性劳动就能够联想到的技术特征。

如果确定该区域技术特征能够同时满足等同原则的上述条件，则此时专利侵权风险等级应由中度风险升级到高风险。

③低风险。如果疑似侵权物与相关专利权利要求保护的技术特征相比少一个或一个以上的技术特征，即疑似侵权物采用的是基础专利，而相关专利是属于从属专利，则构成低风险。

如果疑似侵权物在未获得专利权人许可的情况下实施了该从属专利，则此时专利侵权的风险应由低风险升级到高风险。

④无风险。如果疑似侵权物所采用的技术方案中必要技术特征与专利权利要求的全部必要技术特征完全不同，或虽然存在部分相同的技术特征但二者的区别技术特征具有实质性的差别，则无风险。

5. 专利风险的应对方案

通过专利预警分析确定专利风险等级后，应对存在风险的情况提供适合的解决方案。根据发生风险的角度、时间和程度的不同，应初步评估风险可能导致的危害，并对风险承受限度进行预估，对可以化解的专利风险可以考虑通过技术合作、技术转移、技术购买等方式弱化，对于难以化解的专利风险在此基础上应进一步考虑专利无效、专利交叉许可、组建专利联盟等形式增强自身实力。

第5章
特定需求专利分析模块

总之,面对专利风险,在进行专利预警方案设置时,要通盘考虑,不仅要正确认识自身实力,准确评估竞争对手实力,也要从付出的成本与收益角度对可能存在的各种方案进行预估,最终形成适合于分析目标长远发展的最优解决方案。以下主要从宏观和微观两个层面进行应对方案的设计。

(1) 宏观层面的应对方案

主要从专利数量、质量和综合实力方面的差距提供解决方案,结合自主创新和专利许可、转让等移转方式,以缩小与竞争对手的差距,增强分析目标在产业和市场中的综合竞争力为根本目标。

①自主创新。通过专利分析,了解产业内专利实力分布,主要技术持有者,以及重点和热点专利技术布局。通过比较竞争对手和分析目标间的专利技术布局差别,在自主创新的过程中,制定有针对性的专利战略规划,从而减小专利风险。

针对专利数量的差距,关注竞争对手的专利储备量和年均专利增长量,结合整个产业内专利拥有和增长的平均情况,为分析目标制定专利发展规划提供一手材料,从而缩小在专利存量上的差距,为专利武器库的储备提供依据。

针对专利质量的差距,关注竞争对手的专利布局点和专利申请手法,关注产业链上的专利附加值高点,从产业链控制的角度,对关键核心技术点开展有效专利布局,以核心专利为主构筑包含外围专利在内的专利组合,提高专利分析目标的总体专利质量。

针对专利综合实力的差距,关注竞争对手专利的总体状况以及获得产业优势地位采取的战略措施,进而指导分析目标在自主研发时获得关键情报信息,将精力集中到产业价值最大化的技术点的开发中,从而提升整体专利竞争实力。

②技术移转。从技术移转的角度获得关键技术或专利权是缩短与竞争对手差距，获得市场先机的重要手段，有效的专利许可、收购和转让可以增强分析目标抵御专利风险的能力。

以专利和技术许可减少侵权风险。通过对竞争对手和产业整体的专利状况分析，找到分析目标赖以发展的技术来源及其与竞争对手技术之间的关系，通过从第三方获得专利和技术许可，来增强分析目标在产业内的技术通行能力，减少与竞争对手的摩擦，从而减少专利侵权风险。

以专利和技术收购获得竞争优势。通过技术引进吸收消化再创新的方式，从产业内核心技术拥有者手中获得关键技术，在构建自身专利保护网的同时，减少自身获取技术对竞争对手的侵害，增强产业内的整体竞争实力。

（2）微观层面的应对方案

在具体专利风险的应对上，可以通过诸如专利无效和规避设计等方式减少专利风险的危害程度。

①专利无效。专利无效是应对竞争对手以专利侵权为理由提出专利诉讼后最直接的反击手段。从专利获得权利的角度来说，即使授权专利也可能因专利审批环节等诸多原因，存在一定缺陷，因此可以就这些存在的缺陷进行理论上的反击，通过提起专利权无效的方式，将专利侵权的风险降低。采用的具体手段包括寻找在先公开证据，通过证明竞争对手的专利在申请前已为现有技术所公开来获得主动权。

②规避设计。规避设计则是在可能存在专利侵权风险时，对其所采取的技术方案中的一些特征进行重新的设计或改良，从而使其区别于已有专利权利要求的保护范围，减少因侵权给分析目标带来的威胁。

因此规避设计需要对竞争对手的技术方案进行全面分析，通过与分析目标技术方案的比对，梳理出可能存在的侵权的技术方案和特征，在此基础上构建新的设计方案。规避设计是一种被动地为应对防止侵权而产生的技术改进方法，在竞争对手专利保护全面的情况下，规避设计的难度较大，而且规避设计后的技术方案很大程度上存在一定的技术效果弱化的情况。但规避设计作为一种减少专利侵权风险的有效方法，是专利预警应急分析中一项重要的实施手段。

5.3.2 专利维权

1. 含义和方式

维权是维护合法权益的简称，专利维权即维护专利权所赋予的合法权益。考虑到专利权具有排他性、时间性和地域性的特征，在这里对专利维权的含义理解为，对专利权人所持有的现有有效专利所具有的在一定地域范围内依法享有的独占实施权及其所带来收益的维护。这里的专利权人既包括企业、科研院所也包括个人。

由于专利的地域性，专利维权可能发生于不同国家或地区，因此，狭义的专利维权是指在专利权人所在国或地区范围内，基于该国或地区的法律法规来进行的。如果专利维权发生在其他国家、地区，或者涉及多个国家、地区，则被称为海外专利维权。

专利人的维权方式有双方协商、请求专利管理部门处理、向人民法院起诉三种方式。

2. 专利维权流程

专利维权流程是在发现被侵权后开始启动的，从大的阶段上看主要包括侵权发现和决定维权方式两个阶段。第一阶段的核心工作是维权收益成本的分析。相关主体可以通过专利预警、市场调查和疑似专利对比等方式对专利权是否受到侵犯进行判定，在发现被侵权后首先需要对是否维权作出判定，即对比权利维护所付出的成本（包括实际成本和隐形成本）和所获得的收益（包括实际收益和潜在收益），只有当收益大于成本时才能进入下一阶段。采用何种维权方式的基础在证据搜集，包括侵权者的证据，如名称、地址、性质、注册资金、人员数、经营范围；侵权事实的证据，如侵权物品的实物、照片、产品目录、销售发票、购销合同等；损害赔偿的证据，如侵权者的销售量、销售时间、销售价格、销售成本、销售利润等。根据证据的信息，选择性价比最高的维权方式。具体流程如图5-17所示。

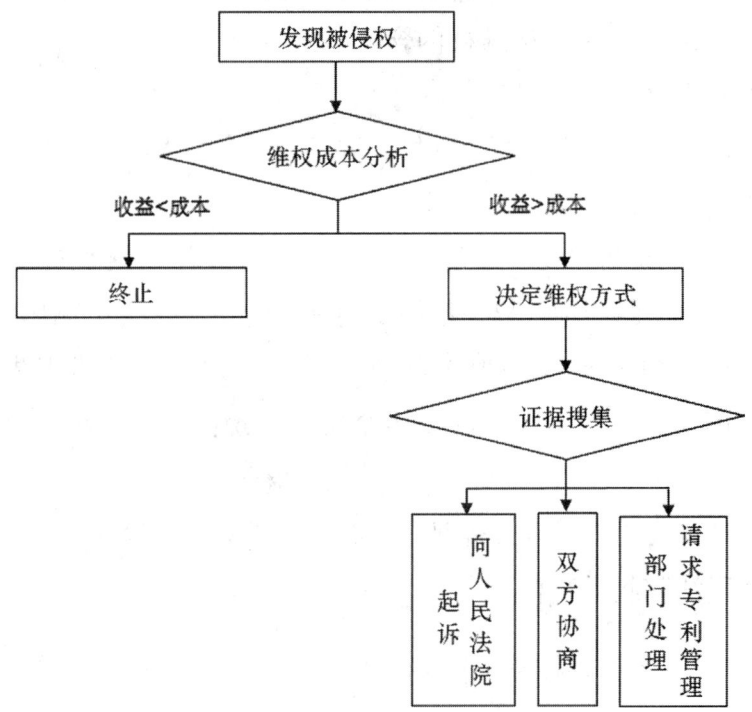

图5-17　专利维权流程

第6章 专利对产业增长的影响

6.1 专利与产业增长关系研究综述*

知识经济时代,在新科技革命的强力驱动下,技术创新在产业发展尤其是高科技产业发展中的主导地位日益凸显;技术创新所产生的专利权作为越来越重要的生产要素,日益成为企业建立和强化市场竞争优势的关键基石。

技术创新推动产业发展,并通过产业发展促进经济增长,这一链条随着新科技革命的展开和演进而愈加紧密。专利作为技术创新的产物,从早期对技术创新的一种激励逐渐发展成为市场竞争的战略性资源,越来越广泛而深刻地与"技术创新—产业发展—经济增长"的链条融合为一体。

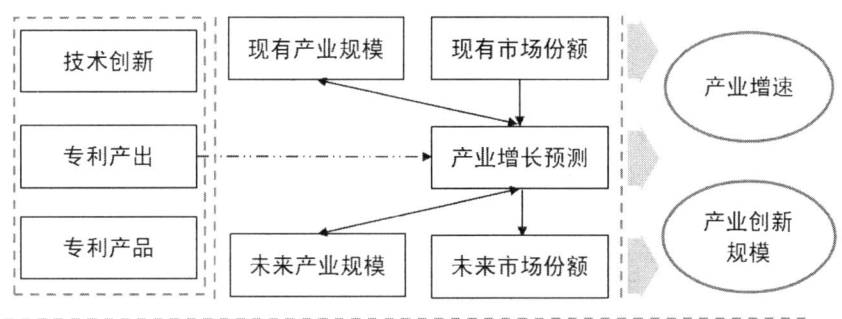

图 6-1 专利与产业增长关系研究思路

近年来,我国的技术创新实践取得了巨大成果。2011年,我国发明专利授权量达 172 113 件,同比增长 27.4%;同年,

---

* 专利与产业增长关系研究课题组,专利对产业增长作用研究 [R]. 国家知识产权局知识产权发展研究中心,中国科学院研究生院,2012.(课题组成员:陈燕、孙全亮、官建成、孙玮、马克、左凯瑞、刘娜、魏贺、寿晶晶、李岩、邓鹏)本节内容在此基础上整理提炼得出。

经济发展也取得了巨大的进展，国内生产总值471 564亿元，比上年增长9.2%。这一高增长数据的背后是技术的进步、技术创新水平的上升。但是，必须看到，当前我国经济下行压力加大，产业发展亟需升级转型，而这一转型升级过程却存在重重困难，不仅面临着国外企业的堵截与挤压，还面临产业升级方向不清、转型路线不明、缺乏核心技术与专利等实际问题。专利作为一种集技术、法律、市场等多方面信息于一体的高度综合的信息载体，通过对其所承载的信息进行深入分析和综合运用，可以全面、准确地揭示相关产业领域市场、产业、技术等方面的竞争格局和动态，有助于为产业发展更有针对性地转型升级、突破国外企业的封堵提供强有力的引领和指引。

因此，本章从专利作用于技术创新的视角，探索研究专利对产业发展的作用机理，并进而对经济增长所引发的产业规模格局的转变、专利实施对市场份额贡献度等情况进行间接估测，辅助政府有关主管部门更加科学地作出技术研发、产业布局、资源配置等方面的政策决策，更加全面、充分地发挥专利对技术创新、产业发展、经济增长的积极作用。

6.1.1 国内外理论研究概述

1. 专利作用经济增长的机理

关于专利作用产业增长这一问题的研究由来已久，主要是在专利制度对经济增长的作用和专利表征的技术创新对经济增长的作用两条主线下进行的。前者依照新制度经济学的研究思路，基于Arrow(1962)的信息不完全专有性理论，从专利信息的公共属性和知识所有者的排他属性(North,1971)出发，认为专利主要通过提供一系列的规则减少创新环境中的不确

第6章
专利对产业增长的影响

定性和交易费用,界定并保护创新过程中的产权问题,从而改变经济活动中要素的配置,促进经济增长;后者依照内生经济增长理论的研究思路,将技术进步作为经济主体有意识追求的目标,认为专利通过技术创新增加整个社会的知识存量,改变生产函数中全要素生产率[①]的大小,从而实现技术进步的内生作用推动经济增长。

(1) 专利制度对经济增长作用研究

专利制度对经济增长作用研究者的主要观点认为,专利对产业增长的作用主要通过知识产权制度产生作用,即通过相应的制度设计,帮助创新者以更低成本把握新的盈利机会,实现一定时期的超额利润,从而使创新资源更多地向有创新能力和创新意愿的主体集中,提升整个社会生产要素的要素配置率,从而促进经济增长[②]。在此思路指导下,常用的的研究方式有直接研究和间接研究两类。前者主要通过研究专利保护强度与经济增长关系展开,即分析专利完整性、长度和滞后宽度对经济增长的作用;后者主要通过研究专利制度对创新成本的作用展开。

(2) 以专利表征的技术创新对经济增长作用研究

专利表征的技术创新对经济增长作用的研究一般将专利及专利相关指标作为技术创新的代理指标,也是知识产出和创新产出的重要衡量指标,认为专利主要通过影响技术创新能力和水平产生作用,即通过影响生产函数构成及全要素生产率的大小等帮助创新者提高各个生产要素的使用效率,进而提升整个

[①] 全要素生产率是衡量单位总投入的总产量的生产率指标,即产出增长率超过要素投入增长率的部分。全要素生产率常常被视为科技进步的指标,其来源包括技术进步、组织创新、专业化和生产创新。
[②] *Helpman*(1993) & *Romer*(1999); *Gaisford* & *Richardson* 2000。

社会的生产效率，推动经济增长。上述研究视角使得研究过程既可以利用现有不断完善的内生经济增长理论的相关观点构建更贴近现实的生产函数，又可以利用发展迅速的计量经济学相关方法对所构建的生产函数进行解读，具有很大的实用性。因此也成为研究专利作用经济增长的主流方向。

2. 专利数量与经济增长

专利数量与经济增长将专利看做等质的生产要素，分析其数量多少在经济增长过程中的作用大小。依照研究过程对这一问题的研究关注点主要集中在专利能否用来表征创新和创新如何作用于经济增长两个方面。

由于专利和创新的关系十分密切，且专利授权的标准相对稳定同时还具有数据容易获取等优点。因此，专利已经被频繁用来衡量知识和创新且被认为是合理和可行的（Kortum et al，1989；李习保，2007；Acs，2002；Furman，2002）。

创新对经济增长的作用主要是基于内生经济增长理论[①]。在实证方面主要有两种方式，一种是探讨专利数量对产出增长的直接作用，结果显示专利存量与经济增长之间存在显著的正向作用（Crepon st，1998；Groshby，2000；刘华，2002；Yang，2006；鞠树成，2007）[②]；另一种是通过影响创新增长的因素（如R&D或人力资本）研究专利对产出增长的间接作用。结果发现专利可以通过影响因素积累、创新或研发从而间接促进产出增长（Lach，1990；Gould and Gruben，1996；

---

① 内生经济增长理论是指用规模收益递增和内生技术进步来说明一国长期经济增长和各国经济增长率差异而进行的一系列研究成果的总称。其最主要的特点是使增长率内生化，即从经济本身寻找某种内在机制使得持续增长。

② Donoghue与Zweimuller(2004)研究发现，专利影响跨产业的研发资源配置，从而影响内生经济增加值结构中的研发并间接促进经济增加值。Schneider实证研究表明，知识产权影响创新率进而促进经济增加值，而且这种效果在发达国家比发展中国家更为明显。

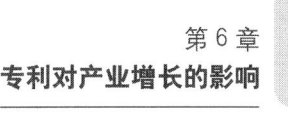

第 6 章
专利对产业增长的影响

Varsakeli, 2001；*Kanwar and Evenson*, 2003；*Falvey*, 2006)。

3. 专利类型与经济增长

Griliches 指出，使用专利进行经济分析的一个主要问题是专利本身固有的可变性，即不同专利的技术或经济意义存在很大的不同，许多专利反映了不具经济价值的微小改进，而一些专利却非常具有价值。

国外研究对发明专利作用的实证研究结果较为一致，认为发明专利对经济增长具有显著的正向作用，只是显著性的大小有所区别。针对三种类型专利作用的比较研究，它们的作用大小与经济发展水平关系密切。我国学者以中国的专利数据为分析对象对三种类型的专利对经济增长的贡献度进行了研究，发现实用新型专利与 GDP 的相关系数最大，外观设计专利次之，发明专利最小[①]。但是，也有研究结果对上述结论提出了质疑。其研究结果证明不同类型的专利对全要素生产率都有正向影响，发明专利比实用新型和外观设计的影响大；发明专利对中国沿海和内陆的全要素生产率都有正向影响，然而，实用新型专利和外观设计专利只对中国内陆的全要素生产率有积极影响，并且实用新型专利和外观设计专利的影响比发明专利的影响小[②]。

4. 专利质量与经济增长

不同专利的经济影响存在很大的差异(*Pakes and Griliches*, 1980)，基于专利数量判断专利重要性在许多情

[①] 刘华（2002）利用 1996~2000 年我国 31 个省市的截面数据，分析了三种不同专利与 GDP 的相关系数得出上述结论。隋广军等（2005）分别将发明专利、实用新型和外观设计专利视为原创型技术和模仿型技术，使用 2000~2002 年我国 31 个省市的高技术产业数据，利用线性回归模型，发现推动中国高技术产业发展的不是原创型技术，而是模仿型技术。张炜（2009）、徐国良（2011）等的实证研究也得出发明专利对经济增长的作用小于实用新型和外观设计对经济增长的作用。

[②] Zhao,Y.Y.,Liu,S.M.,Effect of China's Domestic Patents on Total Factor Productivity: 1988-2009, 2011. (Working Paper).

况下是有偏颇的（Harhoff et al，2003）。

在此基础上，针对专利质量与经济增长的研究主要集中在以下两方面：一是专利质量指标的筛选；二是不同维度的专利质量指标对经济增长作用的分析。

(1) 专利质量指标的筛选

经济研究中使用专利技术受到专利经济重要性或价值变化的阻碍，一些专利质量指标已经被应用到实证研究中。目前文献中常用的专利质量指标有两大类，一类是通过一定统计方法计算出的指数，主要包括专利HHI指数、即时影响指数（CII）和优质专利指数（EPI）等①，另一类是对专利某方面价值衡量的直接统计变量，包括技术独立性、专利引用、权利要求数、同族专利数、专利授权率、专利在产业链上的位置、专利拥有者在产业中的控制力等因素。

(2) 专利质量对经济增长的作用机理

在专利质量指标确定的基础上，国内外学者从不同维度分析了专利质量对经济增长的作用。结果发现，虽然专利质量越高，专利对经济增长的作用越强（Hasan and Tucci，2010；Chang，2012），但是不同维度的专利质量作用仍然存在一定差异。

陈凯华和官建成（2011）从创新系统性的角度考虑，引进一个结构性分析框架（见图6-2）来整体描述我国高技术产业的技术创新过程，从理论上阐述了不同质量专利如何通过影响技术创新过程进而对经济增长产生影响。

---

① 专利HHI指数即为赫芬达尔—赫希曼指数，是一种测量专利集中度的综合指标；即时影响指数（CII）是反映专利影响力大小的指数，其计算方法为某产业前五年专利的当年被引次数与所有专利前五年专利当年被引次数平均值的比值；优质专利指数（EPI）是反映优质专利比重的指标，其计算方法为产业内引用排名前25%的优质专利占该产业拥有专利总数的比率。

第 6 章
专利对产业增长的影响

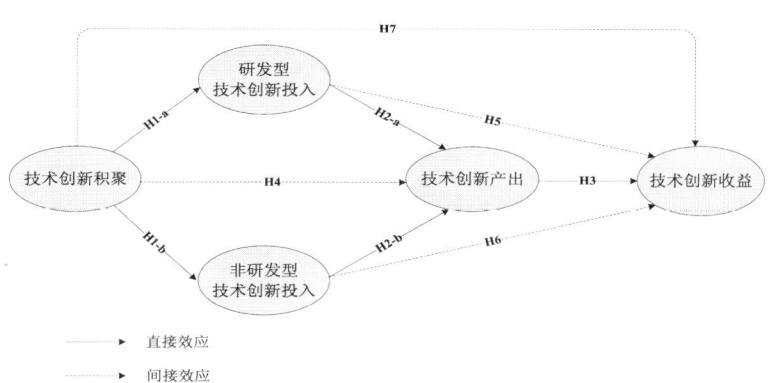

图 6-2 技术创新过程的路径概念图

更进一步地,官建成等(2011)还建立了技术创新的路径分析框架去探索中国高技术产业过程中关联的创新活动之间的因果效应。他们通过基于偏最小二乘(PLS)的结构方程模型(SEM)检验了该路径框架中的七条假设(见图 6-3)。实证结果揭示了知识资本的聚集在整个创新过程中的重要性。

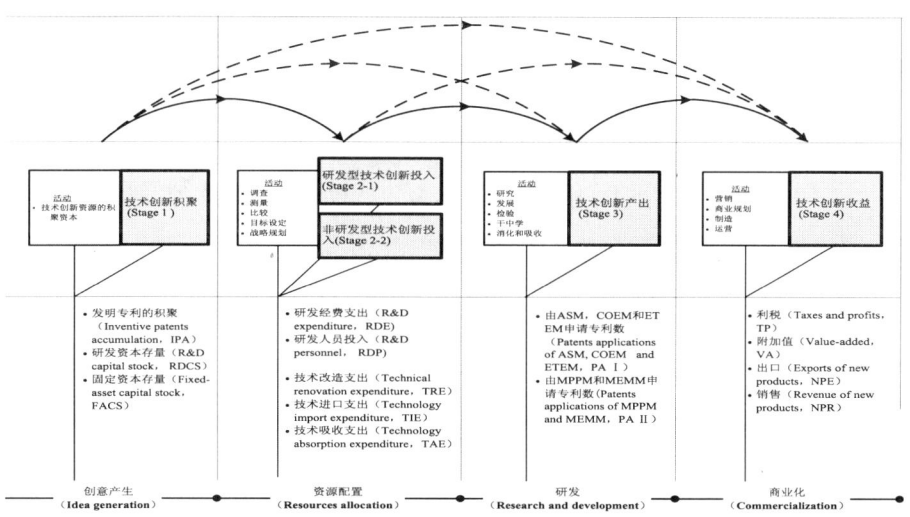

图 6-3 技术创新过程中不同功能的活动影响路径模型

6.1.2 国内外实证研究概述

专利产出与经济增加值之间关系的研究在国内外已经是一个相对比较成熟的课题。国外将专利作为测度技术进步或创新的指标研究已有30年的历史[①]。国内起步较晚，自2000年后才开始更多地关注专利与经济增长之间的关系。方法上也大多沿用国外的方法，只是根据中国的数据特点作稍许的改进。

1. 主要方法

目前，国内外研究采用的实证方法大多为回归分析、主成分分析、因子分析，也有学者使用计算智能中的神经网络技术、计量经济学中的协整检验方法与各类数据包络分析。

（1）回归分析

回归分析是一种经常使用的技术，常用的回归技术有线性回归、似乎不相关回归、最小二乘、偏最小二乘等。但使用这种方法时数据只有满足以下条件才能进行，即随机误差项的线性、正态性、方差齐性和自变量的独立性。一些研究对专利与经济增长进行计量分析，包括单位根检验、协整检验以及格兰杰因果检验等。

（2）神经网络分析

鉴于计算智能的一些优点，一些研究开始将神经网络技术应用到专利领域。在分析输入变量和输出变量之间的关系时，与回归分析技术相比，神经网络技术不要求变量之间的潜在关系，不受变量多重共线性的限制，对存在缺失数据和不完整数据更适用。

（3）数据包络分析

一些研究使用数据包络分析方法开展了专利与技术创新和经济增长之间的研究。传统数据包络分析不考虑测评单元内

---

① 张继红. 专利创新与区域经济增长关联机制的空间计量经济分析[J]. 科学学与科学技术管理, 2007 (01).

第 6 章
专利对产业增长的影响

部结构和投入产出转化关系，为测量各种复杂系统的绩效提供了有效的手段，但是这种方法无法考虑内部子过程的生产及其无效性。因此，基于考虑内部子过程的网络数据包络分析正成为目前国际研究的热点问题。

2. 应用层面

从研究层次来看，存在宏观国家层面、中观产业和区域层面、微观企业层面三个主要对象。

宏观层面的研究是指专利对国家经济作用的研究，侧重于地域对比和政策分析；中观层面的研究是专利对产业增长作用的研究；微观层面的研究是专利对企业增长作用的研究。出于研究的便捷性，现有研究对宏观和微观层面关注较多，对中观产业层面研究较少。进行产业层面的研究需要将专利分类转化为产业分类。

3. 数据模型

从实证研究采用的分析数据模型类型来看，国外研究多使用面板数据模型，国内研究大多采用时序数据或横截面数据模型。截面数据模型只能研究某一时点变量间的静态关系，而无法研究动态变化过程，并且界面数据模型要求数据是截面总体中由随机抽样得到的样本观察值，被解释变量具有连续的随机分析。而时间序列模型对数据长度有较高的要求。面板数据模型相比截面数据模型和时间序列模型具有扩大样本量、减少违背回归假设的可能性并能增强解释力，具有可以同时研究个体间的差异和时期间的差异的优点。

4. 专利数据

就研究使用的专利数据而言，在时间跨度上，经历了从早期只关注专利数量指标到近来专利数量与专利质量指标并重的发展。在研究的地域上，国内研究多使用专利数量指标，尽管有些学者已经注意到专利质量指标的重要性，但将其应用到经济增长研究中的较少。国外对经济增长的研究使用专利质量指标已经相当普遍。

综上可以看出，有关专利对经济增长作用的理论分析大多基于"专利—创新—经济增长"的研究思路。在此基础上，从权利和制度两个角度入手，梳理专利和经济增长的相互关系，可以得到初步结论：从理论上看，专利对经济增长具有一定促进作用，即专利通过作用于经济的整个链条，技术创新—产业化—市场，从而在理论上对经济增长产生作用。

通过对现有理论及实证研究发现，专利对经济增长的直接作用并不明显，但通过专利权及专利制度在经济活动中的传

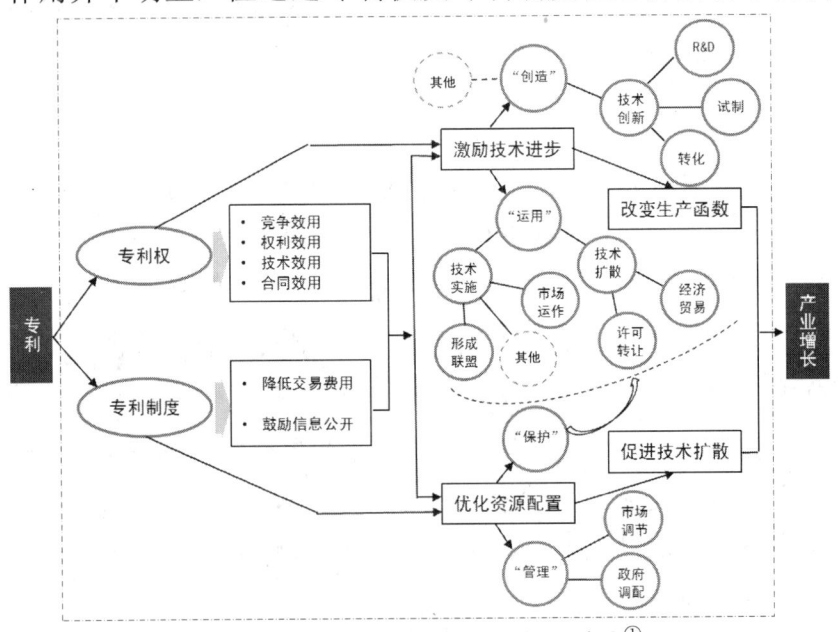

图6-4 专利对产业增长促进过程示意图①

---

① 图中专利竞争效用是指拥有专利权可以延长仿造者的模仿时间，可以增加仿造者的模仿成本，因此可以提高专利所有者在市场中的竞争地位；专利权利效用是指通过专利使权利所有人能够控制别人或抵制他人的控制；专利技术效用是指专利能够增强相关主体的技术创新能力促进技术进步；专利合同效用是指专利拥有者可以以标准标的形式和其他主体签订许可或转让合同以获取收入。

第6章
专利对产业增长的影响

导,最终通过技术进步和优化资源配置所引起的生产函数和组织效率的改变,则能够在一定程度上促进经济的增长,因此,可以认为专利在对经济增长上具有一定的促进作用。如图6-4所示。其中,从专利创造和运用的角度来看,主要是通过竞争、权利、技术及合同效用,从而达到鼓励技术进步的目的,并由此带来技术创新和技术扩散,进而通过技术进步所引发的生产函数的改变,最终促进经济增长。同时,也正是因为在专利保护和管理方面的制度保障,确保了创新和技术所产生权利的优化配置:一方面,市场化自我调节的作用使得专利资源形成流动;另一方面,政府的调配规划作用也促使专利达到改变组织效率的目的,从而也实现了对经济的促进。上述理论和实证分析为专利预测产业增长模型的建立提供了依据和思路。

6.2 专利预测产业增长模型构建

6.2.1 专利预测产业增长的基本思路

专利预测产业增长实际主要包含三个环节,如图6-5所示。首先通过一定的计量经济方法估计出某特定产业的专利对产业增长作用的影响系数(步骤一);接着按照相应的方法估计出未来专利申请量的变化(步骤二);最后在前两步的基础上,从专利视角预测由于专利变化所引发的产业增长变化,进而预测出产业的增长(步骤三)。

由于产业增长是很多因素共同作用的结果,专利仅仅是其中的一环,因此通过专利所得到的产业增长都存在一个隐含的假设,即未来除了专利外,其他因素均不会产生变化。在此假设条件下,可以通过对未来专利指标变化的估计,推测出经济增长产生变化的方向和渠道。

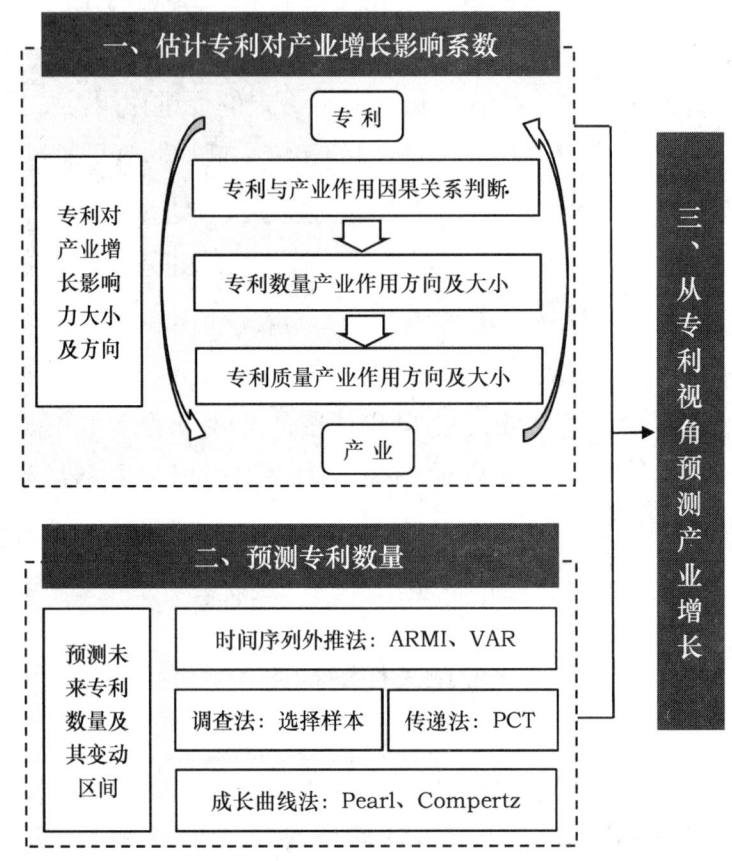

图 6-5　专利预测产业增长基本流程

6.2.2 专利预测产业增长的操作流程

专利预测产业增长模型构建主要包括三个部分，估计专利对产业增长的影响系数、预测专利数量及其变化率、预测产业规模。前两个部分是第三个部分的基础，其目的都是为最后产业规模的预测提供支撑，如图 6-6 所示。

通过建立模型得到专利对产业增长的影响系数，进而从中找出产业增长过程中专利贡献度的大小及影响专利作用过程的其他因素，即获得专利的某一因素每变动 100%，产业会随

第 6 章
专利对产业增长的影响

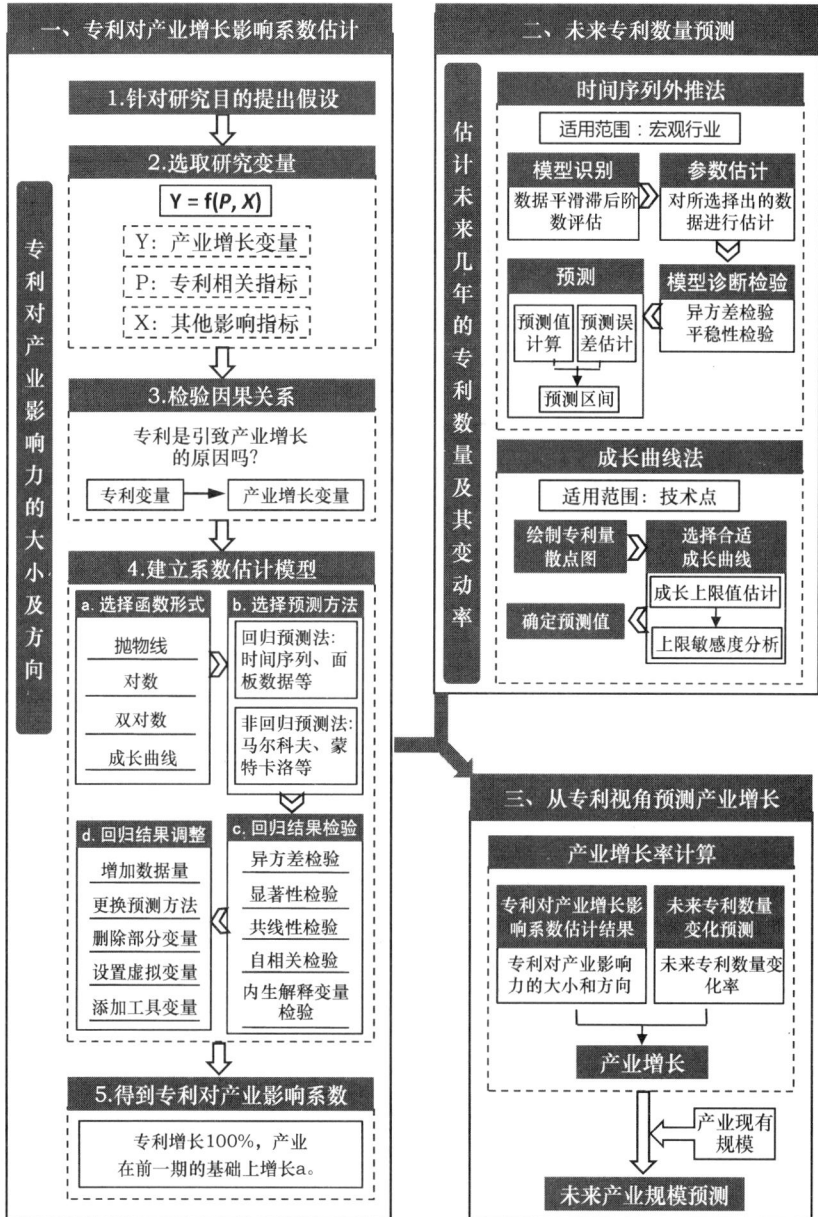

图 6-6 专利预测产业增长模型流程

之有多大幅度变动的结论。之后从专利视角预测产业增长，还需要对未来专利的情况进行简单的估计，实质是回答第一步所没有解决的专利变动幅度大小的问题，这就需要建立专利量及其变化率预测的思路和流程,即未来专利的情况怎样。最后,在前两个模型的基础上,在假设其他条件不变的前提下,通过所掌握或预测出的专利量变化情况对未来产业规模的大小进行估计,并给出上下限。

1. 确定专利对产业增长影响

结合现有理论和实证研究以及专利工作实践,形成专利对产业增长预测的基本分析思路,如图6-7所示,分成五个步骤实现:第一步针对研究目的提出假设,通过明确研究目的对研究对象的范围和深度作出较为清晰的界定;在此基础上,第二步根据所确定的研究目的选择合适的专利指标和产业增长指标,同时依照相关经济理论选择可能产生影响的控制变量;第三步是对第二步所选择的专利指标和产业增长指标两组变量之间的因果关系进行分析,如果两组变量之间存在因果关系则可以继续分析;确定完因果关系后,第四步就要建立相应的系数估计模型,通过函数形式选择、预测方法选区、回归结果检验、模型结果调整等几个步骤得到系数估计模型的表达式,从中得到相应的系数估计值,从而得到专利对产业的影响力的大小和方向;第五步,则是对所形成的模型结果进行分析和解读。

(1) 针对研究目的提出假设

为了在产业层面研究专利对经济增长的作用,包括估计专利变化与产业增长变化之间的联动性,即专利的变动引发产业增长的变化情况,对专利贡献度较大的行业可以进一步给出专利政策、税收扶持、政府资金投入等因素间的关联性分析,以提升产业政策的针对性和实用性,更好地提高专利在产业转型升级过程中的服务作用。

第 6 章
专利对产业增长的影响

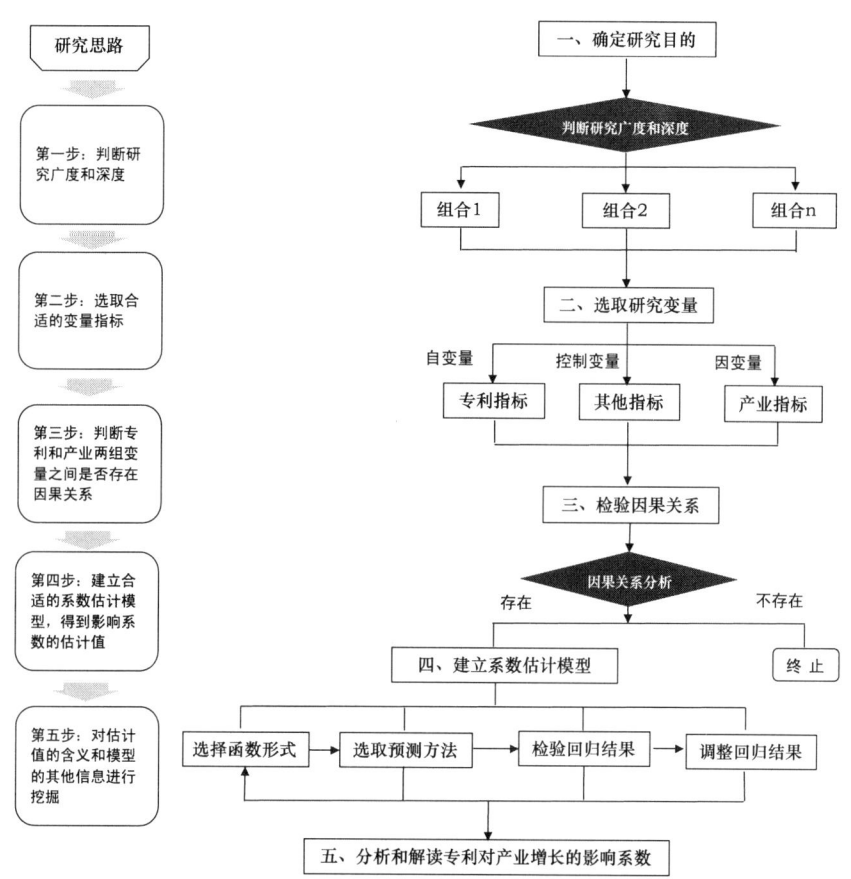

图 6-7 专利对产业增长影响系数的操作流程

为了第二步能够恰当的确定研究变量,还需要了解专利与产业间的相互影响,主要包括以下问题:

①专利能否对产业增长产生影响?如果有,专利在其中的作用大小如何?方向又是什么?

②专利的哪个维度(数量、质量、价值)实现了其对产业增长的作用,各个方面对最终影响的作用如何?

③影响专利对产业增长作用的因素还有哪些?是如何影响的?

要实现上述研究目的,还需要基于相关理论对经济现象进行初步的分析,并在此基础上提出可供借鉴的假设,在后续的研究中，通过计量模型来证明或证伪。无论是把专利作为技术创新的重要表征，研究创新与经济增长的关系，还是通过专利及专利制度来研究知识产权保护制度与经济增长的关系，几乎都认为专利与产业增长有着正相关的关系。因此，结合已有研究成果和理论分析，认为专利在产业增长中的作用应满足以下假设：

假设一，专利是引发产业增长的原因，即专利显著促进产业增长；

假设二，质量越好的专利对产业的促进作用越大；

假设三，价值越大的专利对产业的促进作用越大；

假设四，专利对产业增长促进作用的大小受到专利保护制度的影响，专利保护制度越健全专利对产业增长的促进作用越大。

（2）选取研究变量

运用产业经济模型进行预测的前提是要根据研究对象的特点来确定适合的因变量（Y）、自变量（X）和控制变量（Z）。从专利角度出发，研究专利与经济发展相关度或影响力，应首先建立相应变量的指标数据库，接着通过研究目的和对象的不同选取相应变量进行建模运算。

要研究专利及其指标对产业增长的作用，需要目标产业的产出变量作为被解释变量（因变量）。根据前述的文献综述可知，产业产出受到专利很多方面因素的影响，包括专利的数量、专利的质量、专利的制度因素等，因此专利变量应该包括专利数量变量、专利质量变量和专利制度变量三类。除专利外还有一些对于产业生产过程来说必不可少的变量即其他投入变量，专利变量和其他投入变量构成了解释变量（自变量）。研究中还有许多未被自变量包括进去,但是对产出变量可能会造成影响,因此需要在研究中加以控制的变量。在研究不同的问题时,应从不同的变量集中选取合适的变量进行研究。

(3) 检验因果关系

因果关系检验是检验经济变量之间的显著相关是否都有意义的一种检验方法,主要判断两个变量间是否存在因果关系,哪个变量是原因,哪个变量为结果。

图 6-8　专利与产业增长因果关系检验原因

(4) 建立系数估计模型

从选择函数形式开始,经过选取预测方法、回归结果检验、建立起专利对产业作用弹性系数的估计模型,通过对回归结果的反复调整,获得与实际情况相接近的结论,从而得到专利各个特征的作用系数,具体流程见图 6-9。

①选取函数形式。确定变量之间的因果关系后需要以一定的形式对纷繁复杂的经济运行态势进行模拟,找出经济运行的历史规律,即选取适当的函数形式。

除了最基本最常见的线性模型:$y = \alpha + \beta x + \varepsilon$ 外,常用的函数形式还有:

◇ 抛物线模型:$y = \alpha + \beta_1 x + \beta_2 x^2 + \varepsilon$

◇ 对数函数模型:$y = \alpha + \beta \ln x + \varepsilon$

◇ 双对数模型:$\ln y = \alpha + \beta \ln x + \varepsilon$

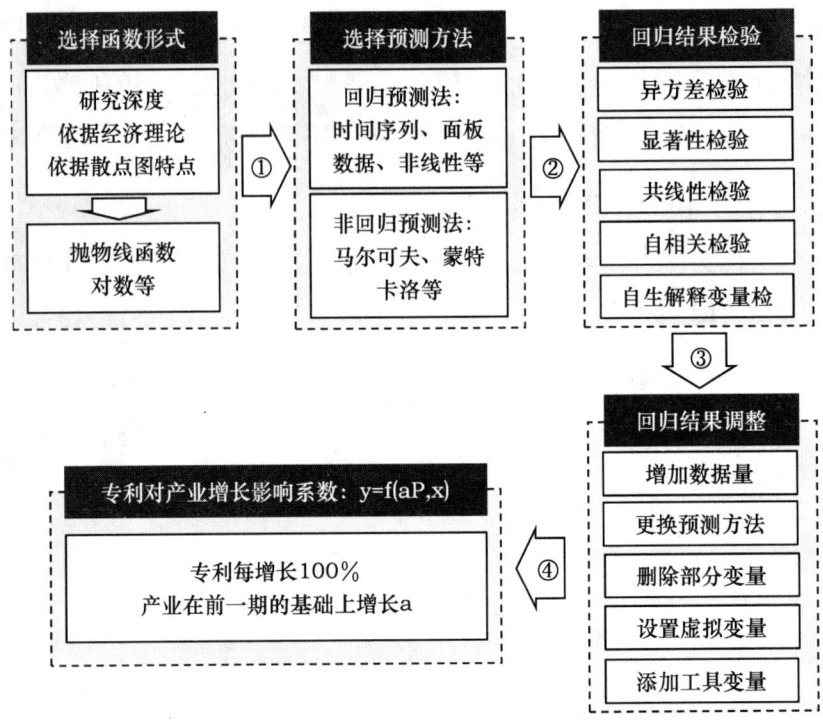

图 6-9 建立系数估计模型的研究流程

◇Logistic 曲线模型：$y = \dfrac{L}{1+\alpha e^{-\beta x+\varepsilon}}$

此外还有倒数模型、S 曲线模型等很多种函数形式。

函数形式的主要选取方法有三种：一是利用其他学者在研究类似问题时使用的函数形式，需要注意的是不能完全照搬，应根据具体的情况有选择地吸收前人的经验；二是根据经济理论选取函数形式，例如柯布—道格拉斯生产函数是双对数模型，因此在研究产出问题时学者们大多也采用双对数模型的函数形式；三是依据散点图来选择函数形式，散点图是需要研究的两个变量组成的数据点在坐标系中的分布图，散点图表示因变量随自变量而变化的大致趋势，据此可以选择合适的函数对数据点进行拟合。

第6章
专利对产业增长的影响

②选取预测方法。目前常用的预测方法主要可以分成定性预测和定量预测。图6-10是常用预测方法的汇总。

③检验回归结果。在完成了模型的设定之后需要对模型中的参数进行估计和检验,一般而言,需要进行的检验有五种,分别是显著性检验、异方差检验、自相关检验、共线性检验、内生解释变量检验。

上述检验用计量分析软件可以较为方便地实现。

④调整模型结果。得出模型估计的结果后,很可能存在结果不显著、参数值明显和现实情况不符合等问题。

在模型估计结果存在问题的时候,首先应该检验是否存在违背回归分析原始假设的情况,即进行异方差、自相关、共线

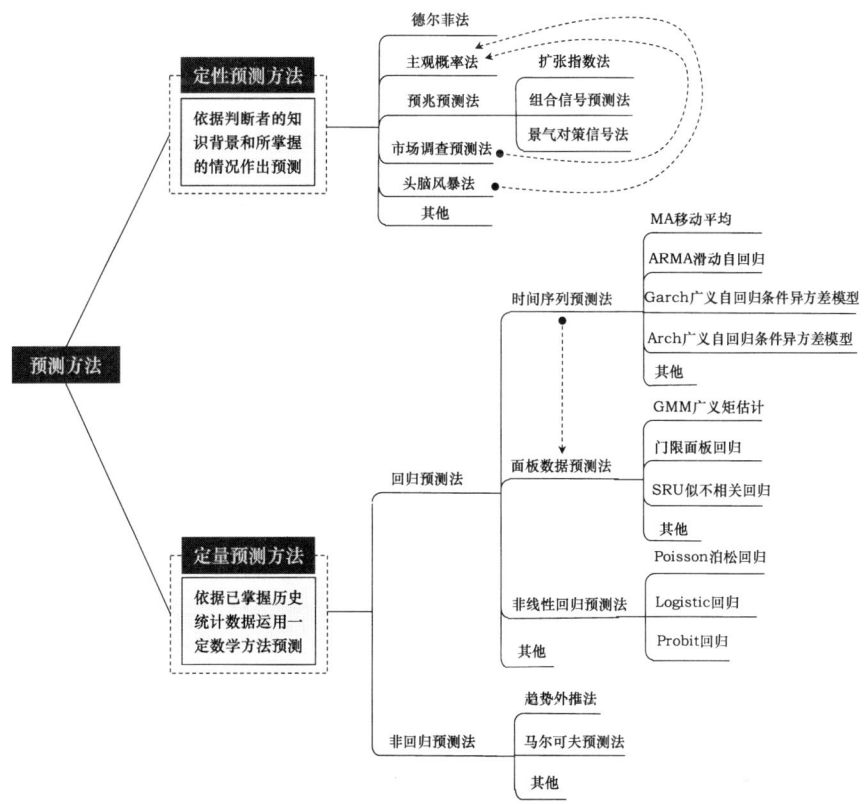

图6-10 主要经济增长预测方法及分类和关联

性和内生解释变量的检验。若存在异方差,则应使用加权最小二乘的方法进行参数估计而不是用普通的最小二乘法;若存在自相关的问题,则应对存在自相关的变量进行处理,取对数、作差分处理等方法都能有效地减弱自相关的程度,使得结果更准确;若存在共线性的问题,可以通过增加数据量、删除某一变量和岭回归的方法来解决;若存在内生解释变量的问题,可以用工具变量法来解决。

(5)分析和解读计量结果

通过对模型的调整,得到最终的结果,需要对模型的结果进行解读和分析,具体流程见图6-11。

首先关注的是拟合优度R^2和修正R^2的值,拟合优度衡量的是回归方程整体的拟合度,即回归方程所能解释的因变量变异性的百分比。对于一般的计量经济学模型而言,R^2在0.6以上就是可以接受的,与截面模型相比较R^2较低。

然后重点关注的是研究中具有显著性的自变量回归系数,假设自变量X_1的系数β_1且具有显著性。β_1的符号代表自变量X_1与因变量Y的相关关系,β_1为正数则X_1和Y正相关,如

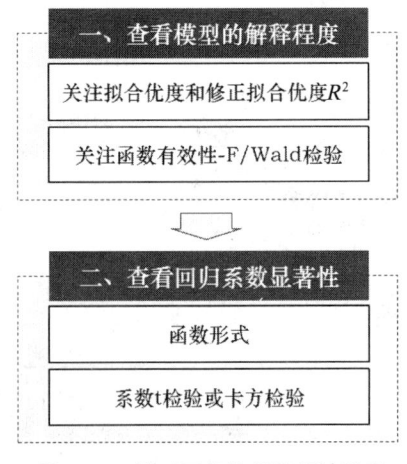

图6-11 针对回归结果的解读流程

第6章
专利对产业增长的影响

格兰杰因果关系检验显示 X_1 是 Y 的原因,那么我们可以得出结论:X_1 增加是 Y 增加的原因;类似地,若回归系数为负数,那么 X_1 增加是 Y 减少的原因。β_1 的大小表示 X_1 对 Y 影响作用的大小,β_1 越大作用也就越大。回归系数的经济学含义还受到函数形式的影响,如在双对数模型中,X_1 的系数 Y 代表的含义就是 X_1 变动 1%,那么 Y 将会变化 β_1%。对于那些不显著的自变量的回归系数(假设为 $X_i\cdots\cdots X_j$,回归为系数 $\beta_i\cdots\cdots\beta_j$)不能直接得出 $X_k, k=i, i+1, \cdots, j$ 对 Y 没有影响的结论。例如,在研究专利质量对产出的影响时,在模型中引入了权利要求数、专利被引次数、专利平均寿命 3 个变量,回归结果可能都不显著,但我们不能得出专利质量对产出没有影响这个结论。

通过对模型回归结果的分析,能够验证之前提出的回归假设,最终得出研究的结论。

2. 预测未来专利数量及变化率

专利预测是指以准确的调查统计资料和专利信息为依据,从专利申请的历史、现状和规律性出发,运用科学的方法,对未来专利申请发展前景的测定。由于专利质量、价值等维度在量化上仍有一定困难,现有的定量研究方法主要针对数量进行预测。

(1)产业宏观专利预测——时间序列外推法

时间序列外推法是按照时间的顺序,应用一定的数理统计方法加以处理,以预测未来事物发展的定量预测方法(见图6-12)。它在承认事物发展的延续性的同时也考虑到事物发展的随机性,其隐含前提在于应用过去的数据就能推测事物的发展趋势。

从产业发展历年的专利数量可以推算出未来一段时期一定

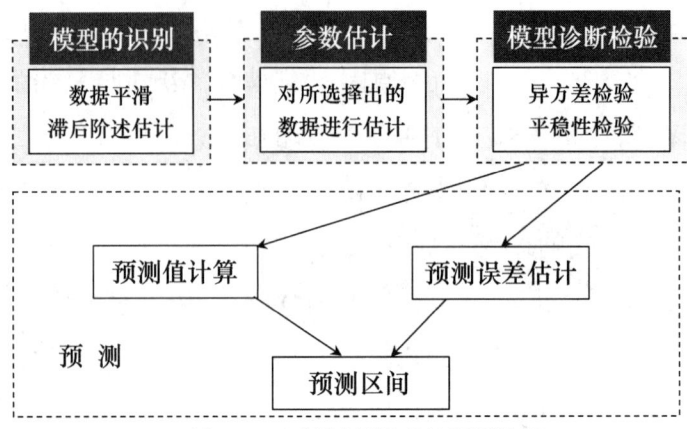

图 6-12 时间序列外推法预测流程

区间范围的专利数量,从而指导国内企业关注现有专利布局和产业内竞争对手的专利申请动向,根据预测值及时作出调整。

(2)产业技术点专利预测——成长曲线预测法

成长曲线模型最早由 Verhust 提出,认为技术成长的很多现象与生理的生长曲线类似,会经历萌芽期、成长期、成熟期、衰退期四种不同的阶段,进而产生相似的更迭现象,因此又称为生命周期曲线(见图 6-13)。

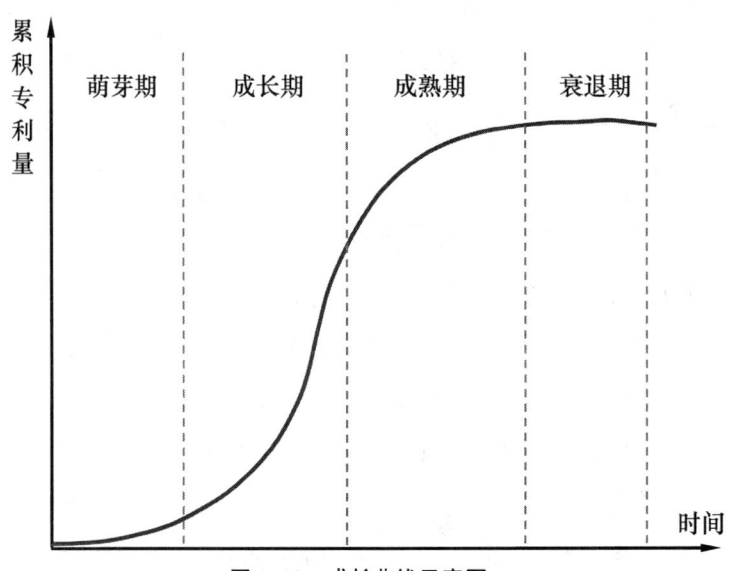

图 6-13 成长曲线示意图

第6章
专利对产业增长的影响

近年来，成长曲线被广泛地应用在各种领域的预测上，大致可以分为曲线趋势模型、线性趋势模型、非线性自回归模型和混合模型四种模型（见图6-14）。在专利申请量的预测上，成长曲线更适用于预测单一技术的发展趋势，因为单一技术的发展更符合某种特定的化学和物理定律。在这些定律的限制下，任何技术的发展必然有其对应的成长曲线。

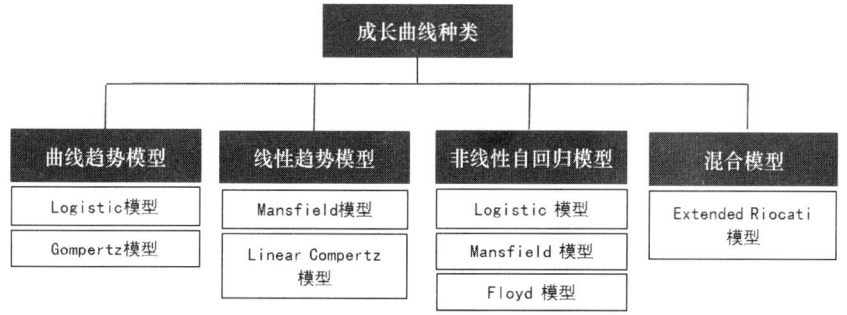

图6-14 成长曲线种类

3. 基于"专利"预测产业增长

通过前两个过程的分析，可以得到两个较为精确的模型：一个反映出了产业增长与专利之间随时间变化的规律性，正是这些呈现出的规律性使得通过专利变化预测未来产业增长变化成为可能；另一个是对未来专利申请量和变化率的估计，这使得对未来专利指标的情况有了了解。

图6-15反映了对未来产业规模的预测流程，可以看出，通过第一步对专利产业增长影响系数的获得和第二步专利指标的变化值可以得到产业的增长情况。在结合已经被公布出的最近年份的产业经济量，可以得到未来产业规模的预测值。

虽然专利对产业增长影响力的大小、专利指标的变化均有单一的预测值，但是由于模型设计与实际状况必然存在一定的估计误差，为了更准确地反映现实情况，往往会给出在一定置信区间内的变化范围。因此，产业增长率也存在一定的波动范围，对于未来产业规模的预测值也会存在其预测的上下限。

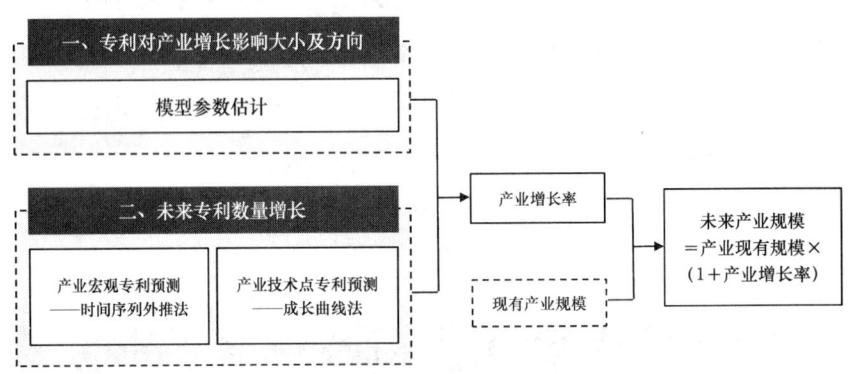

图 6-15 专利视角对未来产业增长的预测流程

上述预测分析需要强调的是，由于产业增长是很多因素共同作用的结果，专利仅仅是其中的一环，因此通过专利所得到的经济增长都存在一个隐含的假设：未来除了专利外，其他因素均不会产生变化。在此假设条件下，可以通过对未来专利指标变化的估计，推测出经济增长产生变化的方向和渠道。

6.3 专利对医药制造产业增长影响实证分析

为了对上述模型构建的合理性进行验证，选取医药制造业作为目标行业进行实证分析。

1. 专利对医药制造业影响

通过对医药制造业按照操作流程进行实证分析后，可以得出以下主要结论：

①医药制造业专利产生经济效益的转化期约为2年。说明我国医药制造企业专利授权后经过中试、量产、产业化、盈利的时间间隔约为2年。

② 有效专利量数和专利申请数量对医药制造业产业增长均具有显著的促进作用，且有效专利数量的作用力度远高于专利申请数量。数据统计结果表明，有效专利数量每增加 100%，产值约增长 17%～20%，专利申请数量每增加 100%，产值约增长 7%～10%。

③ 发明专利的平均寿命每增加 100%，其对医药制造业的促进作用力度就提升 2.3%。此外，发明专利对产业增长的促进作用约为实用新型专利的 2 倍左右，同时合作申请专利对医药制造业增长的促进作用平均比普通专利约大 10%，有同族的专利对医药制造业的促进作用平均比普通专利约大 6% 左右。

2. 预测医药制造业专利数量

由于短期预测的准确性要高于长期，因此本实例选择预测未来 3 年的数据。

表 6-1 的统计是以 2007 年为基点对其后 3 年所作的专利预测，目的在于验证该预测模型的适合度。可以看出，2008～2011 年预测出的有效专利数量与实际专利数量的差距并不大，标准误均不超过 1 000 件，误差率不足 3%，整个预测结果与实际较为吻合，说明整个方程的拟合结果较为可靠。

表 6-1　以 2007 年为基点预测有效专利数量与实际值的比较

年份	实际观测值（件）	预测值（件）	预测值下限（件）	预测值上限（件）	预测值标准误
2008	12 547	13 378	12 696	14 061	348.16
2009	14 185	16 341	14 928	17 755	721.13
2010	16 624	19 777	17 871	21 683	972.51
2011	20 939	23 546	21 135	25 958	993.23
2012	N/A	27 918	24 081	31 754	1 257.46
2013	N/A	33 254	22 154	44 354	5 663.45
2014	N/A	39 713	30 231	41 727	7 245.81

以此为基础，在2007年的基础上对2012～2014年医药制造业的有效专利数量进行了预测，分别约为27 918件，33 254件，39 713件。对比可以看出，随着预测时期的延后，模型结果的偏差越来越大，至2014年，标准差高达7 245.81。

产生这一现象的原因在于表6-1中是以2007年为基点预测未来值，其对2009年的预测值就是将2008年的预测值而非实际值带入模型，其他以此类推，这使得预测误差不断累积，导致后续预测结果随着时间推移与实际值的差距不断加大。

为了得到更为准确的预测结果，减少预测误差，我们采用实证第二步中的方程以2011年为基点进行递归预测，得到2012～2014年的有效专利数量分别为25 967件，30 678件、35 179件（见表6-2）。

表6-2　以2011年为基点的未来三年有效专利量预测值

年份	实际观测值（件）	预测值（件）	预测值下限（件）	预测值上限（件）	预测值标准误
2012	N/A	25 967	25 108	26 828	438.93
2013	N/A	30 678	28 626	32 669	1 031.40
2014	N/A	35 179	32 193	38 164	1 523.30

对比这一预测结果可以看出，这一模型的预测结果整体标准差和上下限区间的差距相对于以2007年为基点的预测值（见表6-1）已大为缩小。

因此通过对2012～2014年的专利数量预测得到如下结论：

①医药制造业有效专利数量与其前3年的有效专利量密切相关。

②在满足专利量数仅与其历史数据相关的前提下，预测中国医药制造业国内2012年的有效专利数量约为25 967件，2013年有效专利数量约为30 678件，2014年有效专利数量约为35 179件。在此预测之下2012年、2013年、2014年有效

第6章
专利对产业增长的影响

专利数量的环比增长率约为 24.01%、18.14%、14.67%,累计增长率约为 24.01%、46.50%、68.00%。

3. 基于"专利"预测医药制造业产业规模

通过以上两个步骤可以得出,有效专利数量每增加 100%,产值增长 17%～20%。为了使结果更具有可比性,我们还假设工业品物价不变。结合 2010 年医药制造业当年价总产值[①] 11 741.31 亿元的数据,用 2011 年价格表示的产业规模见表 6-3。

表 6-3　2012～2014 年医药制造业产业规模

年份	专利累计变动率	专利对产业增长影响系数	产值变动率下限	产值变动率上限	产值下限（亿元）	产值上限（亿元）
2012	24.01%	0.17～0.2	4.08%	4.80%	12 192.27	12 276.64
2013	46.50%	0.17～0.2	3.08%	3.63%	12 640.13	12 803.55
2014	68.00%	0.17～0.2	2.49%	2.93%	13 068.28	13 307.25

通过"专利"预测中国医药制造业产业规模得到如下结论:

①2012 年,在只考虑专利变动的前提下(下同),有效专利数量比 2011 年增加 24.01%,中国医药制造业的总产值为 12 192.27 亿～12 276.64 亿元,较上年的增幅为 4.08%～4.80%。

②2013 年,有效专利数量比 2011 年增加了 46.50%,中国医药制造业的总产值为 12 640.13 亿元～12 803.55 亿元,较上年的增幅为 3.08%～3.63%。

③2014 年,由于有效专利数量比 2011 年增加了 68.00%,中国医药制造业的总产值为 13 068.28 亿～13 307.25 亿元,较上年的增幅为 2.49%～2.93%。

---

① 用当年价格指数所表示的总产值。

下 篇

绘制发展路线图辅助决策支撑

下 篇

绘制专利导航产业转型升级、区域经济发展和企业竞争力提升的路线图，以提供辅助决策支撑。重点是在综合前两篇产业分析和专利分析研究成果的基础上，形成专利分析与产业发展的有机融合，从专利视角寻找产业转型发展的导航和护航方案。下篇主要从产业、区域和企业的角度阐述专利支撑和导航发展路线图的基本构思和原理，从而借助专利分析的方式提供辅助决策支撑的情报信息，主要包括3章内容。

第7章旨在从产业发展的角度，对产业内所涉及的企业链、技术链展开全面研究，找出影响产业发展的市场因素，确定专利在产业中的影响力和作用方式，从专利角度提供产业链延伸和产业群聚集的可行方案，以及传统产业和新兴产业优先发展的技术路线。

第8章旨在从区域发展的角度，结合区域产业基础和发展特点，围绕区域主导产业和龙头企业设计专利导航的方式和路线，为区域招商引资、产业升级、技术引进等提供辅助决策信息，促进区域经济结构高效、有序地调整。

第9章旨在从企业发展的角度，对产业转型升级中的主体和中坚力量——企业，以提升核心竞争力为最终目的，通过了解企业技术实力状况以及市场竞争情况，为企业自主创新技术获取和技术移转提供专利导航方案。

为充分展现专利分析对产业的导航和支撑，本篇采用了"2+1"的案例模式加以说明。即选择两个不同时期具有典型专利影响力的产业，以及一个代表性企业在这两个产业中运用专利战略配合商业战略不断地实施转型、发展直到成为具有全球影响力跨国公司的实例，对专利实现支撑产业、区域和企业发展的方法、流程和内容进行示例性说明。

(1) 产业案例一：DVD 产业①

DVD 产业是 1995~2003 年专利影响力②较大的产业。从产业形态上，DVD 产业经历了完整的萌芽期、成长期、成熟期和衰退期，具有全球一体化分工的产业链特征。从技术层面上，DVD 技术既是对传统录像带技术的颠覆，同时也具有技术替代（CD/VCD）和被替代（蓝光 BD）的特点，是一项融合了信号处理、音视频编解码技术、关键材料和机械制造在内的复合型产业。从企业构成上，作为互联网产业大发展前音视听领域的战略性产品，吸引了包括 IBM、索尼、飞利浦、汤姆森等在内的几乎所有消费电子公司的关注和投入。从市场竞争上，出现了多种技术格式竞争发展的局面，企业间战略联盟达到了新的高度，先后出现了 DVD 6C、3C 和 1C 专利联盟，以及多种形式的企业间内部同盟。从专利影响上，DVD 专利联盟的组织形式通过了美国反垄断的调查，为后期各式专利联盟的国际化奠定了基础，同时 DVD 专利收费也成为我国加入 WTO 后遭遇的影响力最大的知识产权事件。

(2) 产业案例二：智能手机产业

智能手机产业是 2007 年至今专利影响力较大的产业。从产业形态上具有新兴产业的特征，经历了产业发展的萌芽期，正处于产业的成长期，不仅重构了现有信息产业格局，而且代表了未来电子信息通信产业的发展方向。从技术层面上，智能手机融合了移动通信技术、互联网技术、新型显示技术、新型传感技术、高端通用芯片和操作系统等关键技术，具有典型的技术互联互通的特性。从企业构成上，随着移动互联

---

① DVD 产业并非仅限于 DVD 产业本身，为实现技术生命周期及替代技术和新兴技术的关联，会扩展到其前后代的技术以及光存储甚至磁存储领域，此处仅以 DVD 产业代表。
② 专利影响力包括了专利密集度、专利增长率、专利诉讼率和专利交易等因素。

市场的成熟，智能手机整机及配套零部件厂商逐渐增多，传统的互联网企业、整机设备厂商和服务提供商纷纷开始转型进入这一领域。从市场竞争上，随着各类企业快速转型进入该领域，市场既有领导者与新进入者的竞争将越来越激烈。从专利影响上，专利战此起彼伏是当下智能手机领域的显著特征，苹果和三星的专利诉讼战成为该产业的标志性事件，以此为中心形成了多头纷争的产业格局。随着两家巨头专利战由僵持走向尾声，接下来很有可能是跨国公司对我国智能手机产业的专利围剿。

（3）企业转型案例：三星公司

三星在短短30多年的时间里，快速实现了技术"模仿—学习—追赶—超越"的过程。在产品开发应用到市场的环节中，将"市场—产品—技术"与"技术—产品—市场"的匹配运用自如。特别是在专利意识、重视程度和投入上，依靠"外围专利战略"、"专利购买战略"和"专利交叉许可战略"，已经成为后发赶超型企业成功运用专利战略实现转型升级的标志性企业。

研究发现，三星在DVD和智能手机两个时代产业中的市场角色发生了重大变化。在DVD时代，三星的电子产品发展尚处于模仿阶段，还不是DVD 6C、3C和1C联盟的主要成员[①]。但到了蓝光BD时代，三星已经依靠技术和专利积累成为蓝光BD联盟的主席单位，负责其中部分技术格式的标准制定，实现了由技术跟随者向技术制定者的转变。到了智能手机时代，三星更是凭借精准的市场判断和强大的产业链垂直整合能力，迅速成为与苹果具有同等市场控制力的产业领导者。

---

① 三星后来被东芝主导的DVD论坛（6C）所接纳主要得益于三星在蓝光BD联盟中所处的领导地位。

通过两个不同时期市场热点产业的案例分析，并结合三星公司这一典型的以专利战略辅助企业转型升级的案例，不仅可以总结出专利导航产业转型升级和企业提升核心竞争力的作用机理，而且还可以通过两个产业近20年的时间跨度，尝试总结出不同时期专利运用侧重点的变化趋势。

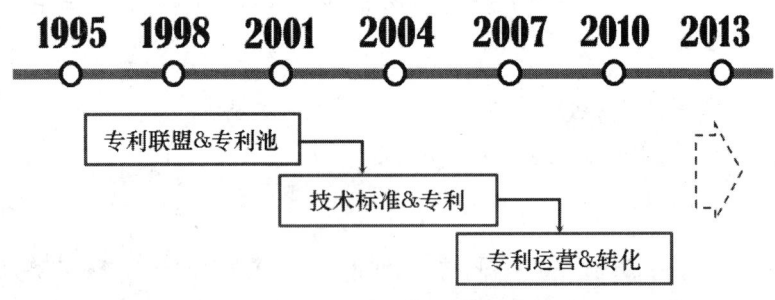

图6-16　不同时期专利运用模式侧重点演变图

如图所示，1995～2001年所属的以DVD为代表的时期内，专利运用形式主要表现为以专利联盟为主导，这期间美国司法对DVD专利联盟的反垄断调查获得通过，大大促进了类似专利运用组织的出现；随着20世纪初互联网技术大发展对互联互通的要求，促使以信息通信为基础的技术标准成为知识产权领域关注的焦点，我国主导第三代移动通信的TD-SCDMA标准正是抓住了这一关键时期，将专利与标准充分融合，为后来获得产业发展的话语权奠定了基础；直到近年来，以高智为代表的专利运营公司的大量出现，专利运用的焦点又发生了一次重要转移，专利的"游戏规则"在这些新出现的专利经营者手中被充分利用，预示着我国科技界和产业界又将面临新的知识产权挑战。

第 7 章　专利导航产业发展路线图

专利密集型产业中，专利不仅是企业生存、发展、壮大过程中要配置的重要战略资源，更是区域产业整体竞争力提升和参与国际间合作的重要保障。

从专利创造、运用、保护和管理的视角为产业发展提供路线图，以专利导航产业发展，并不意味着依靠专利去解决产业发展面临的所有问题，也不意味着仅通过专利就可以形成支撑产业发展的核心动力。而是要站在产业发展的高度，去深刻理解专利在产业发展中的影响力和作用方向，结合产业发展规律和市场发展趋势，发挥专利在技术创新中的促进作用，以技术创新带动企业和产业整体能力提升，增强市场竞争力，实现企业、产业和区域的可持续发展。

在利用专利实现对产业发展路线支撑过程中，要充分解读由专利情报所表征的产业发展趋势和市场竞争态势，充分了解产业所处发展阶段和内外环境。从产业链入手，进一步了解龙头企业链与核心技术链，发现专利在各个环节中的影响力，对技术、专利、企业、产业和市场间的内在机理形成综合判断的能力。对产业发展趋势和未来市场规模作出预判，更好地贴近产业发展实际需求，形成专利引导产业发展规划的良好格局。

图 7-1 是专利支撑目标产业发展路线的全景图。具体实现路径和流程主要包括以下三个步骤。

一是要对目标产业的发展需求、产业环境和市场环境进行准确定位，为有效开展专利分析提供明确指向。这一步是开展

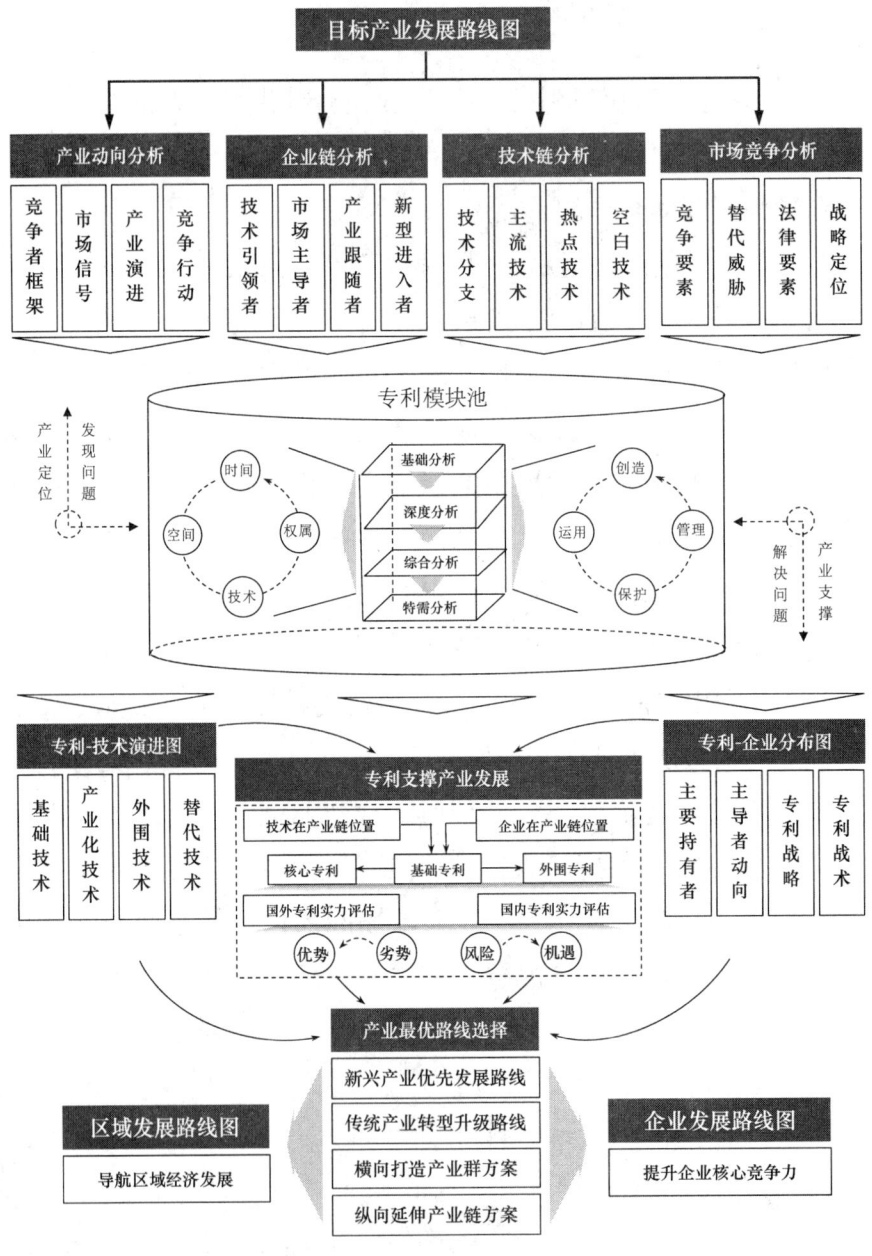

图 7-1 专利导航产业发展路线全景图

第 7 章
专利导航产业发展路线图

专利支撑和导航产业发展工作的基础,只有清楚和明确产业内技术发展动向、企业竞争主体关系、市场竞争焦点等关乎产业发展的影响因素及其内在关系,才能够针对其中的核心问题开展研究和分析,从而提供具有实践应用价值的解决方案。

二是要根据目标产业存在的问题或特点选择恰当的专利分析切入点,开展模块化和订单式的专利分析工作。这一步重点在于灵活运用专利分析方法,从专利视角对专利本身所隐含的技术、法律和市场等综合信息进行综合提炼,同时融入前一步从产业角度所掌握的技术、企业、产业和市场的情报信息,结合专利基础分析、深度分析、综合分析和特需分析的层层深入,围绕时间、空间、技术和权属的专利特征,以及专利在创造、运用、保护和管理各环节的作用体现,形成全面、准确和具有深度的专利分析成果。

三是抓住产业需求的主线,利用专利分析成果提供支撑和导航,找出产业最优发展的解决方案。重点围绕与专利密切相关的两条主线——技术和企业——汇总专利分析成果,以技术线梳理专利产生、成长和退出的"生命线",以企业线梳理专利规划、流转和运用的"生存线"。通过以专利为核心的技术线和企业线共同交织成支撑专利密集型产业核心竞争力提升的源动力。把握好技术和企业在产业链的位置,在合适的时间、准确的地点、适当的方式"排兵布阵",吸收国外先进经验,创立全新产业模式,将产业风险转化为发展优势,将现有劣势转化为未来优势,从而形成以专利为核心,但又不局限于专利信息的全新模式来提炼出导航产业发展的最优路径和最佳解决方案。

7.1 产业发展现状和定位

实现专利支撑和导航产业发展，首先要找准产业发展的"着力点"。针对我国产业目前普遍存在的切实问题和发展瓶颈，结合产业内部结构因素和产业外部环境因素，从国内外产业发展动向、核心技术链、龙头企业链和市场竞争环境入手，进行目标产业的发展定位，从而准确地发现专利分析需求以及专利政策重点支持方向。

7.1.1 产业链分析

主要从产业链、价值链以及产业发展动向上了解产业发展历史，以产品生命周期来推测产业演进，从萌芽期、成长期、成熟期和衰退期的发展过程预测产业发展变化。了解产业竞争者框架，能够对竞争对手的现行战略、未来目标以及专利技术拥有能力有初步掌握。了解市场信号变化趋势，能够从市场信号中得到竞争者意图、动机及其潜在行动的可能。

1. 产业发展历史及动向

专利导航产业发展要实现"围绕产业需求，解决产业问题，服务产业发展"的原则，需要对目标产业的发展历史充分了解，并能够对产业未来发展趋势进行合理预判。通过对产业周期的了解，把握产业发展规律，能够在产业成型期前规划专利布局，有效地在产业成熟期时获得市场主动权。

图7-2是DVD在视听媒体领域中所处的产业位置。在1995年DVD格式标准确定后，代表着DVD成为录像带（VHS）颠覆性技术的确立，同时DVD技术取代了过渡性的VCD技术，并将CD技术引入了新的发展领域，迎来了之后近10年的高速发展期。

第 7 章
专利导航产业发展路线图

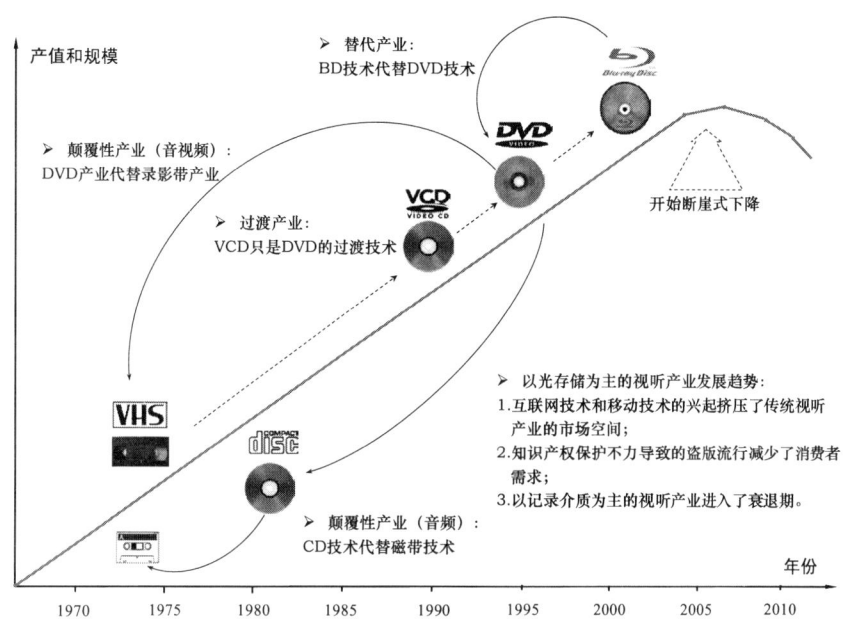

图 7-2　DVD 产业各技术替代趋势及产业和市场发展影响

随着 21 世纪初中国加入 WTO, 2002～2006 年所发生的一系列针对我国 DVD 专利收费的事件使得国内产业界对"专利与产业发展"的关注度迅速提高。当人们焦点都还集中在我国 DVD 产业交纳的高昂的专利费上时，却忽视了视听媒体产业格局也在悄悄发生变化。从产业发展趋势上，DVD 的替代技术——蓝光光盘[①]在 2002 年已出现了格式标准，这意味着在国外企业已开始着手下一代技术专利布局的时候，我国还在为已经步入衰退期的 DVD 产业而苦苦挣扎。在各种政策还只针对减少 DVD 专利的破坏性时，几乎少有人去关注我国相关产业如何在 DVD 下一代技术上获得主动权和话语权，导致我国从技术研发、产业化、专利布局、标准制定等多个方面出现了与产业脱节的现象。

---

① 蓝光光盘 2002 年有两种技术格式出现，分别是索尼阵营主导的蓝光 BD 格式和东芝阵营主导的蓝光 HD DVD 格式，经过 6 年的市场较量，最终索尼 BD 格式获得了格式之争的胜利。

2. 产业链上中下游构成

产业链与全球一体化所导致的区域分工密切相关，对目标产业链的清晰了解，有助于认识区域间产业发展的类型分布，以及劳动密集型、资本密集型和技术密集型的产业构成。从而掌握价值链在产业上中下游的分布，找到其中影响产业价值差别的原因，发现专利在价值链中的重要程度。

根据本书第3章图3-5所示的DVD产业链构成可以看出，产业链主体是处于中游的技术标准和下游的加工制造，其构成了专利价值链的核心，向上延伸是以版权和著作权为主的内容服务，向下延伸则是以商标权为主的品牌。可见，DVD产业完整地涵盖了知识产权的三大主体。我国在内容和品牌这两个"微笑曲线"附加值最高点上均不具备优势，当年上千家DVD企业全部以加工、制造和组装等低附加值的劳动密集型产业为主，处于产业链的下游，对整条产业链的贡献只体现在人力和资源的比较优势上。因此，缺少对核心技术的掌握，势必会受到上游DVD标准制定者以及专利池构建者的制约。

除了硬件产业外，从DVD产业链条上看，与标准制定者和专利池构建者同样享有超额利润的是一直被忽视的软件产业——版权内容提供商。以美国亚马逊网站提供的产品价格为例[①]，一台索尼SR500H型号的DVD播放器24.99美元，而一张《复仇者联盟》的DVD碟片19.99美元，二者价格相近但成本和利润却有天壤之别。相对于碟片复制的"零"成本，硬件播放器则要包含零部件材料、生产和组装成本。

因此从DVD产业价值链分布不难看出，我国DVD产业在既无国际知名品牌，又缺少足够"文化内容"产业对硬件产业支

---

① 2012年9月4日采集价格，均为促销价格。

第 7 章
专利导航产业发展路线图

撑的背景下[①],仅依靠组装和贴牌生产,这种低进入门槛和同质化的重复竞争所导致的价格战,势必会因蚕食国外硬件企业的利润而受到打压。这也与我国光伏产业接连出现的美国、欧洲甚至印度的反倾销调查的原因类似,只是在打压等操作手法上,国外拥有更多选择余地,要么通过专利战,要么通过贸易战。因此只有通过提高产品的附加值,向价值链的高端转型,依靠专利促进技术水平提升,形成产业核心竞争能力,才能获得稳定和可持续的发展。

DVD 现象背后所反映出的深层次内容是现代国家间的竞争不仅考验"硬实力","软实力"同等重要,二者相辅相成。美国除了拥有高科技的基础科研实力外,以知识产权构筑的文化产业大发展也是其能够控制全球下游制造业产业链的重要手段。

3. 产业链专利价值分布

除了从宏观层面了解产业链构成外,还要从微观层面了解产业链的专利价值分布,从专利的角度找到产业可以突破的关键环节,引导科技成果和技术转化向专利价值链的高端聚集。在形成具有国际竞争力的技术实力基础上,同步形成拥有国际竞争力的专利综合实力。

在 DVD 的专利价值链分布中,专利附加值从高到低的技术依次是音视频编解码、记录媒体、信道和信源编解码、系统控制和机械结构与光学结构[②]。研究发现,以索尼、松下、东

---

① DVD 产业中,以版权和著作权为主的内容产业具有对下游硬件产业标准制定的话语权。DVD 格式的诞生就是应美国电影协会对影视传播的要求所开发。在索尼和东芝各自建立标准时,又是美国内容提供商最终使得两家达成了一致,形成了以东芝的 SD 标准为主导的 DVD 格式。在后来蓝光光盘的格式制定中,也是因为美国内容提供商的最终选择,确立了以索尼蓝光 BD 为主的下一代光盘标准。

② 此处仅作示例性说明之用,在具体分解方式上会与产业实际划分有少许出入。

芝为首的标准制定者正是占据了将专利集中布局于附加值的高点，才形成了对整个产业链的强有力控制。这一现象也发生在智能手机行业，苹果、谷歌和微软都是手机行业的后来者，却能够在短时间内凭借操作系统这一核心技术形成了产业格局重新分配的三大阵营，足以证明拥有价值链高端的核心技术以及有效专利保护，是形成产业话语权和控制力的关键。

因此在专利分析过程中，摸清整个产业内专利附加值的高低分布，剖析竞争对手专利布局策略，对指导产业专利布局具有重要意义。

4. 产业生态系统与生态环境

产业生态系统与生态环境融合了产业链和价值链的概念。从知识产权视角切入，能够很好地将专利系统融入到产业系统、经济系统及其同自然系统的相互关系中。我国当前面临的产业转型和突破，已经不仅仅是某一领域或某项技术上的突破，而是需要上升到整个产业所涉及生态系统的总体能力提升。全球经济一体化进程导致的国际分工使得我国经济发展与世界关联性越来越紧密，这意味着如果所有产业都完全自主，全部抛弃现有的国际规则和产业基础，花费大量财力、物力、人力和科研投入重新建立新的产业生态系统，是很难实现的。

因此认清所处产业的生态系统环境，找准目标产业切入全球产业的恰当方式，更好地融入到全球市场经济中，应该是我国产业整体转型升级的可行途径。在此过程中，通过将政府引导与企业发展相结合，逐步构建起能够为我所控的产业生态环境，才是现阶段我国企业需要重点关注的转型方向。

DVD产业生态系统主要是以上游内容提供商、中游标准制定者和下游零部件提供商和加工制造商所构建。相比之下，

第 7 章
专利导航产业发展路线图

智能手机的产业生态系统更具特色,可以说,当前智能手机产业已不再单单是硬件或软件的各自竞争,而是扩展到整个产业生态圈的竞争。因此充分了解智能手机产业的生态系统,可以判断我国关联产业所处生态链的位置,以及围绕这个产业生态系统所构建"专利生态系统"的整体状况,对有效开展专利分析提供准确靶向具有重要的意义。

(1) 智能手机产业生态系统

以图 7-3 所示的智能手机产业生态系统为例,目前通过市场化竞争选择形成了三大主要阵营[①]。以谷歌公司的 Android 操作系统为首并聚集了索尼、三星[②]等世界知名跨国公司为主的企业群构成了最大的开放式阵营,具有最大的市场份额;苹果公司依靠 iOS 操作系统自建封闭式产业生态系统,形成了从

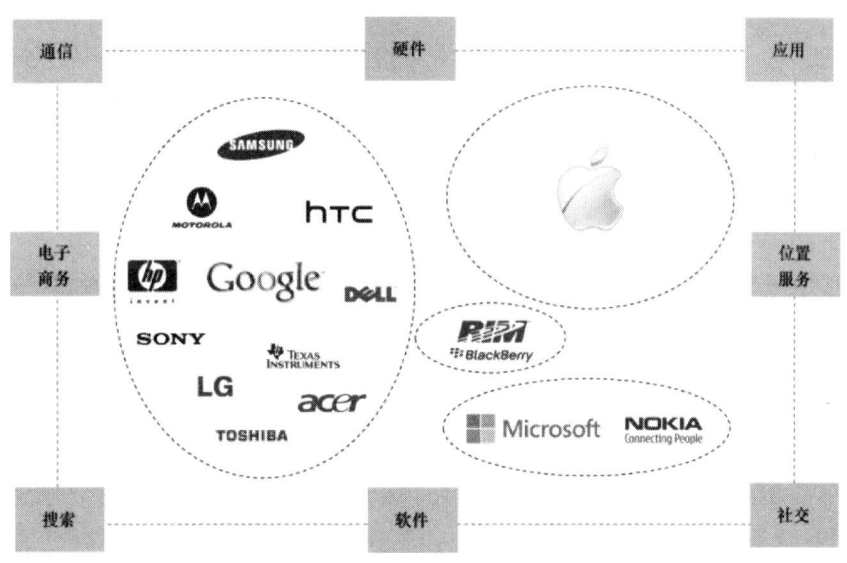

图 7-3 智能手机产业以企业为主构建的生态系统

[①] RIM 公司因市场份额越来越小,由昔日的智能手机领导者逐渐衰落。

[②] 三星公司在 2012 年 IFA 消费电子展上发布了第一款采用 Window Phone 8 操作系统的手机、平板电脑和笔记本,并以"Ativ"设定统一品牌,以与采用谷歌 Android 操作系统的"Galaxy"系列区分,显示出三星公司在 Android 生态系统取得市场龙头位置之后,开始考虑采取双品牌和双生态系统战略,避免因过分依赖某一个生态系统形成类似于苹果专利诉讼的被动局面。三星公司这一动向值得关注。

设计、加工、制造到销售的全产业链控制模式；第三阵营则是由积极转型的微软公司联合诺基亚公司组成。各大阵营除了围绕智能手机的硬件和软件进行直接竞争外，还在开发者、应用、搜索、社交、通信、电子商务等方面构建各自的企业群和供应商。

目前在智能手机全球产业生态系统基本成型的环境下，留给我国企业的生存和突破的空间已极为有限。在智能终端上仅有华为、中兴等具有全球竞争力的中低端产品，虽然在移动通信方面具有一定积累，并正以此将公司的业务范围向智能手机产业渗透，但由于缺少智能手机核心技术和专利积累，依然缺乏足够的产业竞争优势。不难发现，正是由于核心技术的缺失，以及国外产业链高端的控制者依靠技术先发优势设置了知识产权壁垒，使得我国在很多领域自行建立产业生态系统的难度加大。在此形势下，我国企业发展面临的主要问题集中在如何更好地融入到现有产业环境中，找到自身发展的准确定位，逐步通过技术创新和专利战略实现自主可控的发展空间。

（2）两大核心"OS + CPU"组合的生态系统

对智能手机产业生态系统进一步研究，可以找出影响智能手机产业的核心技术主要集中在操作系统（OS）和中央处理器（CPU）两大技术分支，以及围绕于此所形成的人机交互等核心技术。

图 7-4 所示为"OS+CPU"关键核心技术组合的产业生态系统演变历史。以苹果 2007 年进入智能终端为界限，原有微软和英特尔组成的"Wintel"联盟独霸计算机市场的产业格局被逐渐打破。随着产业重心正在由传统 PC 向移动智能终端转移，以苹果公司的 iOS 操作系统和谷歌公司的 Android 操作系统为代表，以及 ARM 公司和 MIPS 公司为代表的嵌入式 CPU 处理器

第 7 章
专利导航产业发展路线图

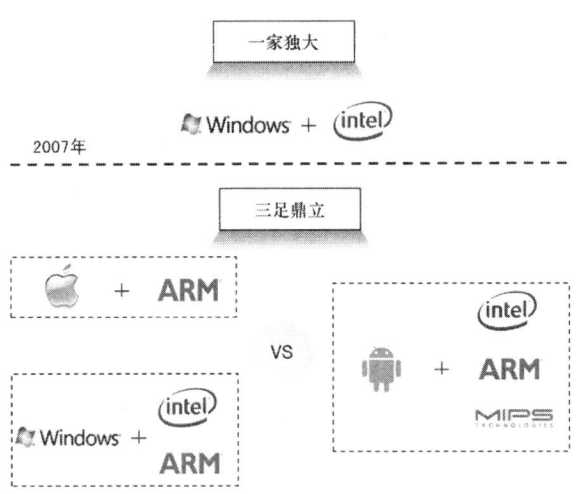

图 7-4 操作系统和处理器两大核心技术构建的生态系统

厂商的加入,逐渐形成了目前"OS+CPU"的"三足鼎立"新产业格局,并由此构建出操作系统与处理器融合的新产业生态系统。从"OS+CPU"组合构建的生态系统中不难发现,知识产权构成了这一产业盈利模式的核心。近年来在智能手机领域频发的专利诉讼充分证明了拥有足够数量和质量的专利储备是参与市场竞争的必要条件。

（3）"CPU"处理器构成的生态系统

对智能手机"OS+CPU"两大关键技术所构建的产业生态系统再次细分,还可以进一步了解到 CPU 处理器自身所形成的产业生态系统。如图 7-5 所示,该生态系统中主要由英特尔、ARM 和 MIPS 三家公司确立了领导者地位[①]。

其中英特尔公司采取了垂直一体化整合的产业模式,垄断了芯片的设计、制造、测试和销售各环节,成为拥有市场话语权的控制者。而 ARM 和 MIPS 公司则依靠发展精简指令集（RISC）,凭借低功耗等适合于智能终端特点的芯片产品,专注于对芯

---

① 截至本书出版时,处理器产业发生重大并购:2012 年 11 月 7 日,ARM 公司为主的财团和另一家 GPU 公司联合收购了 MIPS 公司的资产和专利,使得处理器领域的产业生态系统由三足鼎立变成两强争霸。

片的 IP 控制，依靠 IP 授权的方式与设计和制造厂商结成联盟，形成了以处理器芯片为核心的产业生态圈。我国企业在该生态系统中大多处于缺少自主发展空间的内核授权上，只有少数企业如龙芯和君正拥有 MIPS 公司架构授权。

综上所述，在开展专利分析前，通过对智能手机产业生态系统的了解，可以看出美国企业占据了整个产业生态系统的核心位置，从成熟的操作系统到产业化的处理器几乎都为美国企业所把持。欧、日、韩的跨国企业在整个智能手机生态

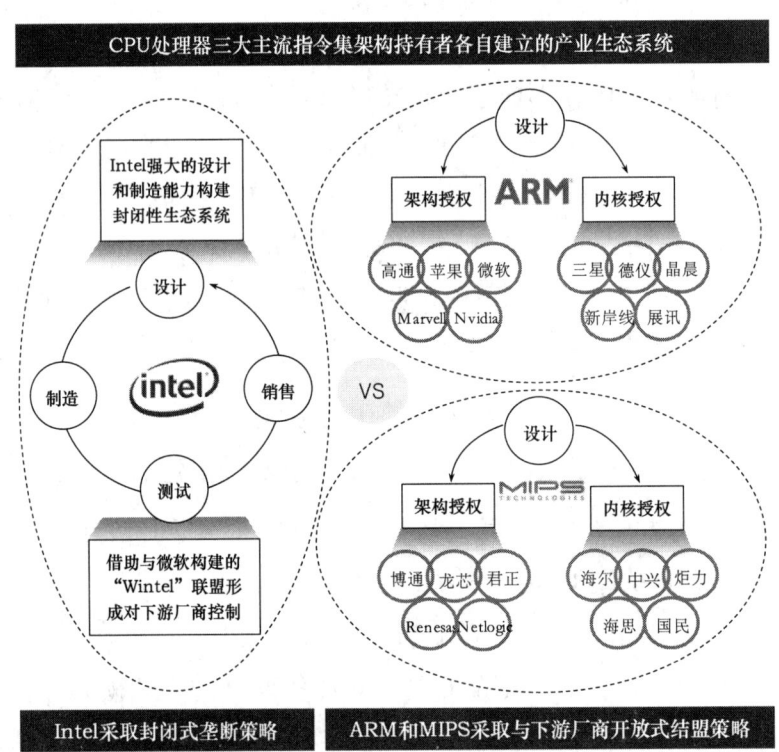

图 7-5　处理器技术自身构建的产业生态系统[①]

---

① 架构授权表示自主开发基础上还可以进行再授权，而内核授权则不能进行再授权。

圈中凭借各自技术优势也占有一席之地。相比之下，我国企业则几乎全部处在产业链的下游，缺少关键技术已成为制约我国智能手机产业整体突破的核心问题。

通过对目标产业生态系统形成的全面了解，掌握其中影响产业发展的关键要素，可以正确认识我国相关产业面临的主要问题，为有效地破解产业转型和发展难题，从而有针对性地开展专利分析提供背景支撑。

5. 产业更替周期与产品生命周期

能够准确地驾驭产品生命周期是赢得未来市场主动权的关键。了解产业更替周期及产品生命周期，对由技术进步所引发的产业更替时机进行准确预判，对调整现有产业结构，实现对未来市场的掌控具有举足轻重的作用。

影响产业周期和产品生命周期的因素较多，从图 7-2 中的 DVD 案例可以看出，替代 CD 技术的 DVD 技术出现用了 15 年，而替代 DVD 技术的蓝光 BD 技术出现只间隔了 7 年，其中的因素可能主要有以下两个方面。

（1）技术因素

DVD 和 CD 技术依靠的是红色激光进行信息记录，且 DVD 格式几乎已经达到了红色激光能够记录的极限，若要实现更高的记录密度，必须依赖于更短波长的激光。日亚化学在 20 世纪 90 年代中期成功开发出蓝色激光，为实现高密度记录奠定了理论和技术基础，但直到 2000 年蓝色激光二极管技术才形成了大规模产业化的能力。也正是这一关键技术从理论性突破到产业化突破，促进了 DVD 产业研发热点开始向蓝光光盘的倾斜。此时，6C、3C 和 1C 等专利联盟的产业巨头将专利布局的焦点更多地集中在下一代光盘技术的开发上，有效地加快了产业更替的速度。

(2) 市场因素

自 1995 年 DVD 格式标准确立，到 2002 年国际专利联盟利用专利费集体打压国产 DVD 产业，其实背后反映出的是更深层次的问题：随着中国企业低成本的加入，迅速拉低了 DVD 产品的售价，从最初的上千元快速地跌到了几百元，无形中导致 DVD 标准制定者资金投入和预期回报的不匹配。为了获取最大利益，DVD 标准制定者采取了两种应对方式：一是对中国的 DVD 企业收取巨额专利费；二是加快下一代产品的研发，通过新的标准体系维护产业利润[①]。可见，正是市场的表现和反馈加快了国际巨头对 DVD 产业升级的步伐。

7.1.2 企业链分析

从企业链上分析，要了解产业内所有企业的基本状况，清楚区分技术引领者、市场主导者、产业跟随者和新型进入者。找准目标产业龙头企业在国内和国际上的定位，确定主要竞争对手和发展目标，研究竞争者的市场策略。

1. 区分企业发展类型

专利分析前对目标产业中的企业进行归类，可以正确定位企业的产业链位置，为进一步找出产业内专利影响力大的企业提供依据。将企业分类，找准影响产业发展的关键因素，可以为专利分析确定重点研究目标提供参考。

---

① 国外标准制定者也吸收了 DVD 产业被中国廉价劳动力缩短产品生命周期的教训，在蓝光 BD 产业化过程中，从作为源头的关键零部件上就对中国厂商施行控制，很长一段时间都未授权给中国企业生产，导致现有市场上的蓝光 BD 播放器产品只有少数几家中国品牌，与当时 DVD 时代上百个中国品牌的产品形成鲜明对比。

第7章
专利导航产业发展路线图

（1）市场主导型

市场主导型企业多属于龙头企业，具有规模化和较强的市场控制力，往往是产业前行的直接推动者以及先进技术的开发者。因此这些企业应该是对目标产业进行专利分析时重点研究的对象。

（2）技术引领型

技术引领型企业的主要特点是具有领先的技术创新能力。市场主导型企业由于具有资金、技术和先发优势，大多数情况下也是技术引领型企业，如DVD产业中的飞利浦公司，自1972年最先开发出激光视盘LD技术后，一直是CD、DVD和蓝光BD技术的标准制定者。此外，国际上一些中小型企业经常会在某一领域具备特殊的创新能力，如智能手机领域中苹果公司收购的Siri公司，虽是2007年才创建的小公司，但凭借在语音输入和控制方面拥有的技术已成为这一领域的技术先行者；又如苹果产品中用到的多点触控技术，也是苹果公司从2005年收购的FingWorks公司所获得的。

除了企业，大学、科研院所甚至个人往往也是先进技术的产出者，专利分析的重要任务之一也是要找出在目标产业内掌握先进技术的主体。

（3）产业跟随型

产业跟随型企业对产业的控制力小于市场主导型企业，专利强度相对较小，专利申请的目的多为参与市场竞争与合作。如DVD 6C专利联盟中，除了在专利池中掌握核心专利的9家理事成员企业外，剩余百余家联盟内企业多属于产业跟随型，无论从产业控制力还是专利影响力方面，相对于理事成员企业的差距很大。产业跟随型企业虽然专利强度相对较弱，但是其专利布局策略和方法以及融入产业的方式,还是值得在专利分析时进行深入研究,总结经验供国内企业参与国际竞争时借鉴。

(4) 新型进入者

新型进入者企业是专利分析中值得重点关注的企业类型。市场热点和对未来发展趋势的判断使得现有企业在业务领域和范围上在不断地转型、探索,同时新兴和初创企业的涌现也加大了专利热点领域的竞争。这些产业开拓的新型进入者也构成了专利分析的主要目标。从企业市场竞争角度而言,在迈克尔·波特教授总结的五大作用力中,潜在竞争者或新型进入者的威胁是其中一个重要因素。以苹果公司为例,在2007年转型进入智能手机领域后,凭借颠覆性创新重新定义了手机,使得智能手机市场迅速扩张,并一举成为智能手机市场的领导者。反观原手机产业霸主诺基亚公司却因未能及时判断产业发展趋势而日渐衰落。因此,通过专利动向发现产业新的进入者,判断其研发方向和经营模式,有助于改进现有产业内企业发展的不足,及时调整发展方向和策略。

2. 了解企业经营模式

挑选出专利分析重点研究的企业后,要进一步对这些企业的经营模式进行分析。例如企业是单一化经营还是集团化经营,是集中式经营还是分散式经营,是区域性经营还是全球性经营,以上要素涉及专利分析数据采集的方向和范围。

以DVD产业为例,除了下游加工、制造和组装企业以及个别零部件企业外,中上游企业的业务范围没有一家是完全以DVD为唯一主营业务的,均是将DVD当做企业的战略性配置,因此在企业专利分析时需要将相关专利从企业总专利中剥离出来。又如智能手机领域,RIM 公司是完全以智能手机作为唯一主营业务的企业,因此其专利的针对性更加明显,在专利检索和重点专利筛查时更为精准。

3. 熟悉企业间战略联盟

企业间战略联盟日益成为多数产业发展的模式,出于成本、风险、技术、战略等多种因素的考量,越来越多的企业采取联盟的形式来增强企业竞争力,从而抵御竞争对手和多变的市场环境。通过对企业间联盟形态的梳理,可以在专利分析时更好地判断企业间专利的互补性和融合性。

(1) 技术联盟

企业间形成技术联盟或合作开发可以减少研发投入风险,加快技术转化过程,增强企业竞争力。通过企业间技术联盟的梳理,可以从专利角度找出企业共同申请或技术互补的具体细节,发现重要企业在关键技术上的研发动向。

(2) 策略联盟

企业间的策略联盟往往出于一种对历史的继承或是战略的考量。例如 DVD 产业中,索尼和飞利浦自从开发 CD 技术时就结成了牢固的战略同盟,在随后的 DVD 标准乃至蓝光 BD 标准中,二者均步调一致。又如智能手机产业中,苹果公司与微软公司摒弃前嫌,在面对共同的竞争对手谷歌公司及其 Android 阵营时,策略性地进行了联合,在专利收购方面,以财团联合的形式先后对 Novell 公司和北电公司进行了专利购买。

(3) 专利联盟

历史经验表明,专利联盟是企业间联合从而形成对产业控制的有效方式,通过专利联盟构建专利池,在确保企业自身发展具有充分自由度的同时，还可以对产业链中下游企业形成技术控制。通过对专利联盟组建者和发起者的深入研究，重点关注其专利动向，是找到影响产业发展关键专利的途径之一。

如图7-6是蓝光BD格式的组织技术架构图。可以清晰地看出，专利联盟组成中主导厂商主要集中于三星、先锋、索尼和LG等公司，这些理事成员不仅自身是重要技术的贡献者，而且在专利储备方面也会是专利池中必要专利的主要来源。以此为线索，可以在开展专利分析时为确定主要分析目标提供重要方向。

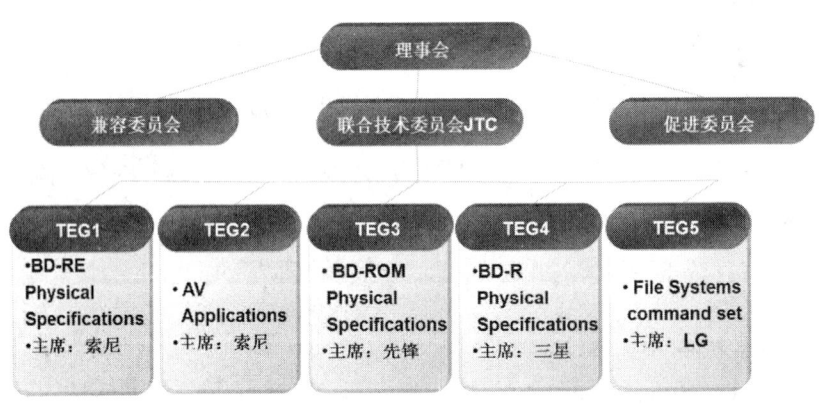

图7-6　蓝光BD标准组织结构及分工

7.1.3 技术链分析

从技术链上，了解产业内主流技术的演变情况，初步掌握热点技术、关键技术、技术壁垒、空白技术和前瞻或先导技术的发展脉络，以及技术持有者的类型、产业影响力和市场控制力。此外，还要对技术交易、技术转移、技术许可技术流向等因素有初步了解。

1. 基础技术起源

技术链分析首先要对目标产业化技术的基础起源有全面掌

第 7 章
专利导航产业发展路线图

握,包括技术产生背景、技术持有者等情况,为寻找基础专利,沿着技术发展的脉络绘制技术路线演进图提供准确的专利依据。

如图 7-7 是以 DVD 所属的光存储记录产业为例的基础技术起源和发展历史汇总。从基础技术的起源中可以看到,DVD 标准于 1995 年形成统一,意味着这一时间段前后是 DVD 基础专利出现的主要时期,这就为专利分析提供了重要的时间参考。同时对比列出与光存储并行发展的磁存储和半导体存储技术,及其重要技术的时间节点,能够看到各项技术间的成长和衰退的趋势,以及相互之间出现替代的影响因素。

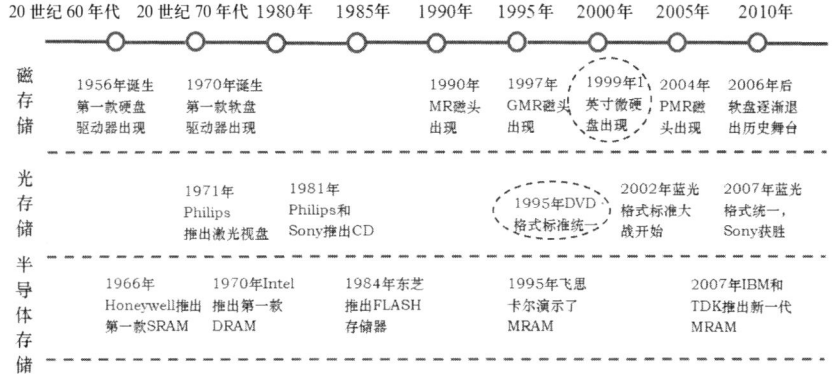

图 7-7 光、磁、半导体存储技术各自发展路线图

2. 技术演进路线

技术在发展过程中可能会出现多种路线方案,深刻了解每种技术方案的内涵和产生原因,对准确绘制技术演进路线以及区分专利归属路线至关重要。如 DVD 刻录技术中,先后出现了 DVD+R/RW、DVD-R/RW 和 DVD-RAM 多种记录方案,每种标准提出的背后代表的是各自集团的利益,不同的方案在技术创新和改进方面必然存在差别,因此准确识别出专利的属性,绘制出准确的技术演进路线图,是专利分析过程中需要面对

的重要课题。

3. 替代技术与产业化预测

主要目的是从技术演进路线中进一步发掘替代技术及影响产业化的因素。在综合比较技术成熟度、成本和市场接受度的情况下，对可能出现的替代技术开展专利分析，此外，通过专利布局的成熟度也可以初步判断是否具有产业化的可能。

如图7-8所示三种存储方式的发展，磁存储出现时间最早，随着后来光存储技术出现，视听娱乐产业由原先依靠磁存储的录影带（VHS）技术过渡到了依靠光存储的CD和DVD技术。在电子设备小型化的带动下，半导体存储技术获得了快速发展，在一些领域也取代了原先硬盘等磁存储技术的产业化应用。通过这样的替代技术研究，能够有效预测产业未来的发展趋势，预判技术的走向和专利的流动方向。

7.1.4 市场竞争分析

市场环境方面，通过充分的市场调研，了解市场竞争要素以及市场对产业发展的反馈影响。总结现有企业间的竞争、替代技术或替代品的威胁、新进入者的威胁，成本、人才、技术、资源等要素在市场竞争中的平衡点和交差点，找到促使市场出现拐点的主要因素，对目标产业在市场中的战略定位进行初步规划。

1. 了解市场基本要素

主要对目标产业的市场基本要素展开分析，对产量、份额、增长率等指标进行收集整理。数据素材可以来源于专业市场分析机构或咨询公司的评估报告。

第 7 章
专利导航产业发展路线图

（1）龙头企业市场表现

主要对产业内龙头企业市场表现进行归纳。如表 7-1 是智能手机领域主要厂商 2011 年相对于 2010 年市场变动情况。

如上表 7-1 所示的前五大智能手机厂商占据了整个市场七成以上的份额，表明该产业由少数大企业所主导，竞争较为激烈，同时专利分析的重点企业可以基本圈定。根据各厂商年均增长率可以看出，三星增长最快，HTC 次之，苹果第三，而 RIM 公司基本持平。出货量方面，诺基亚公司 2011 年虽然还位列前三，但整体市场份额已由 2010 年的 32.9% 的高位滑落到 15.7%。通过企业间的现状可以初步确定容易引起专利纠纷的往往集中在市场增长率过高的企业上。

表 7-1　智能手机 2010 ~ 2011 年五大厂商市场份额变化（单位：百万部）

厂商	2011年出货量	2011年市场份额	2010年出货量	2010年市场份额	年均增长率
三星	94.0	19.1%	22.9	7.5%	310.5%
苹果	93.2	19.0%	47.5	15.6%	96.2%
诺基亚	77.3	15.7%	100.1	32.9%	-22.8%
RIM	51.1	10.4%	48.8	16.0%	4.7%
HTC	43.5	8.9%	21.7	7.1%	100.5%
其他	132.3	26.9%	63.7	20.9%	107.7%
总计	491.4	100.0%	304.7	100.0%	61.3%

数据来源：IDC

表 7-2 为 2012 年第二季度与 2011 年第二季度的情况比较。从中可以看出，前五位的情况与表 7-1 所示的情况又出现了新变化，我国中兴公司挤进了前五，增长率高达 300%，成为 2012 年第三季度同比增长最快的公司。三星的增长率依然高达 172.8%，苹果增速放缓，诺基亚和 HTC 则是负增长。

通过了解这些企业的市场表现，结合其近年来的专利诉讼情况，可以初步判断出，专利对这一领域市场增长率与市场

表7-2 智能手机2012年与2011年Q2同比市场份额变化（单位：百万部）

厂商	2012年Q2出货量	所占市场份额	2011年Q2出货量	所占市场份额	年均增长率
三星	50.2	32.6%	18.4	17.0%	172.8%
苹果	26.0	16.9%	20.4	18.8%	27.5%
诺基亚	10.2	6.6%	16.7	15.4%	-38.9%
HTC	8.8	5.7%	11.6	10.7%	-24.1%
中兴	8.0	5.2%	2.0	1.8%	300.0%
其他	50.7	32.9%	39.2	36.2%	29.3%
总计	153.9	100.0%	108.3	100.0%	42.1%

数据来源：IDC

份额的影响巨大，拥有较好专利基础的企业可以形成持续性发展，而专利基础薄弱的企业很容易因专利问题而陷入困境，如HTC公司，在与苹果公司发生专利诉讼后，市场份额也出现了大幅的下降。

（2）主流技术市场表现

除了掌握企业在市场中的份额和增长情况下，观察产业内主流技术产品的市场占有率和增长情况，对判断未来市场走向和进行技术研发投入具有指导作用。

表7-3 智能手机操作系统市场份额对比（单位：百万部）

操作系统	2012年Q2出货量	所占市场份额	2011年Q2出货量	所占市场份额	年均增长率
Android	104.8	68.1%	50.8	46.9%	106.5%
iOS	26.0	16.9%	20.4	18.8%	27.5%
BlackBerry OS	7.4	4.8%	12.5	11.5%	-40.9%
Symbian	6.8	4.4%	18.3	16.9%	-62.9%
Windows	5.4	3.5%	2.5	2.3%	115.3%
Linux	3.5	2.3%	3.3	3.0%	6.3%
其他	0.1	0.1%	0.6	0.5%	-80.0%
总计	154.0	100.0%	108.3	100.0%	42.2%

数据来源：IDC

第7章
专利导航产业发展路线图

表 7-3 是智能手机操作系统的市场数据。可以看出，在市场占有率方面，谷歌 Android 操作系统排在首位，且市场份额又从 2011 年同期的五成增长到 2012 年的近七成，排在第二的苹果 iOS 系统市场份额也有小幅上升。在总体增长方面，值得注意的是微软 Windows 系统，增长达到 115.3%，增长排名第一，显示出微软在智能手机领域正在发力，应当在专利分析时予以重点关注。而诺基亚的 Symbian 系统和 RIM 公司的 BlackBerry OS 系统则因终端销量不佳，出现了大幅度的下滑。

2. 关注市场主导者动向

除了随时关注目标产业的市场表现外，对产业内市场主导者的产业动向也应及时观察，以此判断产业未来发展方向，以及为专利布局方向和规律寻找证据。

（1）业务转型

市场主导型企业往往对未来市场具有敏锐的判断力，并能够适时调整发展战略，进行产业转型。其经验对我国处于转型期的产业和企业具有很高的参考价值。关注这些企业的转型动向，可以为我国产业结构调整紧跟国际步伐，提前进行产业布局和专利布局提供重要参考。

IBM 公司从制造业向服务业的转型就是成功的案例。IBM 公司既是 DVD 6C 联盟理事成员，也是存储产业和计算机产业元老级企业。但是 IBM 公司却在 20 世纪初先后将硬盘、PC 整机的业务出售给了日立和联想，甚至将 DVD 6C 拥有的核心专利转让给三菱公司，从制造业全身而退，大力发展软件和服务业，相继收购了普华永道和莲花软件等公司。在一系列转型动作之后，IBM 公司剥离了低附加值的制造业，全心投入产业附加值更高的服务业，成功实现了转型，公司市值在 2011 年

9月超越了微软公司,以2 140亿美元紧随苹果公司。

通过跨国公司业务转型及其专利布局和专利交易等活动,可以大致预测市场未来的发展方向。为产业后来者及时进行产业结构调整提供新的思路,指导后发企业提前进行产业布局和技术研发布局,缩短与世界先进国家和跨国公司的实力差距。

(2) 战略布局

企业的战略布局含义广泛,既包括企业的收购、并购,也包括企业基于未来考虑的专利布局。通过企业的战略性行为,可以预测出产业的发展方向或是发现能够带来产业高附加值的领域。

以2007年赢得蓝光BD标准格式之争的索尼公司为例,正是由于前期的战略性布局为其最终获胜奠定了基础。索尼公司很早就预见性地看到了视听产业链的价值高地,在现有硬件业务基础上积极进行扩张,分别于1989年和2005年以50亿美元和48亿美元先后收购了美国八大片商中的哥伦比亚公司和米高梅公司,使得其自身电影资产达到创纪录的7 600部,超越了华纳公司跃居第一。加之其已经拥有的百代音乐公司,索尼公司已经从一个纯硬件设备制造商变为横跨硬件和文化内容产业的庞大集团。正是以"内容产业带动硬件产业"的战略布局,使得索尼公司在蓝光格式之争中,在新技术产业化成本高出竞争对手东芝公司所主导的蓝光HD DVD很多的情况下[①],凭借其所拥有内容上的优势,获得了最终技术格式上的胜利。

(3) 专利并购

通过对企业并购的研究,往往会发现某一产业的热点,从而指导企业在相关领域加强预警。如表7-4所示是信息技术领域近年来一些重大专利收购和企业并购案例汇总。

第7章
专利导航产业发展路线图

表7-4 信息技术产业近年来重要的专利收购

时间	收购事项	金额	涉及专利	平均价格
2010.11	由微软组成的财团收购Novell专利	4.5亿美元	882件	51万美元/件
2011.07	谷歌收购IBM专利	未公开	1 000余件	N/A
2011.07	HTC收购S3 Graphics公司专利	3亿美元	270件	111万美元/件
2011.07	由苹果组成的财团收购北电专利	45亿美元	6 000件	75万美元/件
2011.08	谷歌收购摩托罗拉	125亿美元	24 500余件	51万美元/件
2011.08	谷歌收购IBM专利	未公开	1 023件	N/A
2011.09	诺基亚/微软向Mosaid转让专利	未公开	2 000件	N/A
2012.01	谷歌收购IBM专利	未公开	217件	N/A
2012.04	微软收购AOL专利	10.56亿美元	925件	114万美元/件
2012.04	微软出售专利给Facebook	5.5亿美元	650件	84万美元/件
2012.06	英特尔收购InterDigital专利	3.75亿美元	1 700件	22万美元/件

统计发现，所涉及专利收购的企业和相关专利最终要实现的都是能够在未来产业发展热点——智能终端上占有一席之地。可以看出，互联网厂商、硬件厂商和服务提供商等业界巨头纷纷通过专利收购的方式储备专利，意在形成未来发展的话语权。这给我国智能手机产业的企业提出了警示，缺少专利武器将在未来产业发展时处于非常不利的地位。这些专利并购信息为专利分析有针对性地开展研究指明了方向。

3. 判断市场转换信号

专利价值的收益最终体现在市场的获得和占有率的提升上。市场的需求往往是技术创新和专利热点的源动力，准确判断市场变化及其影响因素，能够有效指导研发方向和加快

---

① 东芝主导的蓝光HD DVD格式可以充分利用现有DVD生产线，只需少量改造成本即可投入批量生产，而索尼主导的蓝光BD格式作为DVD的替代技术，则需要完全抛弃原有DVD生产线，重新建立新的生产线以满足新技术的要求，替代成本远远大于东芝主导的格式。

产业化进程，减少市场误判带来的技术和资金投入损失，有助于提前开展专利布局。

了解产业发展趋势，关注市场传递信号，形成早期判断，对技术研发投入和专利布局具有指导作用。在DVD产业发展中后期，随着2000年日本率先开通高清电视（HDTV）服务，市场对高画质和高清晰度的要求促使原有产业转型和新产业出现成为趋势，这一市场趋势直接促进的包括新型显示技术、新型存储技术、新一代网络传输技术在内的多个产业的大发展[①]。例如，DVD技术（720P）无法满足HDTV 1080P的画质要求，使得下一代高清存储光盘的开发成为必然，市场的需求最终促使2002年就出现了新的蓝光光盘的技术标准。可见，观察市场传递的信号对及早掌握技术发展趋势具有重要意义，进而可以有针对性地开展专利分析。

在对市场趋势判断的案例中，以南方汇通微硬盘为例可以进一步说明预判市场转换信号在企业发展决策中的重要作用。图7-8显示了微硬盘出现和市场发展历史，以及南方汇通微硬盘项目所经历的时间线，同时还包括与微硬盘直接有竞争关系的闪存产品的市场情况。从微硬盘出现、发展、高峰和衰落的过程，可以概括总结出借力对关键节点上所传递出的市场转换信号的判断，提高决策能力的经验。

微硬盘的出现和快速发展缘于其解决了存储小型化、大容量和低成本的问题，符合了当时便携式设备兴起的发展趋势。2001年苹果采用微硬盘的iPod播放器推出，可以认为是微硬盘产业启动的标志性信号。但当微硬盘单位存储成本相对于

---

① HDTV开播除了加速高清存储技术的发展外，还加快了高清显示技术产品的发展和普及，在2000年后液晶电视和等离子电视快速取代了传统CRT电视就是很好的例证。

第 7 章
专利导航产业发展路线图

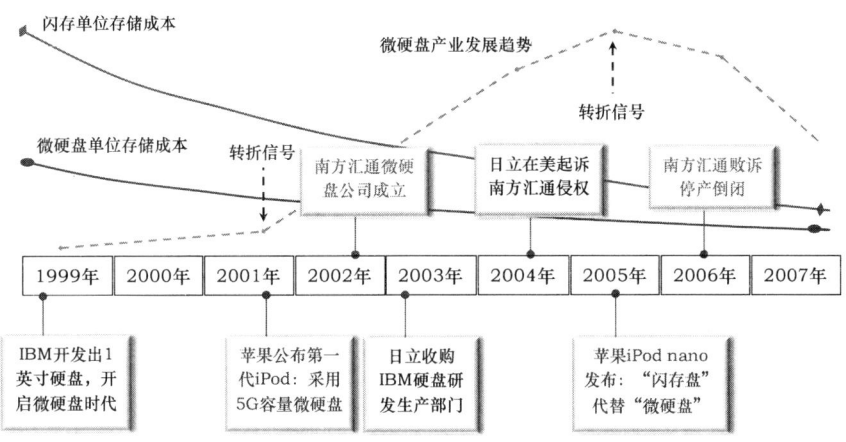

图 7-8 微硬盘产业传递的市场信号及南方汇通项目比较

闪存单位存储成本的比较优势逐渐缩小，闪存在便携式电子设备上的优势便逐渐凸显①。苹果 2005 年推出 iPod nano 用闪存代替微硬盘作为存储介质，使得微硬盘市场再次出现了市场转换信号，预示产业重心已开始向闪存倾斜，微硬盘产业开始由成熟期向衰退期转变。

南方汇通微硬盘项目的兴衰正好处于微硬盘产业发展的上升期，从产业切入时间角度上看，的确是把握住了市场先机。但是整个项目却忽视了对产业发展趋势的预测和市场转换的判断，也就意味着南方汇通即使当年没有遭遇海外专利诉讼，企业发展的可持续性也堪忧，替代品的出现所导致的市场快速萎缩，将使得企业发展不得不面临资金投入回报和转型上的诸多问题。而借助专利分析则能够融合技术、产业和市场特征，对产业未来可能出现的发展情景进行预判，为重大决策提供

---

① 闪存和微硬盘采用的存储方式不同。微硬盘属于机械式磁存储，具有大容量、低成本的优点，但也具有易损坏，耗电高和不稳定的特点，而闪存则是半导体存储，具有速度快、耗电低、稳定性好的特点，唯一与微硬盘相比不具备优势之处就是单位存储成本。可以说，成本是决定微硬盘和闪存规模化的重要指标，当微硬盘的价格优势不在时，闪存替代微硬盘便是大势所趋。

参考依据。

7.1.5 确定专利分析重点

通过产业链、企业链、技术链和市场竞争的研究,对目标产业从技术和经济层面有充分了解,可以确认产业中专利附加值的分布,以及在价值链中各类企业所处的位置,每个企业拥有的技术状况等,为开展专利分析提供了翔实的背景依据。通过国内外产业现状和专利焦点的比较,可以为我国产业发展圈定重点关注的专利问题,进行深入分析。通过定量分析与定性分析相结合的方法,形成与产业密切结合的专利分析成果。

1. DVD 产业专利分析重点

以我国产业受国外 DVD 专利收费最严重的 2002～2006 年为基点,通过情景再现的方式,确定如果在当时情况下开展专利分析和预警工作,应当重点关注的问题主要有以下几个方面。

(1) DVD 产业专利基本情况调查

①技术发展趋势分析。

②主要技术持有者分布。

③重点技术聚集状况分析。

(2) 国外 DVD 联盟专利收费评估

①国外 DVD 专利收费组织调查。

②DVD 专利池有效性尽职调查。

③DVD 专利池专利技术密集区。

④DVD 核心技术持有人专利评估。

(3) 我国 DVD 产业预警应急方案

①摸底国内 DVD 企业专利实力。

②摸底国内研发机构专利实力。
③评估国内国外专利技术差距。
④出具国内产业专利谈判策略。

（4）我国 DVD 产业转型升级路线
①判断技术和产业生命周期。
②国内产业国际化融合方案。
③转型升级技术可行性评估。
④绘制替代技术产业化时间表。

2. 智能手机产业专利分析重点

随着智能手机产业的快速发展，以及全球范围内逐渐增多的专利诉讼战，促使相关企业不得不重视专利申请和专利收购等专利储备手段。在跨国公司利用专利积极拓展产业发展空间的同时，我国企业面临的形势越来越严峻。我国智能手机产业发展不仅面临由低端制造向高端服务转型的矛盾，而且将面临关键核心技术突破和产业生态环境建设的重任。为此，在开展专利分析时，应重点关注的问题主要有以下几个方面。

（1）智能手机产业专利基本状况调查
①关键核心技术分解。
②核心技术专利持有者。
③专利技术发展趋势。

（2）全球智能手机产业专利发展动向
①产业专利发展总体动向。
②重要权利人专利发展动向。
③市场热点与技术热点动向。
④未来专利领域制高点分析。

（3）国内智能手机产业专利状况评估

①产业链分工专利价值判断。

②国内优势技术点专利评估。

③国际合作技术点专利筛查。

（4）我国智能手机产业专利发展战略

①国内产业嵌入全球产业链战略。

②专利提升产业生态系统竞争力。

③国内产业优选技术发展路线图。

7.2 围绕目标产业开展专利分析

围绕目标产业的发展阶段、特点和专利分析需求，找准专利分析的切入点，订单式选择基础分析模块、深度分析模块、综合分析模块和特定需求分析模块的内容，构建专利分析框架，形成围绕产业实际需求且涵盖技术路线、企业发展、产业规划和市场竞争的专利分析报告，为支撑产业技术创新发展提供翔实的专利信息情报。

7.2.1 以基础分析摸底产业专利态势

主要运用专利定量分析方法，对目标产业的专利状况进行初步摸底。从相关技术的专利申请／授权趋势、申请人专利态势、申请地区／技术来源区专利态势以及各技术分支的专利态势来发现该产业专利布局的基本情况。

1. 专利趋势分析

专利趋势分析旨在通过对统计数据的定量分析，从宏观上判断产业整体的专利趋势和动向，研判技术研发活跃期。特定情况下可以依据专利的趋势分析判断目标产业所处的生命

第 7 章
专利导航产业发展路线图

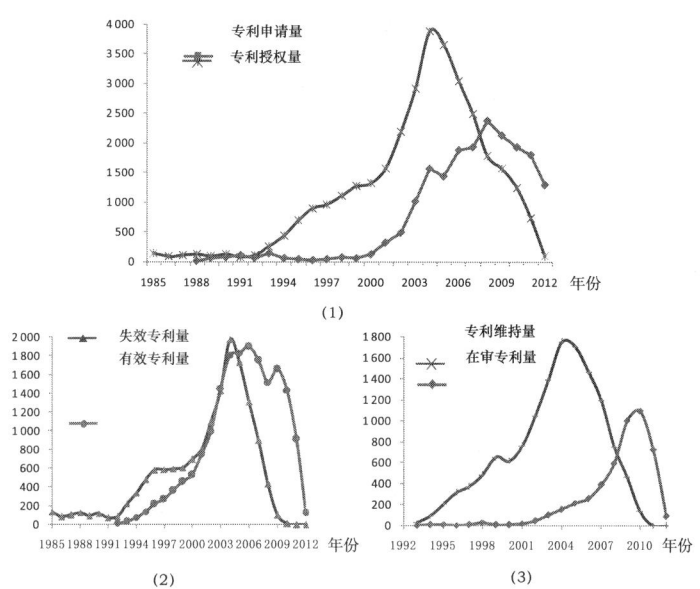

图 7-9　光存储领域在华专利趋势统计汇总

周期阶段，为调整产业政策和优化布局提供参考。

图 7-9 是光存储领域专利在华申请趋势统计分析，包括（1）、（2）、（3）三幅统计图：（1）历年专利申请量和授权量趋势；（2）历年专利申请中的有效专利量和失效专利量趋势；（3）历年专利申请维持有效量趋势和在审专利量趋势[①]。从以上各图传达的信息中，可以初步得到如下结论：光存储产业的生命周期已步入衰退期。从图（1）专利申请量趋势看，在 2004 年达到申请高点后，一直单边下降，专利授权量也在 2008 年达到顶峰时开始下降。显示出光存储产业的技术热度在快速降低，技术转化为专利的投入正在逐年降低。特别是从图（2）可以看出 2004 年申请的专利有近 2 000 件已处于失效状态，且根据图（3）显示出的自 2004 年开始有效专利维持量的逐年快速降低，预示着专利持有人权利维护的积极性在逐渐降低，这种原因多是由于产业已经处于衰落期，产品的

---

① （2）和（3）以 2012 年为准，表示的是当年申请（优先权）的专利截止到 2012 年的法律状态。

市场萎缩导致专利布局出现滞涨甚至下滑而产生的。

2. 专利区域分析

专利区域分析试图通过地区或国家间的专利拥有量、有效量和布局情况的对比，对技术的主要来源地区、专利的布局区域和国家间在某一领域的技术创新能力进行初步摸底。

如进一步对光存储技术在华专利数据进行统计，结果如表7-5所示，可以总结得出如下结论。

（1）光存储领域受国外专利控制

从发明数量上的对比看，国外来华申请占据了八成，其中日本在华专利布局就高达16 101件，占国外在华申请的62%，远远高出我国在该领域的专利总和，仅松下和索尼两家日本企业的专利就达6 000余件，显示出该领域专利布局不仅体现出典型的区域特性，而且具有大企业控制的特点。此外，韩国、荷兰也是主要的专利布局国家。

表7-5 光存储技术在华专利统计（单位：件）

	国外来华	国内
发明专利数量	26 121 [80%]	6 806 [20%]
主要地区	日本 [16 101, 62%] 韩国 [3 765, 14%] 荷兰 [2 705, 10%] 美国 [2 211, 8%]	台湾 [2 538, 37%] 上海 [1 231, 10%] 深圳 [799, 11%] 北京 [606, 9%]
主要申请人	索尼 [3 378] 松下 [3 069] 三星 [2 515]	联发科 [474] 建兴 [366] 鸿富锦 [316]
专利集中度	日本 [35件/企业] 韩国 [47件/企业] 荷兰 [84件/企业] 美国 [10件/企业]	台湾 [10件/企业] 上海 [2.3件/企业] 深圳 [7件/企业] 北京 [2.6件/企业]

第7章 专利导航产业发展路线图

（2）我国整体专利竞争力差距悬殊

无论从区域专利总量，还是主要专利申请人的专利数量对比，我国在光存储领域都不占据优势，这也是当年DVD专利联盟在我国收费时，我国难以拿出有效的专利武器与之进行对等谈判的主要原因。从国外和国内的专利集中度看，日本、韩国和荷兰等国企业的专利集中度远高于国内，具有典型的产业化特征。

3. 重点申请人分析

重点申请人分析旨在通过专利统计的方式发现某一领域的技术创新主体，并对专利活跃度和密集度高的申请人开展深入的研究。

以智能手机中采用的下一代通信技术为例（如图7-10所示），是即将采用的LTE技术全球专利持有量的统计[①]，可以得出以下结论。

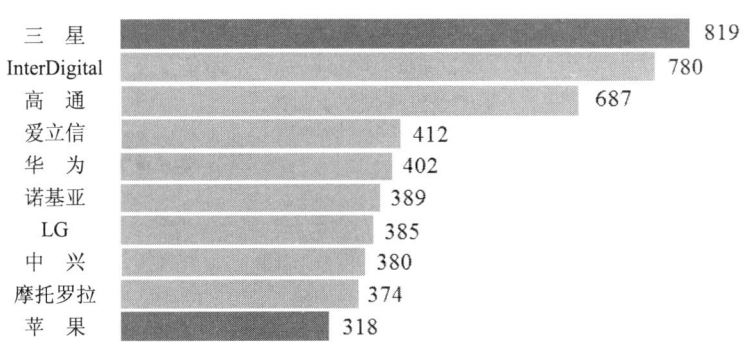

图7-10 LTE标准中各企业专利持有量统计（单位：件）

数据来源：KIPO统计，基于在ESTI标准所公布的第四代移动通信技术LTE的各企业持有量统计

[①] 根据韩国知识产权局（KIPO）2012年9月的统计结果。因其发布背景是苹果在美诉讼战胜三星，因此从三星反击的角度需要另外有力的专利武器，故韩国知识产权局就苹果弱于三星的4G LTE方面的专利进行统计发布。其准确性有待进一步分析验证。

（1）通信专利是智能手机厂商争夺焦点之一

三星以819件公布专利排在首位，其次是美国的InterDigital公司（780件），高通、爱立信、诺基亚、LG和摩托罗拉等国外公司排在前列，我国华为公司以402件排名第五，中兴公司以380件排名第八。苹果公司凭借318件专利组合的实力位列第十。可见，除了InterDigital、高通和爱立信外，其余七位申请人均是智能手机制造商，反映出通信标准专利对智能手机产业生态平衡的重要性。也同时预示着，在目前智能手机领域引起专利纠纷较多的触控技术、外观设计等热点之外，谁能拥有更多的下一代通信标准专利，将成为占据产业优势地位的重要因素。

（2）核心技术专利是各厂商重点关注的重要武器

智能手机各厂商间频发的专利诉讼使得对核心专利的争夺正成为各家关注的重点。图7-11所示为苹果公司在LTE方面开展的专利聚集活动。苹果公司最初作为计算机设备厂商，在推出iphone前并未过多涉足通信技术专利布局，但随着市

图 7-11　苹果 LTE 技术专利主要来源[①]

①　根据互联网公开的信息资源整理，准确性有待进一步分析验证。

第 7 章
专利导航产业发展路线图

场竞争越来越激烈,在已自主开发少量(44项)LTE标准专利的同时,苹果公司还积极开展专利并购,先后从北电(Nortel)和飞思卡尔(Freescale)获得了约274项LTE标准专利。如果加上其主导的Rockstar财团持有的116项LTE标准专利,总量达到434项,超过爱立信的412项,仅次于高通位列第四,从而大大增强了苹果与三星等竞争对手在下一代通信技术领域的专利对抗实力。

(3) 专利储备已成为各厂商抢占市场的必要手段

智能手机厂商为了在竞争激烈和快速变化的产业和市场环境中获得优势地位,提升自身竞争实力和打压竞争对手的最好武器就是专利储备。苹果、谷歌、微软、三星为首的主要厂商在专利方面的存量各不相同,除了三星在全球拥有近34万项[①]的专利申请外,微软(30 453项)、苹果(6 613项)、谷歌(2 747项[②])的技术重点和专利实力各不相同。另外从美国专利商标局USPTO公布的上述厂商近五年在美专利授权总量来看,三星(18 378件)、微软(10 871件)、苹果(1 780件)、谷歌(888件),显示出各家有效专利储备也存在巨大差异。因此专利储备量相对较少的谷歌会接连采取专利收购甚至是企业并购的方式来获得其进入全新产业中的优势地位。

4. 重要技术点分析

重要技术点分析旨在通过某一领域核心技术的分布,找到专利聚集较多的技术热点以及未被集中布局的技术空白点,分析技术聚集的背后原因,从技术链的角度分析专利附加值的高低。

---

① 多个国家或地区申请的同一族专利统称为"项",同族中一个专利称为"件"。如某专利分别在中、美、日提交了专利申请,则该申请人共有三件专利,三件专利属于同一项专利。

② 仅以谷歌为检索统计,未计入其购买的企业或专利,如摩托罗拉及其专利。

以智能手机领域中的两个主要代表苹果和三星公司为例，分析其重要技术点的布局情况①，可以代表性地反映出相关领域重点技术的分布情况。

(1) 苹果公司重点技术专利布局"优势突出"

通过对苹果公司所有专利的统计分析表明（如图7-12），苹果公司的专利布局策略体现出将公司的主要技术进行集中布局的战略思路。体现在专利技术分支上，排在第一位的美国分类号（UC）345/173所涉及的"触控技术"，无论是从专利组合的专利强度（纵轴）还是单件专利的影响力（横轴）上，均位于前列，构成了苹果公司的核心竞争力之一。除此之外，苹果公司在其他技术分支如图形操作、通信、计算机处理等方面的优势不如其触控技术所形成的综合专利实力突出。

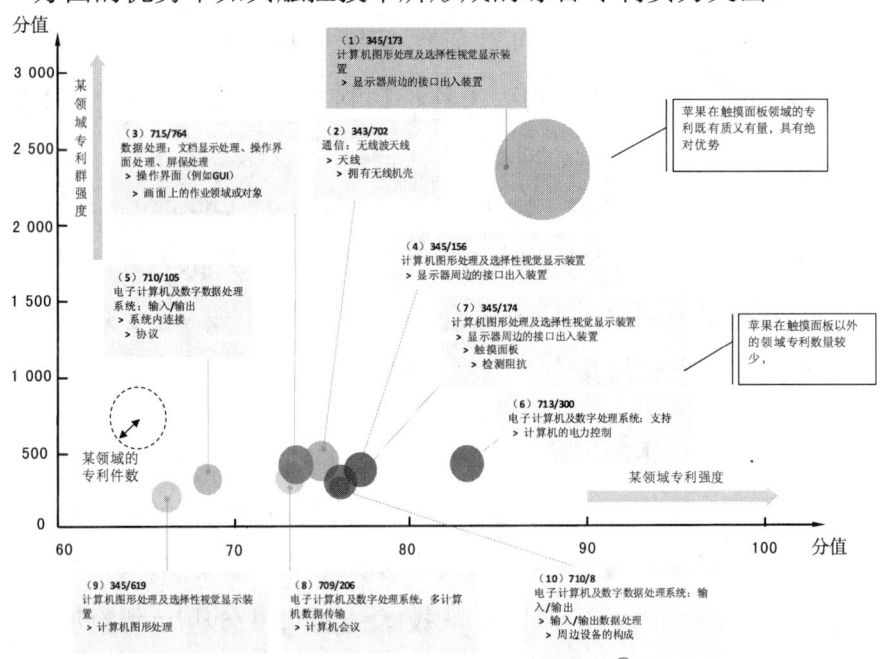

图7-12　苹果公司专利技术聚类分析②

---

① 根据Patent Result公司的分析整理。

② 竹居智久.苹果与三星专利诉讼大战的幕后[EB/OL].日经在线.2012年1月29日.http://china.nikkeibp.com.cn/news/mobi/59581-20120126.html.图片经过加工。

第 7 章
专利导航产业发展路线图

进一步对苹果公司触控技术上的专利持有情况进行统计分析，如图 7-13 所示。苹果公司自 2005 年开始研发智能手机，并在 2007 年推出 iPhone，其触控技术专利布局也呈现明显的时间特性。此外，苹果公司还将外观设计专利的作用充分发挥出来，不仅在 2007 年布局了大量的外观设计类专利，而且充分利用外观设计专利开展专利维权，值得引起国内企业的重点关注。

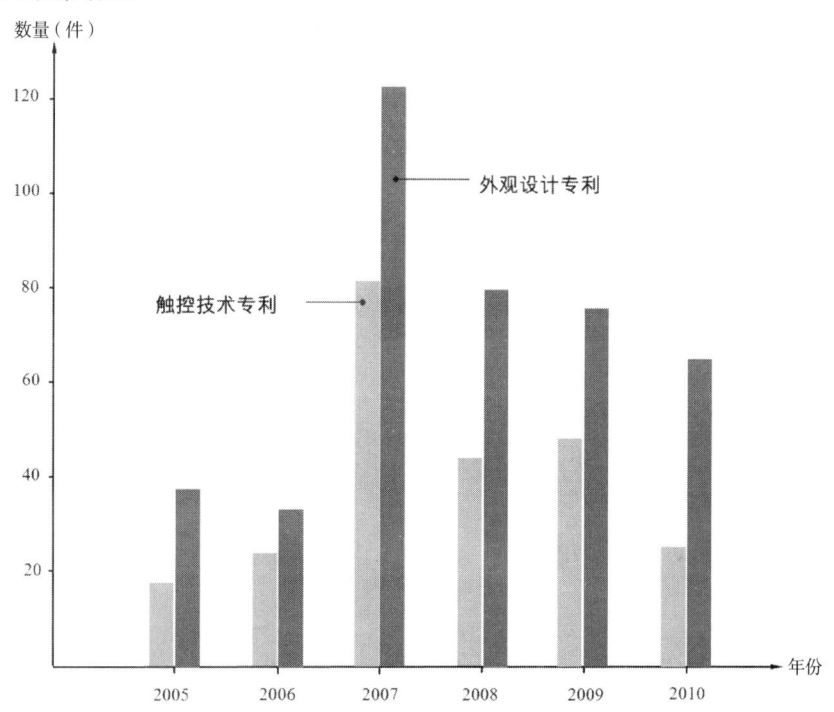

图 7-13 苹果公司重点专利技术申请策略和趋势[1]

（2）三星公司重点技术专利布局"覆盖全面"

通过对三星公司所有专利的统计分析（如图 7-14），可以看出，三星在多个技术领域中都具有较多专利布局，尤其是在有机荧光材料（UC 313/504）[2]和显示器领域（UC 345/204）

---

[1] 竹居智久，苹果与三星专利诉讼大战的幕后 [EB/OL]. 日经在线 . 2012 年 1 月 29 日 . http://china.nikkeibp.com.cn/news/mobi/59581-20120126.html. 图片经过加工。
[2] UC 代表美国专利分类。

中拥有大量优势专利，同时在半导体存储（UC 369/47.14 和 UC 369/53.17）方面拥有很强的专利综合实力，这些领域都是三星目前的主营业务领域，显示出其专利布局覆盖的全面性。

与苹果所不同的是，三星公司在智能手机的触控技术方面的专利实力相对并不突出，这与三星所主导的基于全业务开展专利布局的策略有关，而并非像苹果一样注重公司核心业务的专利布局。值得注意的是，三星公司在通信领域（UC 370/329）的专利申请总量已位于公司的各技术分析专利总量排名的第五位，表明三星公司在智能手机的专利规划中更侧重于基础通信技术方面的专利布局。

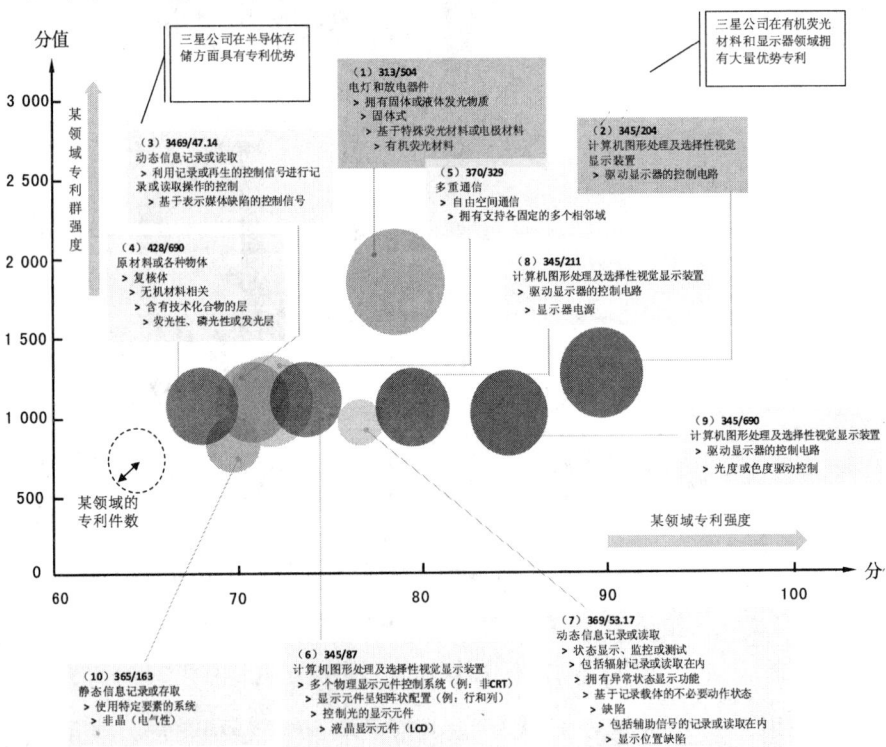

图 7-14　三星公司专利技术聚类分析[①]

---

① 竹居智久，苹果与三星专利诉讼大战的幕后 [EB/OL]. 日经在线. 2012 年 1 月 29 日. http://china.nikkeibp.com.cn/news/mobi/59581-20120126.html. 图片经过加工。

7.2.2 以深度分析剖析产业专利热点

在对目标产业运用四要素"基础分析"的方式进行专利情况摸底后,针对产业特性和专利分析需求,对重点关注的专利问题展开深度分析,结合主要专利申请人、产业主导厂商、产业联盟中的专利组合、热点技术专利分布和趋势等内容开展深入的专利分析。以下主要以反映专利联盟特性的专利合作申请和反映技术热点、空白点以及专利申请人间开展组合并购的技术功效矩阵作示例性说明。

1. 专利合作申请分析

专利合作申请反映的是企业间的技术合作情况,在专利联盟形态较为成熟的产业内具有很强的代表性。从专利合作申请不仅能摸清企业间的技术研发重点和重点专利技术分布,

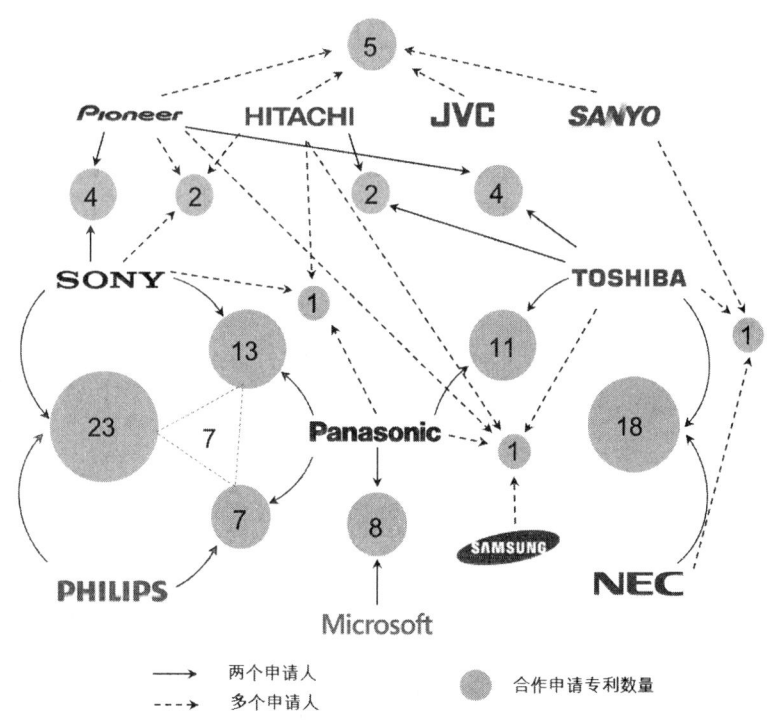

图 7-15 光存储关键领域跨国公司合作申请分布图

还能掌握企业间战略联盟组织形式,为企业开展技术研发决策和国际化提供参考。

以下主要结合光存储技术重点领域采集的专利样本数据库中的统计数据进行说明。

图7-15是光存储(含DVD和蓝光BD)关键领域①主要申请人的合作关系。从图中显示出的合作申请状况进一步印证了产业内各企业间的相互关系及对产业的控制力,并可总结得出以下几点结论。

(1) 合作申请呈现明显的阵营特性

以索尼、飞利浦为核心的技术同盟(23件),和以东芝和NEC为核心的技术同盟(18件),专利合作申请量最多。这两个技术同盟也正是蓝光标准格式之争的主要代表,索尼和飞利浦主推BD格式标准,东芝和NEC主推HD DVD格式标准,其共同构成产业控制力最强的第一梯队。而先锋、日立、胜利和三洋等公司则各有依附,构成专利联盟成员里的第二梯队。

(2) 合作申请呈现明显的时间特性

松下与东芝合作的专利申请(11件)集中于1995年,与东芝和松下当年联手战胜索尼和飞利浦的技术格式而奠定DVD标准的事实相符。但随着松下在蓝光技术上转而支持索尼的BD格式,会发现松下与索尼和飞利浦间的联合申请(7件)都是出现在2002年,此时正是蓝光BD技术标准制定时期。此外,索尼和飞利浦二者的合作申请(16件)集中于1995年到2001年间,显示出两者在技术理念上依然延续着自CD技术以来紧密合作的特性。

---

① 选择G11B20和G11B27两个具有核心专利集中特性的分类号的中国专利数据作样本筛选,经与DVD 6C入池专利比对分析结果,证明了该分类号集中了约80%的核心专利,是各企业集中进行专利布局的技术点,具有很好的代表性。

第 7 章
专利导航产业发展路线图

（3）合作申请呈现重要的技术特性

研究发现，在采样的 125 件合作申请样本中，大多涉及的都是 DVD/BD 领域的核心技术，显示出在该领域合作申请代表了重要技术的集中体现。如东芝和松下的专利合作申请 CN1154755、CN1154756、CN1105388 和 CN1187262 构成了 DVD 6C 专利池的必要专利组合。可见，索尼、飞利浦和松下等合作申请必然也会是蓝光 BD 专利池中的重要专利组合。

产业控制者的技术同盟和专利合作申请对我国产业发展的启示有以下两点。

一是摸清产业控制者专利布局重点，与我国专利布局形成鲜明对比。专利合作申请直接反映了国外产业实际控制者在标准制定时所关注的重点技术方向。统计发现，这主要集中在记录媒体的记录和再现方法和装置上，这是建立在已有标准格式上对具体实现方式的创新。反观我国相关产业不仅没有类似的国际合作，在国内合作上也几乎没有，研发力量的分散以及对产业技术发展趋势判断的局限性，导致在专利布局上呈现出的是无市场化价值的"形象专利"。

二是厘清产业内各企业间的组织关系，为我国寻找产业突破提供参考。专利合作申请情况反映出各企业间不同时期的发展战略，DVD 和 BD 的两代技术中，我国企业都未能参与到国际技术分工中，错失了国际上两派相争给予我国相关产业走向国际的大好时机。相比之下，三星公司虽然在 DVD 时代未在专利联盟上有任何建树，但是却在之后借助两派相争留出的机会，积极参与国际合作，在 BD 技术上与索尼形成了战略联盟，从而实现了在这一领域的国际化和产业转型，为后续打开其他关联产业的国际化合作奠定了良好的基础。此外，从合作申请上也可以发现，三星在与索尼的竞争对手东芝间在

2003年也有合作申请，显示出三星更为务实的特性，在格式之争尚未明朗前，采用多头并进的方式紧跟各种技术的发展，通过技术合作的方式，以较少的投入降低技术研发的风险性。这种在主流技术标准尚未明确前，采取"并行研发"的模式也非常值得我国企业学习和借鉴。

2. 技术功效矩阵分析

专利技术功效矩阵是构建专利与技术关联性的有效方法，能够直观地反映技术要素之间的相互关系，从而对研究对象进行深入细致的分析。通过对重点技术绘制专利功效矩阵，可以掌握专利布局重点与技术分支间的对应关系，了解专利申请人的布局意图和研发动向。

以下结合智能手机中的两项关键技术，触控技术中的触控面板和 CPU 处理器技术中的指令系统分别构建重点专利技术—功效矩阵和专利技术—申请人矩阵。

（1）专利技术—功效矩阵

触控面板是智能手机领域专利诉讼频发的技术点，通过对采样样本的专利统计分析，按照技术和功效的二维分解，构建如图 7-16 所示的专利技术功效矩阵图，从中可以得到一定的专利布局热点和专利技术空白点信息。

①机械结构和元件设计是热点分支。从技术点分布来看，触控面板的主要专利都集中在元件设计和机械结构方面，体现出这两个技术点是产业内触控面板较为关注的热点。

②高透光率效果是专利集中布局点。从效果分布上看，高透光率成为触控面板的专利聚集区，表明透光效果是触控面板需要着力攻破的技术重点，因此会汇聚较多的专利布局。

第7章
专利导航产业发展路线图

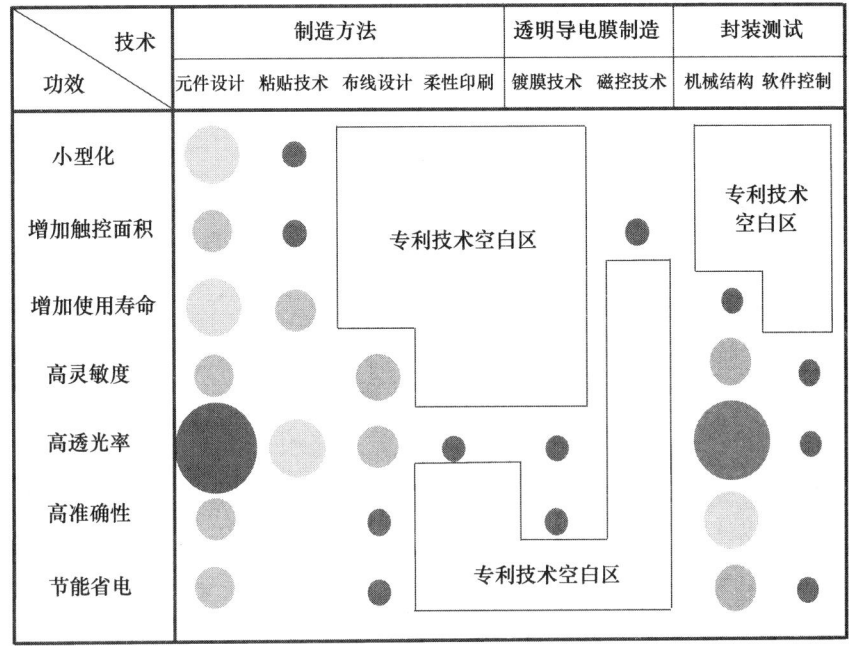

图 7-16　智能手机触控面板专利技术—功效矩阵图[①]

③镀膜技术和柔性印刷专利布局少。从技术和功效的综合上看，镀膜技术和柔性印刷两个分支交织的功效专利较少，存在两种可能：一种是该技术功效不具备发展价值，所以没有专利布局；二是该技术功效尚未被人开发，可能蕴藏较大的产业价值，可以着手进行技术突破，占领专利技术空白点。

（2）专利技术—申请人矩阵

从产业中遴选龙头企业，结合专利统计结果，共同确定重点开展专利分析的申请人，按照技术分解点，构建专利技术—申请人矩阵。如表 7-6 所示，是智能手机领域三大核心技术[②]之一——CPU 处理器指令系统的矩阵列表。从中可以得到以下结论：

---

① 图片资源引自互联网信息，并进行了加工。
② 台湾威盛（VIA）集团在 2011 年利用其在处理器方面积累的专利，以指令集受到侵害为由起诉苹果公司产品侵权，因此指令技术的重要性不言而喻。

表 7-6 CPU 处理器指令专利技术—申请人专利分布图[1]

单位：件

指令技术分支		申请人	ARM	MIPS	高通	IBM	AMD	Intel	威盛	龙芯	清华	上海交大	浙大	国防科大
程序流控制-多核调度		多核调度						1						
		多线程控制		1										
		分支	3		26	7		4	10	2			1	2
		进程控制									1			
		流水线控制	3		1	3		8	5	3	1			5
		其他类型	3		4	12		8	19	3	2	2	5	
		线程控制		4	1	3		25	5	2	1	5	7	1
		中断与异常处理	3			5		10	2	7		1	3	
		转移		1	1	5		5				1	2	
		子程序调用与返回			2	3								
数据运算		格式转换	1		1	6		5	1	8		10	1	1
		饱和/舍入控制						3						
		打包/分组/压缩/解压缩	4	1		4		10	1	3		1	3	2
		对齐	1											
		矩阵转置				1		2						
		逻辑						1						
		其他运算			3	1		28	15	1	2	2	6	5
		算术	3	3	9	8		29	4	14	7	2	4	5
		移位	3		3			9	1					1
系统指令		Cache管理		1	13	9	5	18	1					
		标志处理与控制寄存器操作	9	2	1			3		1			1	
		其他处理机控制与杂项指令	5	3		5	3	22	4	1		1	3	
数据传送		DMA												
		IO				2								
		存储器-寄存器						26	5		2			4
		寄存器-寄存器				1		13	2	3	1			
		其他类型				2			5	3				
		压缩/解压缩												
		并行处理				1								
多道程序执行		多核				4	2	5	3			2	3	2
		多线程	1	5	3	4		43	5	1	1		3	2
		流水线												
		其他	3			1					2		2	
		协处理器	3					2						

①国外跨国公司掌握核心技术。从矩阵的颜色上可以看出，专利强度较高（深色）的区域基本为国外跨国公司所在掌握，在五个技术分支中，在系统指令、多核调度等领域具有很全面的的专利部署。相比之下，我国在这些领域的专利布局相对薄弱。

②系统指令技术存在专利壁垒。从专利分布上看，国外公司在系统指令的各个技术点均形成了较为全面的专利布局，包

---

[1] 图中标注的合作、壁垒、抗衡等区，并非通过简单的数量归类就能轻易得出，还需要结合各项专利的特点进行定性评估。在此，仅作示例性说明。

括 Intel、ARM、MIPS 和高通等均形成了高密度布局，且通过定性分析后判断其专利强度较高。相比之下，我国在这一领域的专利布局极为有限，仅有总计不到 10 件专利，且专利技术内容较为分散。总体上，可以看出我国在系统指令技术上可能存在一定专利壁垒。除此之外，在多道程序的多线程以及多核调度的分支技术上国外也构筑了较强的专利布局。相比之下，国外专利布局几乎没有盲点，给我国指令技术的自主发展带来了一定的技术壁垒。

③国内企业存在技术合作机会。单独对国内企业的专利布局情况进行分析，可以发现，在一些技术点上，如数据运算中的格式转换方面，我国有较好的专利布局，表明我国在该领域具有一定研究基础，多个单位间如能针对同一指令格式进行开发，则有望形成较强的竞争实力。

7.2.3 以特需分析解决产业专利诉求

专利的基础分析、深度分析和综合分析主要从定量和定性的角度对专利统计分布和重要性程度进行了研究。针对产业存在的需集中解决的专利疑难问题，以及产业、区域和企业在专利方面的主要诉求，还要从专利创造、运用、保护和管理四个环节把握产业发展脉络以及龙头企业关注焦点，按需索取每个环节中特定需求的专利分析模块，共同构建完整的解决方案。

设置特定需求专利分析模块一定程度上定位了专利分析和预警工作的深度和广度，意味着该项工作不只局限于一般性专利统计分析，而是要围绕产业发展现状和目标需求，提出切实可行的发展路线和应对措施。可以说，各种模块的综合运用，从专利视角去探索技术、产业和市场等经济运行中的问题，大大提升了该项工作的辐射范围。

1. DVD 产业重点关注的专利诉求

我国 DVD 产业当年的现实情况是，聚集了上千家加工制造型企业，企业采取简单地购买零部件组装加工的生产模式，几乎没有研发投入，仅有少量的科研单位技术研发和专利申请也均处于实验室阶段。在遭受到国外专利联盟的打压时，面临的首要问题集中在产业风险管控上，如专利诉讼的应对、专利维权机制、专利预警分析等。

此外，从产业可持续发展角度，面临的问题是低端制造如何通过转型升级，实现产业结构的调整，完成从劳动密集型向技术密集型产业的转变。因此，需要对 DVD 的直接替代技术以及长期可能存在的间接替代技术，结合产业应用环境和市场变化情况作出综合判断，及时调整产业策略，抢先在产业未来发展方向上开展技术攻关、技术合作和产品开发。

因此，在开展这一领域的专利分析和预警工作时，在特定需求专利分析模块的选择中，要将分析的重点集中于现存风险预警的应对和未来专利开发和申请策略的选择。从行业发展的高度，建立科学的产业发展规划，开展技术路线的优化选择，进行产业转型升级的方案制定。

2. 智能手机产业重点关注的专利诉求

目前智能手机产业面临的产业环境是，全球市场快速扩张，产业规模急速扩大，传统互联网服务提供商、内容提供商、传统家电制造商纷纷跨界进入该领域，围绕于此的专利收购、投资和诉讼也日益激烈。

在此环境下，中国厂商依旧凭借价格优势在中低端市场异军突起，联想、华为、中兴、小米占据了国内市场的半壁江山，但核心技术缺失与关键专利部署落后是所有中国厂商面临的

第 7 章
专利导航产业发展路线图

共同问题。在华为、中兴以美国等为主海外市场份额迅速提升的情况下,在苹果与三星专利战持续胶着的背景下,在台湾HTC与苹果签订专利和解并支付大量专利费的消息推动下,针对中国智能手机厂商的专利战实际上已经悄悄打响。我国企业如不能突破知识产权壁垒,目前在市场上取得的成功和发展模式将是不可持续和不稳定的,因此需要从行业发展甚至是国家发展的高度来通盘谋划整个产业的专利应对策略。

结合我国产业发展现状,在规划专利导航智能手机产业发展时,选择特定需求专利分析模块时的焦点主要集中在专利预警与防范,核心专利的评估、获取和收购,竞争对手专利动向跟踪,国际化融合中的专利利益分配等问题上。在此基础上合理指导专利分析过程中的基础分析、深度分析和综合分析模块的研究重点,围绕产业内龙头企业和重点技术持有者开展全面分析。

7.3 形成专利导航产业发展规划成果和建议

主要围绕与专利密切相关的"技术线"和与市场密切相关的"企业线"两个维度,将核心专利和专利组合所反映的技术在产业链中的位置,以及企业在产业链中的位置绘制清楚。通过多层次专利分析模块的选用,综合目标产业专利与技术、技术与产业、产业与市场的关联,针对锁定的专利分析重点,形成目标产业专利分析成果。全面评估核心专利和专利组合的价值,通过国内外实力对比,形成支撑目标产业发展的专利分析结论。

7.3.1 重要专利技术演进路线图

技术创新是专利产生的源动力,紧紧围绕技术演进路线,将各关键节点出现的重要专利清晰展现,从而对未来可能出现的技术如何开展专利布局给出提前预案。这不仅要对所有技术路线起源和发展进行追踪,而且要对主流技术路线下的重要专利布局进行重点分析,对各技术分支下的热点和空白点技术充分了解,并能够有效追踪核心专利技术的流向。

1. 专利技术演进路线全景图

技术演进过程中出现的专利通过全面的专利分析,将检索得到的目标产业专利数据,从时间维度、空间维度、企业维度进行分解,形成技术路线与专利发展路线的对应,对目标产业主要技术起源、技术发展历史、产业化技术推动者和持有者、替代技术及产业化影响等与专利技术发展密切相关的信息进行综合,构建专利技术路线演进全景图。

以图7-17所示的光存储技术专利路线发展全景图为例,从主流技术产业化的角度上看,以CD-DVD-BD为主形成了一条完整的技术更替线路,这是构成该产业专利价值最大化的演

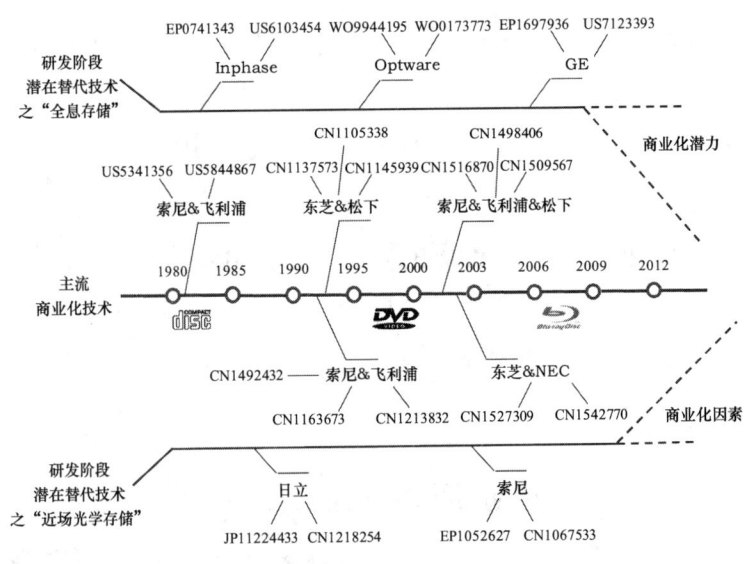

图7-17 光存储领域主流和替代技术发展路线图

第7章
专利导航产业发展路线图

进路线,也是开展专利分析时需要重点关注的技术路线。

如索尼和飞利浦在1981年创立的CD格式,其中US5341356等专利构成了这一技术的必要专利;随后1995年东芝和松下联合推出的SD格式(CN1137573等)战胜了索尼和飞利浦联合主导的MMCD格式(CN1163673等),取得了DVD标准的统一;在下一代高密度光盘规格开发中,由索尼、飞利浦和松下联合主导的BD格式(CN1498406等)在2008年又战胜了东芝和NEC联合开发的HD DVD格式(CN1527309等),最终形成了光存储主流技术产业化路线演进的全景图。

此外,作为光存储技术中与CD/DVD/BD共存的平行技术——全息存储和近场光学存储等方式一直处于实验研究阶段,相关专利申请也掌握在少数申请人手中,由于产业化条件的不成熟,影响其走向市场的因素很多。对于这种潜在的下一代替代型技术,专利分析时也应给予重点关注。如果市场化推广得当,也有可能成为后发国家赶超先进国家的机会[①]。

2. 主流技术路线专利分解图

除了对目标产业专利技术演进路线全景图充分了解外,还要对主流技术路线的重点技术展开专利分析,对重点技术下各技术分支、产品规格所对应的核心专利进行挖掘,找出在各点集中布局的主要申请人,探测其专利布局策略和研发方向,指导我国产业在技术热点或空白点开展相应的研发活动和专利布局动作。

---

① 例如显示技术领域,TFT-LCD液晶技术的替代技术主要是有机发光二极管OLED和场致发光显示器FED等技术,但是具体哪项技术能取代液晶技术目前还不确定。在普遍认为TFT-LCD技术还有大约10年的生命周期情况下,现有对OLED和FED技术的研发投入不可能在短时期内实现产业回报。正是基于此,索尼在两项先导技术上均有研发,但是为了集中资源,最后不得不舍弃了FED技术,而该FED技术研发团队最终被台湾友达光电所并购,使得台湾在下一代显示技术上通过技术并购方式缩短了与世界先进水平的研发时间。摘编自黄亚南. 买日本:中国企业对日并购新战略[M]. 东方出版社. 2012.

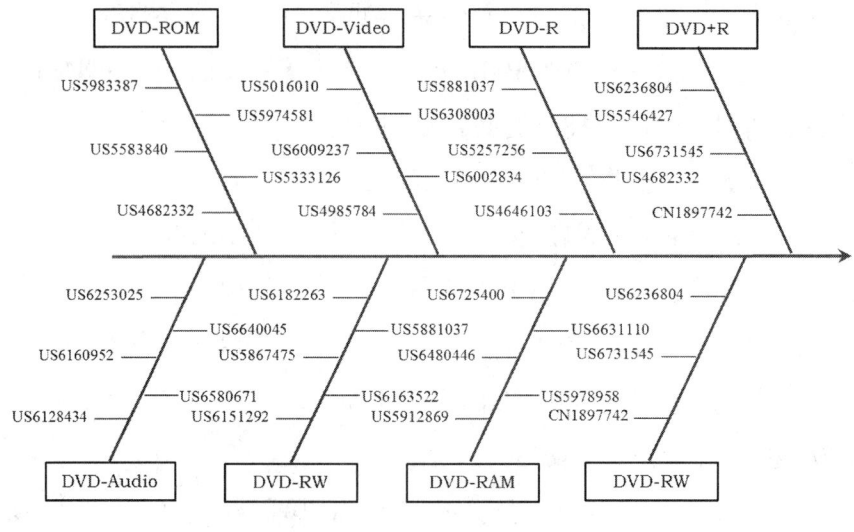

图 7-18 DVD 主流技术分解鱼骨图

以光存储技术中的 DVD 技术为例，从其产品构成上主要包括只读光盘（DVD-ROM、DVD-Video、DVD-Audio）、一次记录型光盘（DVD-R、DVD+R）和多次记录型光盘（DVD-RW、DVD+RW、DVD-RAM），如图 7-18 的鱼骨图所示。通过对各产品规格下的专利分析，结合各技术标准的出现时间，以及专利权持有人，可以发现各标准格式的主要推动者。例如通过对专利权持有者的统计发现 DVD+RW 主要是以索尼和飞利浦为主构建的格式标准。

3. 核心专利技术流向图

在技术链的专利分析上，对核心专利宜采取"地毯式"跟踪研究，观察其申请、获批甚至流转的过程，掌握核心专利主要发明人及其后续动向，以及围绕核心专利构建的保护型专利的布局情况。

以图 7-19 所示的智能手机领域中台湾宏达电（HTC）为应对苹果专利诉讼而收购的核心专利为例。从图中的核心专利

第 7 章
专利导航产业发展路线图

流向上可以看出，HTC 从 Google 收购的多项专利大多原始来源于摩托罗拉、Openwave 和 Palm 公司，而从专利技术构成上看，主要以移动通信技术为主。除此之外，HTC 还积极从 S3 图形公司和 HP 公司收购专利，以充实其专利储备库，增强专利诉讼的抵御能力。

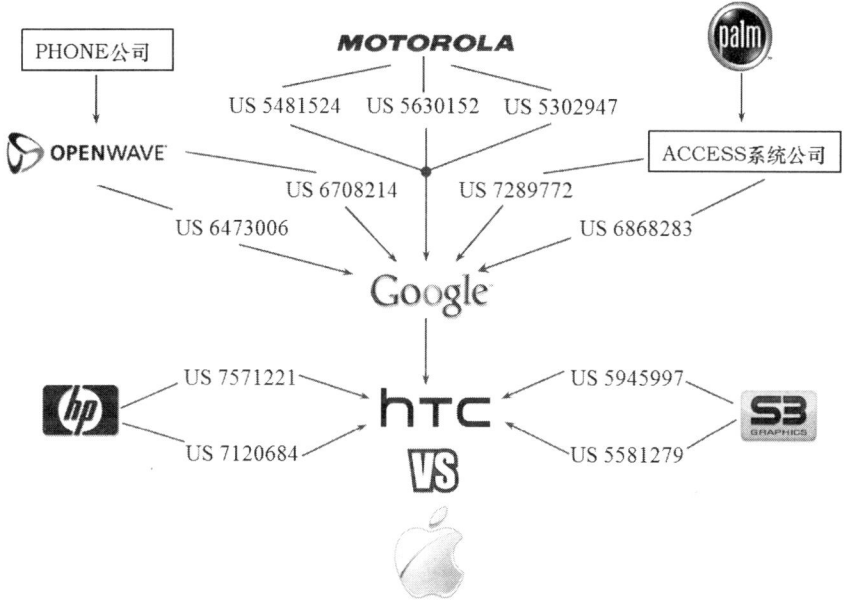

图 7-19　HTC 在智能手机技术上核心专利技术获取图

4. 技术热点及空白点分布图

对专利技术热点和空白点的分析，有助于产业在发展过程中采取正确的应对策略，如在专利聚集点采取迂回措施或是加大对热点和先导技术的专利投入，在专利空白点进行外围包抄等，从而在专利战略上实现集中精力，抓大放小，重点突破，后发赶超。如图 7-17 所示的触控面板专利技术—功效矩阵图中所披露的技术热点集中于解决高透光率方面，主要通过制造方法中的元件设计来实现，而透明导电膜制造技术上大多还处于专利技术空白。

结合专利技术点模块、新增或衰退技术点排名模块、热点技术与专利功效矩阵模块、重要专利权人技术活跃度模块等，将产业生命周期、技术生命周期与市场反馈等因素结合，对专利空白区作出价值评估，发现少有专利布局的原因，对专利集中区进行细分类，找出增长较为迅速的专利布局点，绘制专利技术发展趋势图。

7.3.2 重点企业核心专利分布图

企业是技术转化的主要实施者，也是专利创造、运用、保护和管理的主体。掌握企业与专利的内在关系，尤其是产业内国内外重点企业核心专利的分布和策略，从中获取重要的竞争情报信息，是开展专利导航工作的重要组成部分。这主要从两个方面着手：一是对龙头企业开展分析；二是对重要技术持有人开展分析。

1. 龙头企业专利技术分析

在龙头企业链梳理基础上，对每个龙头企业的专利技术路线进行跟踪研究。结合专利权人分析模块、专利区域分析模块、专利技术点分析模块、重要专利权人技术活跃度模块、重要专利权人专利布局区模块等，围绕龙头企业的产品线，对与其技术引进、合作开发和技术输出相关的专利申请、布局、运用情况进行全面分析，对龙头企业在专利融资、专利许可和转让、专利诉讼上的专利策略和专利运用情况作出全面的分析报告。

（1）**市场主导者专利布局策略分析**

通过产业主导者在关键领域的专利布局策略研究，不仅可以了解其运用专利获取产业优势地位的方式和方法，而且可以找出其重点布局的技术点，重点发展专利价值链附加值较

第 7 章
专利导航产业发展路线图

高的技术，进而指导我国企业将研发重点和专利布局重点有效地投入。

图 7-20 所示为索尼公司在 DVD 和蓝光 BD 两个技术标准制定的关键时间节点 1995 年和 2002 年前后专利布局情况对比。

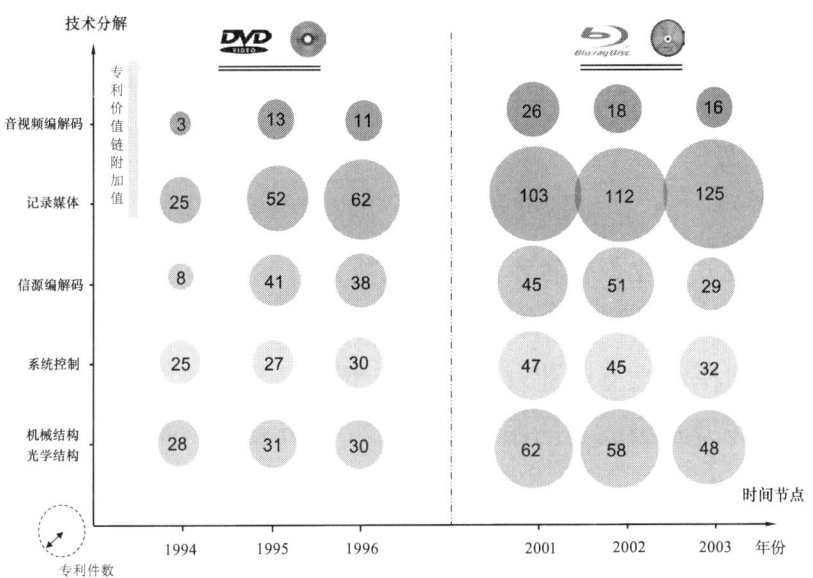

图 7-20 索尼两代光存储专利技术布局演变趋势图

其中纵轴是光存储领域中专利价值链附加值的高低分布，以及根据专利池中专利列表综合分析而汇总得到的技术分解排列，坐标值越高代表技术所处的专利价值链附加值含量越高，相关专利在产业内所发挥的作用就越大，单件专利所产生的影响力可能会大于低坐标点技术的单件或多件专利组合。

①重点布局关键核心性专利。索尼在 DVD 和 BD 时期专利布局的策略基本相同，在兼顾各技术点的同时，着重加强以记录媒体为主的涵盖信源和信道编解码、文件格式、版权保护等在内的专利布局，这些技术点是该领域专利价值链附加值的高

地，很大程度上属于核心专利。索尼在该点的专利布局总量是专利价值含量较低的机械结构和光学结构技术点的约两倍，显示出索尼作为产业发展的技术引领者，在关键技术上研发和专利的全力投入。

②兼顾布局外围防护性专利。统计表明，索尼在机械结构和光学结构等外围技术点上也积极进行专利布局，显示出产业领导者在专利布局上的全面性，通过外围专利组合的形式，构建对核心专利的包围，用缜密的专利布局策略建立起了牢固的保护网。

（2）产业跟随者专利布局策略分析

通过产业跟随者在关键领域的专利布局策略研究，可以了解专利在其维持产业发展和参与市场竞争中的作用。尤其是针对转型升级成功的跟随型企业，分析其专利布局策略有助于为后发企业提供经验借鉴。

图7-21所示分别是三星在DVD技术跟随期和蓝光BD技术引领期的专利布局图，从其专利布局侧重点的变化，可以看

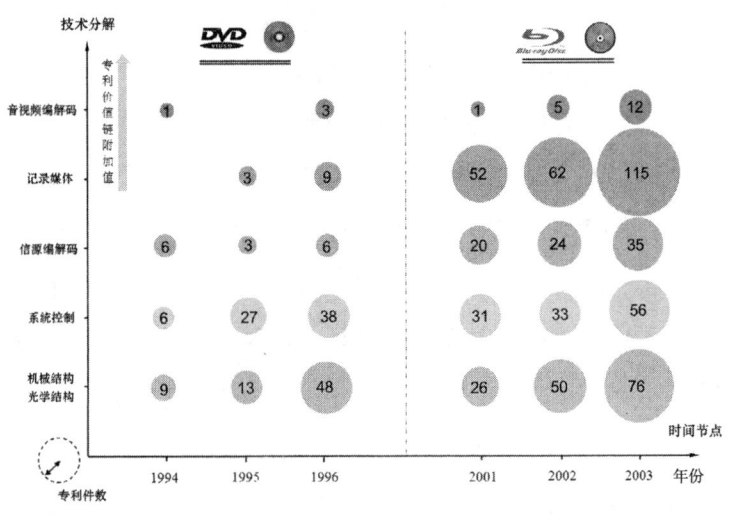

图7-21 三星两代光存储专利技术布局演变趋势图

第7章
专利导航产业发展路线图

出有针对性和目的性的专利投入对三星获得产业优势地位的重要性。

①早期专利布局体现模仿性。三星在DVD技术标准制定时期的专利布局多集中于专利附加值较低的机械结构和光学结构及其系统控制方面，在信源编解码和记录媒体相关技术上还未形成如索尼等产业领导者的技术实力，这一时期其技术主要体现为模仿型。在DVD标准制定时，三星总体专利水平还不高，专利布局重点与当时产业领导者差距还较大，但三星正是依靠不断实施外围专利战略，1990~2000年10年间在华集中布局了729件专利，与DVD专利联盟的组建者相比，如松下（828件）、索尼（1 245件）、东芝（98件）、飞利浦（333件），从专利布局力度上已经可以跻身该产业的第一集团。

②后期专利布局体现引领性。从三星早期视听产业专利布局重点上可以看出其并未掌握核心技术，但是外围专利战略使得三星在后DVD时代逐渐与国际接轨，并依靠专利布局的强势完成了后发追赶并掌握了核心技术，能够参与到下一代光盘的标准开发中。从图7-21中三星在BD标准制定时期的专利布局可以看出，其专利布局的重心已经转向专利价值链中附加值更高的技术点，且专利布局密度与图7-20中的索尼已非常接近。

（3）我国企业总体专利布局比较

研究国外领导者和转型成功者的专利布局策略，主要目的是为我国产业以专利提升产业竞争力提供解决方案，摸索出适合于我国产业突破的发展路径。图7-22是我国产业自主开发的光盘格式标准汇总。

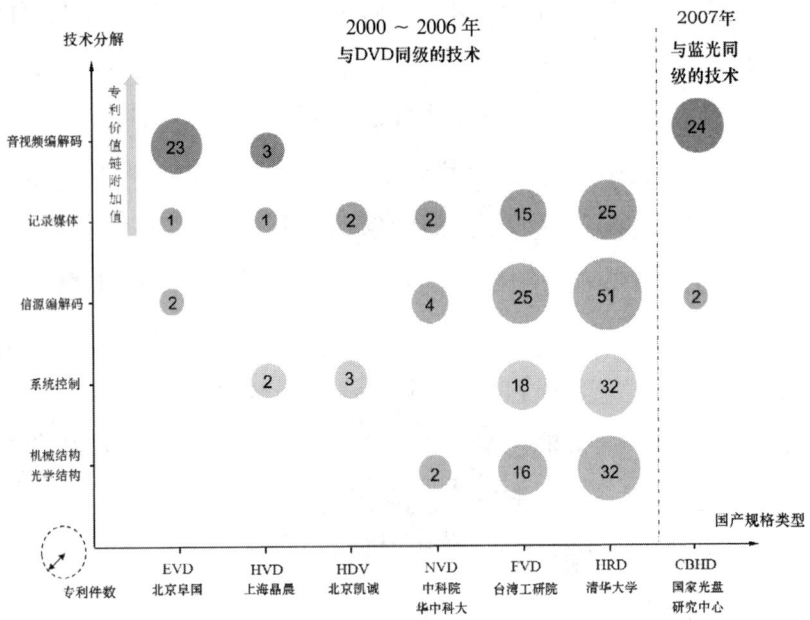

图 7-22　中国两代光存储技术布局演变趋势图

从专利分析结果上看，我国自主知识产权的格式标准存在以下主要问题。

①技术落后，模仿大于创新。从时间上看，我国与 DVD 技术同级别的标准格式专利多集中于 2000～2006 年，这已经滞后于国际上 DVD 基础专利布局 5～10 年，而与 BD 技术同级别的中国蓝光高清光盘 CBHD 技术出现在 2007 年，这已经是蓝光标准诞生后的第五年。从技术上更多的是对国外专利技术的规避，难以形成符合时代发展趋势的创新体系。

②力量分散，内战多于外战。短时期内，我国相继出现了 7 种光盘格式，与国外主流 DVD 和 BD 两种格式相比，不仅技术力量分散，而且很难形成产业化规模，内部之间的格式竞争远大于国外的压力，导致专利不能集中，缺少聚集效应。

③专利单一，形式大于内容。对各企业和院所申请的专利

第7章
专利导航产业发展路线图

分析表明，专利技术点还较为单一，未形成具有抗衡力的专利组合。唯一形成较好专利组合体系的清华大学，多是以科研为主，产业化方面没有更大的进展。

④产业化不畅，封闭多于开放。我国自主的标准格式因与国外标准不相融，以及缺少内容提供商的支持和国际化的可能，因此导致产业化存在重大问题，在与国外产品市场竞争的过程中处于劣势，直到逐渐被市场所淘汰。

综上，通过专利分析能够逐步摸清产业发展存在的症结，及时调整产业结构，在重点领域进行攻关研发、集中布局、开拓市场、创造环境，与国际接轨，最终为产业转型突破指明方向。

2. 重要技术专利持有者分布

重点专利技术持有者可以从多方面确定：一是从公布的专利数据统计获得；二是从专利持有者持有专利的技术价值判断；三是从技术持有者在产业和市场的地位分析；四是从技术路线全景图和主流技术路线分析中确定。通过产业分析划定核心技术范围，从产业链和价值链上判断专利的附加值，对专利技术集中度和专利控制度有初步判断。结合专利情报分析法，利用专利权利人分析模块、热点技术与专利功效矩阵模块、新增或衰退技术点排名模块等对所确定的核心技术的专利持有者进行分析，并掌握核心技术的转让、诉讼、购买、拍卖历史。必要时，对核心专利是否存在无效、争议的可行性进行深入分析。

7.3.3 技术演进与核心专利成果提炼

通过对重要专利技术演进路线和重点企业核心专利分布的深入分析，形成以专利为媒介，将创新活动的两个主要环节——"技术"和"企业"完整地串联，围绕专利在企业技术创新中的作用方式，提炼技术演进与核心专利的内在关系。通过掌握全面的专利情报信息，形成对产业发展的导航和支撑。

1. 技术与企业在产业链位置的定位

围绕对技术和企业的专利分析，确定基础专利、核心专利与外围专利的分布范围。通过国内外专利实力情况的对比分析，从目标产业的优势、劣势、风险和机遇进行综合分析，以专利为切入点找到消除劣势、强化优势、规避风险、抓住机遇的发展契机，形成对产业发展的支撑。

在 DVD 案例中，通过以索尼、松下、东芝、飞利浦为主的重点企业在记录媒体技术上的重点布局，可以找到该产业内附加值的高点。在此基础上，总结出我国产业制定相关战略布局的方案。在智能手机行业中，以苹果、谷歌、三星和微软等企业构成的重点企业在操作系统、交互技术等核心技术上的重点布局，对比国内企业研发状况，找到未来产业发展热点，通过专利的热点和趋势点分析构建我国产业的总体发展战略。

2. 针对产业技术壁垒开展专利分析

通过梳理影响我国重点产业和重点领域的关键技术，对在产业链上被国外垄断的核心设备、关键零部件进行全面的技术分解，准确找出困扰我国自主创新的技术壁垒。围绕技术壁垒展开专利分析，对技术壁垒相关的专利和专利群进行重点分析，发现核心技术拥有者，对专利技术规避、专利收购对抗、专利交叉许可以及专利法律诉讼防范等方面进行初步分析。

3. 针对产业专利技术趋势展开预测

从技术预见和技术预测的角度，针对有可能对现有技术产

第 7 章
专利导航产业发展路线图

生颠覆或是替代的技术开展情报分析和专利研究,对未来五年可能产业化以及未来10年技术的发展方向进行合理预测:一是从技术引领者的研发热点和前瞻性专利布局探测技术未来发展趋势;二是借鉴专家意见法进行未来技术发展预见。通过对新兴技术的成熟度和发展路线进行预期,评估新兴技术产业化与现有技术替代间的平衡点。在全面掌握产业主流技术路线、新兴技术路线和龙头企业技术路线后,基于技术预测的基础,对产业未来发展可能出现的新技术及其专利动态进行定期跟踪,形成专利技术远景规划图。

7.3.4 产业发展优选技术路线建议

在专利分析成果的基础上,结合专利针对产业的发展特点,作出产业保持可持续发展的技术路线选择和发展方向,以及专利布局规划建议。

1. 新兴产业发展前景与可行性技术路线建议

对于技术路线不确定、产业化和市场方向均未确定的新兴产业而言,综合技术发展、产业进程、龙头企业技术动向和市场未来发展信号,对产业的发展前景与可行性技术路线进行合理预期,并从专利角度对新兴技术现有布局以及未来可能存在的重点布局进行评估,综合产业化前景与可行性技术路线提出专利发展建议。

智能手机产业集新一代移动通信技术、新型显示技术、通用芯片和软件、新型传感技术、基础材料等核心技术于一体,是新兴产业的典型代表。通过综合性专利分析,在比较国内外重点专利技术分布、持有者、重点布局以及技术趋势预测和产业化周期预测的基础上,结合我国产业当前发展现状,如在移动通信技术上拥有的专利积累,可以有针对性地提出我国智能手机产业在关键核心技术路线上寻求突破的建议,以及国际化合作方向或技术收购目标等。

2. 传统产业转型升级方向与最优技术路线建议

对于技术路线基本确定、市场化方向明确的产业转型升级需求,结合产业内龙头企业的专利技术状况、技术升级成本、专利技术引进来源及许可成本、技术升级时间和效率、技术的可持续性和预期效果等进行全面综合比较,在确定自主开发或技术引进时找出适合于产业转型升级方向的最优技术路线。

DVD产业是传统产业中以劳动密集型为主的典型代表,虽然目前我国该产业因受到专利收费影响而纷纷倒闭或转型,但是我国还存在诸多与DVD产业类似的处于产业链低端的产业类型,在重复着简单的组装、加工和制造的初级环节,这些产业在资源消耗增加和劳动力成本优势不在的情况下,只有通过产业转型或技术升级才能实现可持续发展。通过专利分析可以获知与现有产业关联较为紧密的产业类型,从而以最小的价值投入换取最高的转型产出。

7.3.5 产业自主创新与自主可控建议

通过专利实力对比、评估和分析,初步确定目标产业自主创新能力以及自主可控能力间的平衡,对于具备能够通过自主创新实现自主可控的产业提供专利提升产业竞争力的方案;对于难以在市场繁荣周期内完成自主创新形成自主知识产权的产业,提供技术引进、技术合作和技术许可的专利建议和措施,通过"干中学"的方式实现技术的消化、引进、吸收,利用外围突破方式实现自主可控程度的提高。

7.3.6 产业创新能力与专利适配度建议

对产业专利存量、增量与创新能力进行评估,找到专利数量、质量与创新能力间的平衡点,结合产业在国际上通行的专利保有量和发展速度,提出适合于我国产业提高创新能力并保证竞争力的专利规模。减少价值含量不高的专利和政策性专利盲目申请情况的发生,提高总体专利申请的质量,通过专利促进创新能力的增强,从根本上实现产业整体实力的提升。

第8章 专利导航区域经济发展路线图

专利导航区域经济发展路线图的设计需要重点研究三方面内容：一是要充分掌握区域资源禀赋和发展特点，围绕区域经济发展的切实需求提供规划路线；二是要深入了解区域主导产业、支柱产业、新兴产业在全国及全球产业链的位置和关系，找准区域产业适合优先发展的技术路线和切入点；三是要重点规划区域内龙头企业的发展和核心竞争力提升方案，形成支撑区域经济发展的核心动力。其中专利导航区域产业转型升级部分内容参见第7章，专利提升区域企业竞争力部分内容参见第9章，本章将重点围绕区域特色介绍专利分析的方案设计。

以专利分析获取竞争情报，有效导航区域经济发展，达到辅助区域产业转型升级和经济结构调整的目的，需要关注六个方面的工作。如图8-1所示是专利导航区域经济发展的路线图。

一是确定区域产业转型升级的总体方向、主要途径和工作思路；二是要对区域经济基础和产业发展现状进行精准"定位"，对区域内部和外部面临的国内和国际环境进行全面评估，抓住区域经济发展中的核心问题；三是确定区域产业转型升级的目标，即是围绕传统产业的深化改造，还是增强新兴产业的技术创新能力；四是正确认识专利在区域专利密集型产业中的影响力和作用方式，从产业链、技术链、企业链和市场与专利的相互关系上寻找产业发展的关键问题，从中剥离出与技术和专利相关的影响因素；五是合理运用专利分析方法，以区域内主导产业或龙头企业的创新能力和市场竞争力提升为主线，提炼专利的综合信息，形成布局谋划方案；六是结合

第 8 章
专利导航区域经济发展路线图

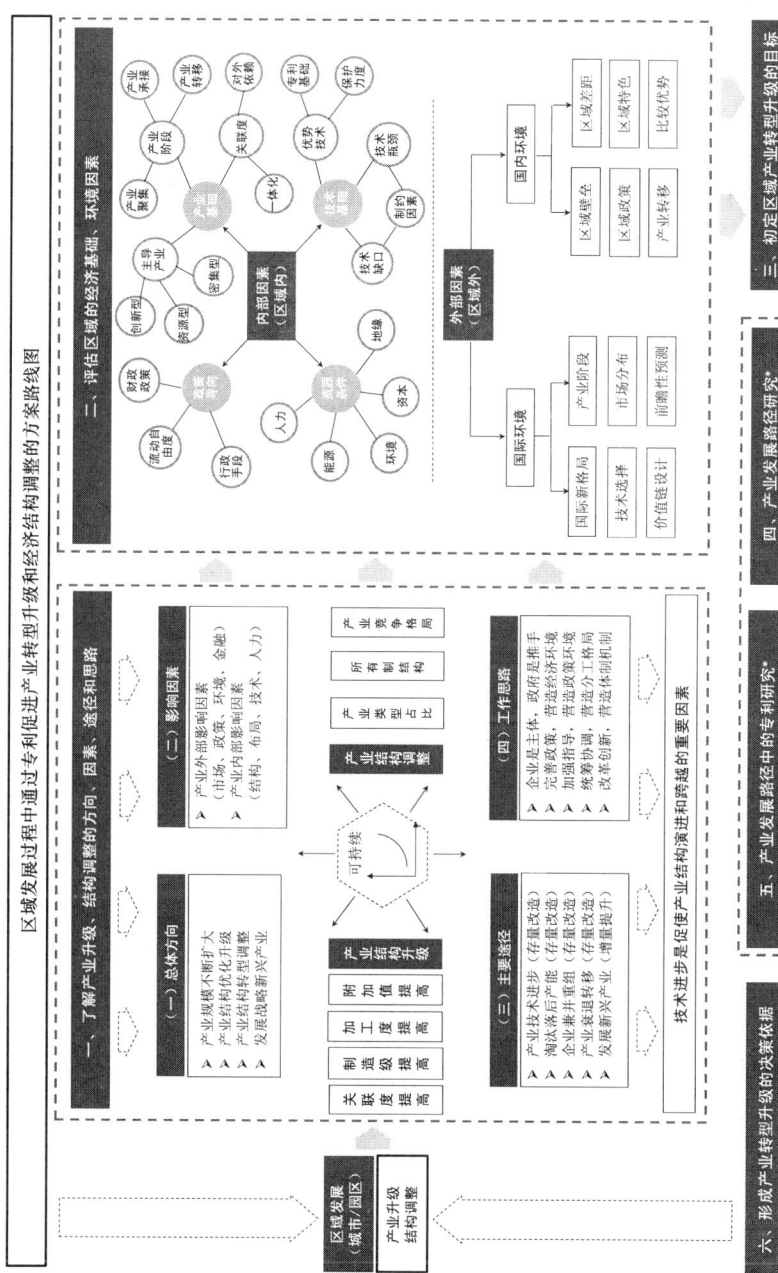

图 8-1 专利导航区域经济发展路线图

区域招商投资、技术引进和改造、结构优化和规划的特定需求，从专利视角提供辅助决策的参考依据，促进区域经济的协调发展。

在具体规划路线图内容方面，要重点围绕区域产业和企业关注的技术动向和预测、传统产业转型升级方式及新兴产业技术发展路径选择、建立区域产业集群优势和引导区域产业或企业引进和扩张方式等方面展开，充分发挥专利分析在区域经济发展中指引技术创新方向、提升高技术产业附加值、增强区域整体竞争力的能力，为区域经济发展实现快速、高效、准确的能力提升方案出谋划策。

8.1 区域经济发展现状和定位

主导产业、支柱产业、新兴产业是带动区域经济发展的引擎，龙头企业和中小企业是区域经济发展的核心推动力。区域经济发展现状和定位就是要针对区域实际情况，找准在全国以及全球经济中的位置，从区域产业结构和产业链位置确定专利导航的着力点。

图 8-2 表示的是利用波士顿矩阵①理论来解释区域产业发展规模与产业平均增长率间的关系，用以划分区域内所拥有的产业类型，并据此形成制定产业发展的路线基础。产业平均增长率一定程度上与产业生命周期所处的阶段关系密切，当产业处于成长期和成熟期时，产业平均增长率较大，当产业处于衰退期时，产业平均增长率则较小；区域产业发展规模则表示了区域产业发展的程度，尤其是主导产业的发展程度。

---

① 波士顿矩阵（BCG Matrix），又称市场增长率—相对市场份额矩阵、四象限分析法等，是由美国著名的管理学家，波士顿咨询公司的创始人 Bruce Henderson 于 1970 年首创的一种用来分析和规划企业产品组合的方法。波士顿矩阵认为一般决定产品结构的基本要素有两个：市场引力和企业实力，因此其核心是要解决如何使企业的产品品种及结构适应市场需求的变化。

第8章
专利导航区域经济发展路线图

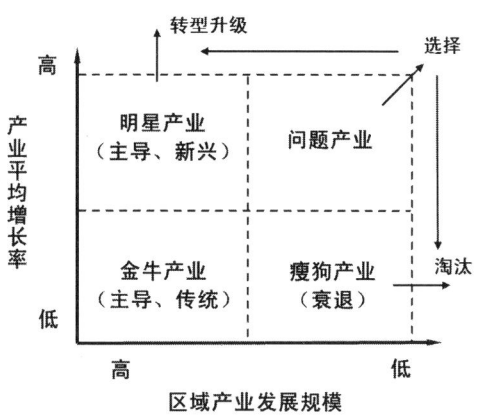

图 8-2 以波士顿矩阵解析区域产业发展定位

根据区域产业发展规模和总体产业平均增长率的不同组合，结合产业生命周期理论，大致可以分成四种产业类型。

(1) 明星产业

区域产业规模大，且产业增长率高，据此判断有可能是区域的主导产业或是新兴产业。表明区域经济发展抓住了整体经济发展的主动脉，先发区域大多具有这种特点，其面临的转型升级问题主要是如何能进一步提升产业核心竞争力，从而继续扩大现有产业规模和市场竞争力。我国珠三角、长三角等先发地区，不仅是我国经济发展的排头兵，也是当前面临产业转型升级最为迫切的地区，因此要能够抓住全球产业发展格局变化，努力从劳动密集型向技术密集型产业发展模式转变。该类型产业中的代表性企业华为、中兴和腾讯等依靠专利战略虽已奠定了其产业领导者的地位，但是在面对信息产业多变的环境下，还需要不断地去适应市场变化的需求，调整发展策略，实现转型和发展并存。

专利导航这种产业类型时，主要体现在专利战略的整体运用上，包括促进区域产业层面加强国际间融合，鼓励企业积极参与国际标准制定与产业联盟组建,在开拓海外市场过程中,注重专利风险的防范和预警,利用专利合理维护权益,围绕技术创新和专利战略继续在全球拓展发展空间。

(2) 金牛产业

区域产业规模大,但产业平均增长率低,据此判断有可能是区域已有的传统产业或是支柱产业。研究表明带动区域经济增长的动力还主要依赖于传统产业,如依靠我国劳动力资源和自然资源优势建立起来的纺织、制造加工、采掘等产业。从可持续发展的角度上看,区域现有发展模式虽然还能在一定时期内依靠这些主导产业获得一定经济增长,但随着产业平均增长率的降低,特别是人力成本和资源消耗成本的日益增加,区域经济发展将面临巨大的转型压力。

专利导航这种产业类型时,可以从专利和技术的角度对区域传统产业在全国或全球的位置进行判断:当区域传统产业的技术处于国内领先地位时,应进一步加强技术创新在产业发展中的权重,通过技术引领产业逐步向国际化发展和转移;当区域传统产业的技术在国内尚不具有优势时,应适时淘汰落后技术或实施技术改造、引进策略,或是结合区位特色转而发展战略新兴产业,实现跨越式发展。

(3) 瘦狗产业

区域产业规模小,产业平均增长率低,据此判断有可能是处于衰退期的产业。这种产业对区域经济发展的影响力和贡献度较小,因此可以选择采用适时淘汰、产业转移或技术输出的方式进行转型升级。

专利导航这种产业类型时,要从衰退产业中寻找剩余专利价值含量高的技术,进行技术转移,同时加强对关联产业和

第 8 章
专利导航区域经济发展路线图

替代产业的专利分析，结合区域现有产业基础，为区域产业的平稳转移提供决策依据。

（4）问题产业

区域产业规模小，但产业平均增长率高，据此判断有可能是新兴产业或是区域不具备竞争优势的传统产业。随着产业增长率的增高，或成为市场热点和技术聚集点。区域在发展这种产业时面临两种选择，一是扩大区域产业规模，提升技术创新对产业发展的支撑作用，形成参与国内和国际竞争的综合实力；二是在判断产业类型与区位特点不相符合时，如存在"技术在外、资源在外、市场在外"的"三在外"产业，宜采取适时跟踪甚至淘汰策略，从而将更多精力投入到区域擅长的主导产业中。

专利导航这种产业类型时，宜结合区域已有产业基础，准确判断国内外专利发展态势，沿着市场化技术路线提供可行性发展方案，对可能存在的产业投资风险和专利风险进行预判。

不难发现，区域产业类型和发展阶段的不同，以及外部市场环境和未来发展趋势的差异，决定了以专利导航区域经济发展需要考虑更加复杂的解决方案。只有紧密地针对区域经济发展所需，制定符合区域规划的专利导航策略和支撑计划，才能更好地实现区域创新能力和产业竞争力的同步提高。

8.2 区域产业专利动向及发展预测

主导产业和龙头企业是带动区域发展的主要力量，区域产业专利动向的发展和预测主要围绕密切相关技术展开，以区域内专利密集型产业为主要分析目标，重点对区域发展各技术路线的总体动向进行摸查，并对有效促进区域发展的合理专利拥有量设置预测区间。

8.2.1 主导产业支撑技术专利动向跟踪

专利导航区域经济发展重在从区域专利密集型产业所倚重的技术环节进行深入挖掘，要将专利所蕴涵的技术、法律和市场信息，充分与产业价值链、市场竞争关系和重要竞争者密切联系，从专利和技术的维度深入剖析区域内产业发展的核心技术来源和主要持有者，以及在全球产业链中的技术地位，准确判断技术发展趋势和市场发展模式，在产业发展规律的基础上增加专利视角的判断和预测能力，为产业决策和投融资提供科学的参考依据。

对区域主导产业支撑技术的专利动向进行跟踪研究，具体操作上可以综合专利趋势分析、专利区域分析、专利权利人分析和专利技术点分析等模块，以及专利综合分析模块，借助专利指标构建相应主导产业的发展指标，运用产业专利影响力综合指数、企业专利影响力综合指数，把握主导产业支撑技术的主要技术持有人及其专利动向和技术研发动向。在此基础上，有效评估区域现有技术与先进技术间的差距或优势，从而指导产业开展对应的技术研发、技术引进或专利保护等工作。

8.2.2 产业发展规模与专利适配度预测

2011年，国家知识产权局共受理国内外发明专利申请52.6万件，首次超过美国，居世界首位，占到全球总量的1/4。其中，国内申请人提交的发明专利申请达41.6万件，占全球总量的1/5。相比之下，在2001年时，国内申请人提交的发明专利申请不到4万件，占全球总量不到1/20。

在我国努力构建创新型国家以及实施国家知识产权战略的推动下，人民群众对专利的意识水平进一步提升，尤其是"十二五"规划中明确提出要实现人均专利拥有量3.3件的战

第 8 章
专利导航区域经济发展路线图

略举措,更是大大激发了全社会对技术创新的热情。可以预计,我国未来各领域专利申请量和授权量将会出现大幅增长。

在专利数量增长的同时,区域更应关注专利质量以及创新能力的提升,要在主导产业或新兴产业上形成有效专利合理增长机制,避免出现过度重视"专利数量"的积累,而忽视了"专利质量"的提高。我国台湾地区整体产业具有专利意识度高、专利布局积极、专利申请量大等特点,近年来台湾企业在美国的专利申请总量也一直位居国家或地区排名的前列,但是十余年的"专利突破战略"因缺少核心技术的支撑,大多是在外围技术上构筑专利群,使得台湾企业目前在全球的掌控力依然不高,大多时候还是专利诉讼赔偿的承担者。

因此,区域发展过程中应充分吸取以往经验,适时开展区域产业发展规模与专利增长适配度间的预测关联分析。不但可以准确指导区域产业合理分配专利布局,在全球产业链的关键节点获得有效切入的核心专利武器,而且能够将有限的资源放到针对性更强的专利谋划上,在产业发展密切相关的国家或地区获得竞争优势。

专利导航区域经济发展路线规划中,建立层次分明、重点突出、合理有序的专利增长机制,真正实现专利对创新的推动,才是实现产业转型升级的最终目的。通过开展产业专利分析,在区域产业发展能力和水平综合评估的基础上,制定与之相对应的专利发展规划。

8.3 专利支撑区域传统产业转型升级的解决方案

传统产业转型升级的核心驱动力是要以技术创新带动产业向更加高效、更加环保、更加节能、更具效益的方向转变,利用专利分析获得的情报信息可以辅助传统产业在确认技术发展方向和选择最优技术路线时，能够根据技术自主开发周期和产品市场生命周期、技术投入成本和技术引进成本、技术引进和许可与未来技术改进方向的衔接，从而提供更加适合于区域传统产业进行转型升级的解决方案。

8.3.1 传统产业专利技术改造方案

传统产业是现有产业发展的基础性产业，具有覆盖面广、影响力大的特点。由于区域产业发展的惯性，使得区域主导的传统产业较难实现彻底淘汰或革命性突变，因而更适合于渐进式的演进发展。对于后发国家或地区，传统产业面临着先发国家或地区的产业转移和承接压力，同时也面临着先发国家或地区凭借时间和技术优势建立起来的专利保护壁垒。因此在选择对传统产业技术改造时，应充分借鉴现有专利技术所披露的情报信息，增强区域自主创新的方向性和目的性。通过现有专利技术筛查、重点专利持有者分析以及重点专利判断方面协助区域传统产业的技术改造方案升级。

传统产业如果注入新的技术或创造新的商业模式，很有可能形成新的经济增长点。例如3D打印作为未来改变传统制造业的核心技术正在日益受到重视，其不仅改变了传统制造业的加工方式，将原来的集中制造变为分散制造，而且从商业模式和知识产权保护上将彻底颠覆现有制造业和零售业的体系结构。目前，以3D打印为代表的美国传统制造业回流的核心就是将高新技术植入传统产业，并结合强有力的知识产权保护，从而实现制造业的再次繁荣。

及时发现新技术和产业化前景，并与传统产业的结合，正是通过专利分析挖掘手段可以有效实现的。由于技术的溢出性，很多优秀的技术开发出来后，受制于开发者实施或是推广

第8章
专利导航区域经济发展路线图

的局限,很难实现规模化和产业化,而专利作为技术创新信息披露的重要方式,几乎汇集了所有的具有价值性的科技创性。因此采取正确的专利分析方式,可以在优势国家技术溢出的情况下,通过科学地分析获得适合于区域发展情况的新技术,指导区域传统产业的改造,不失为一种有效的转型升级方式。

8.3.2 传统产业专利技术引进—消化—吸收方案

对于后发国家或地区,积极引进先进技术,并对引进技术实行消化吸收再创新是缩短与先发国家或地区差距的有效途径。日本和韩国在技术引进后,将大量的精力用在对引进技术的消化和再创新方面,最终形成了技术输出的能力。而我国则陷入了技术"引进—落后淘汰—再引进"的发展怪圈,以"市场换技术"并未直接促进我国自主创新能力的大幅提高,反而形成了技术依赖性。因此,加强对引进技术的开发和再创造,是传统产业转型升级的主要途径之一。

区域传统产业在技术引进后,应加强对所引进技术的全面研究,包括专利技术追溯、主要技术持有者、技术发展变动情况、市场对技术产品的接受度、创立新市场需要的技术等,努力从技术学习者转变为专利技术二次开发的主体,逐步运用外围专利策略形成对核心技术的专利包围,争取产业发展的话语权和影响力。

8.4 专利增强区域新兴产业创新能力的解决方案

新兴产业具有未来商业化前景和产业化方向不确定、技术路线不确定等特点,新兴产业中占有绝对优势的企业数量还不多,专利保护网也正在形成当中。虽然新兴产业建设初期投资大、见效慢,但一旦在新兴产业发展的关键节点,凭借技术创新、模式创新、组织创新形成先发优势，有效规划专利布局，战略性地开展"投棋布子"，则很有可能在未来的大规模产业化中获得丰厚的回报，掌握产业发展的主动权。

8.4.1 新兴技术路线专利比较

主要对新兴产业未来发展中可能产业化的各技术路线技术发展情况进行研究和判断，筛选出各技术路线下的全部专利技术，进一步对专利持有者进行深入分析，从专利公开的情报中密切关注其研发技术动向。比较各技术路线下专利布局情况，对技术路线的推动者及其背后运用的专利策略进行深入分析，针对重要信息提供预警分析报告。综合运用专利技术功效矩阵、重点权利人专利布局、专利与技术预测等模块，结合产业化和市场化的影响因素，技术联盟和标准组织的发展动向，给出新兴技术中适合于区域未来形成自主创新能力的技术发展路线。

新兴产业技术路线不确定的特点决定了未来发展的多种可能。例如，对于新能源汽车的发展，各国以及不同企业之间所预测的技术演进路线各有不同，有主推燃料电池电动车的发展路线，也有主推混合动力车再过渡到纯电动车的发展路线，还有主推直接跨越到纯电动车的发展路线，在各自技术路线下，又有不同的技术实现途径。可以说，正确选择技术路线已经成为一些新兴产业未来能否成功发展的关键。

而如何准确选择技术路线，辨别技术成熟、市场需求、专利障碍等哪些因素是制约路线选择的关键，这些疑问都是可以通过专利分析能够作出有效回答的。对一些产业化前景较好的技术路线，如果已被国外率先进行了严密的专利布局，区域产业在发展时就需要慎重考虑，缺少核心技术的支撑将难以构筑未来自主可控的产业发展空间。所以，充分借助专利手段获得新兴产业专利态势，找到技术瓶颈点和空白点，能够有效指导区域产业凭借专利优势获得产业发展的主动权。

8.4.2 前瞻技术专利规划方案

对新兴产业中前瞻性和先导性的基础技术开展专利分析，从现有技术的演进方向以及前瞻技术、先导技术与现有技术的衔接或替代，形成对技术未来的发展趋势的判断。如从苹果、谷歌近来披露的专利文献中可以看出，二者对未来技术发展趋势的判断不约而同地从目前智能化电子产品聚焦到微型的"穿戴式"人机交互产品，有可能预示着信息产业未来的重点和增长点将从目前的机器间信息联通为主向未来人机交互为主过渡。

针对这样的发展趋势，区域产业发展应及时关注领导企业的技术动向，结合专利分析，从前瞻技术的主要专利分布区域、专利技术持有人、重点技术分支分布等模块进行综合分析，形成全球和全国前瞻技术专利态势报告。结合区域现有技术状况，对开展的前瞻技术研究进行横向比较，制定适合于区域发展的前瞻技术专利规划方案，进行未来产业升级换代或转型的预热准备。

8.5 专利促进区域产业集群优势的解决方案

产业具有竞争优势是区域经济发展重大推动力，区域可以围绕龙头企业发挥的辐射效应，带动区域内中小企业形成联动发展，以"横向打造产业群，纵向延伸产业链"为目标，通过专利分析获得情报信息，增强区域内企业间的整合能力与产业结构的延伸能力。

8.5.1 促进区域横向打造产业群

借助产业专利分析，对区域现有产业基础进行技术评估，从产业链、技术链和企业链的角度对区域产业的发展定位进行考量，形成区域现有产业专利技术实力分布。基于专利分析，发现优势产业的主要专利技术持有人及分布，确定与区域龙头企业具有技术融合或技术互补的技术来源和企业；基于专利运用，对区域开展专利引进和专利转移的可行性进行评估，为区域产业群的技术实力提升出谋划策，从而增强区域横向打造产业群的整体技术竞争实力，最终形成"项目集中布局，产业集群发展，资源集约利用，技术优化升级"的良好发展格局。

在区域产业横向汇集过程中，注重共性技术的融合和共享，运用多种措施，形成大型企业和中小型企业共存发展的产业格局，突出发挥专利技术的共享，在合作研发、合作申请、构建专利协同体方面建立长效机制，以技术创新同盟带动产业集群在全球产业链地位的整体提升。

8.5.2 促进区域纵向延伸产业链

产业价值链由低端向高端转移、获得核心竞争力是区域产业转型升级的主要目标。国外企业在"微笑曲线"两端附加值高点凭借创新和品牌构筑的壁垒短时间内难以轻易突破，区域产业链在延伸过程中必然会遭遇各种阻力，尤其以技术壁垒和市场壁垒最为突出。我国产业目前普遍采用的市场壁垒突破方式集中在低价策略上，虽然短时间内可以取得市场效果，但长期来看，不仅不会带来品牌知名度的提升，反而会遭遇由国际贸易保护而产生的反倾销诉讼；相对而言，依靠专利战略率先实现技术壁垒的突破，不仅是产业竞争力提升的重要途径，也是实现品牌和价值提升的重要前提。

我国华为和中兴在通信领域的成功与其专利战略有效实施密不可分，短时间内在通信设备制造领域获得了国际话语权，带动了企业品牌价值的提升。但市场形势的变化也在促使两家企业不断转型，向全产业链的方向发展，逐渐从企业级设备提供商向消费级终端提供商和增值服务提供商转变，只有这样才有可能在未来的市场竞争中保持优势地位，而这一过程不仅是技术实力和品牌、服务的复合型升级，更要在现有专利积累基础上进一步增强专利运用能力。可见，以创新和专利为核心的产业链延伸和转型升级将是我国这一次产业发展的重点。

因此，区域产业链延伸过程中，要注重从如何突破已有"链主"凭借技术先发优势建立起来的专利保护网进行规划，用核心专利突破和外围包抄的战术，在区域现有产业基础上，拓展上下游产业范围，依靠技术创新逐渐向价值链高端转移。

8.5.3 促进龙头企业形成中心辐射

区域实现产业转型升级，要以企业为主体，充分发挥龙头企业的带动作用，龙头企业将是区域整体转型的主要推动力。通过专利引导区域龙头企业在技术创新能力上的提高，形成辐射效应，带动区域经济的整体发展。对于龙头企业的专利支撑，可以通过研究竞争对手的专利动向以及专利布局态势，找出困扰龙头企业发展的专利技术瓶颈问题，积极运用专利规避、专利无效等手段，以突破核心专利技术为目标，带动龙头企业实现转型发展。

8.5.4 促进中小企业形成外围聚集

区域内广大中小企业是构建产业全面发展的基本单元，围绕龙头企业的发展，指导中小企业在技术研发和专利申请上围绕产业热点和龙头企业外部需求进行。从产业集群和产业链延伸的角度，指导中小企业在龙头企业技术创新的基础上，辅助构建外围专利技术，从而形成与优势企业的互补发展，带动区域整体竞争实力。通过专利分析发现区域内存在小而精的技术型企业，应指导组建产业联盟，通过构建专利池的形式形成竞争力。

8.6 专利促进区域"引进来"和"走出去"的解决方案

区域经济在产业承接和转移中不断伴随着技术转移、技术引进和技术输出，准确判断技术估值、专利风险和专利机遇是区域产业在"引进来"和"走出去"战略上需要考虑的主要因素。专利分析可以为区域经济发展的技术转移过程提供引领方案。

8.6.1 招商引资前企业专利实力评估

区域招商引资和重大项目投资前，对参选企业的技术实力情况进行摸查。通过专利分析，可以对参选企业专利技术布局、专利拥有量、专利的法律状态、专利的价值含量等信息提供综合比较，根据企业专利综合实力指数，为区域在招商引资和重大项目投资前掌握参选企业的真实技术实力情况提供一手参考材料。

对于区域大力发展的产业，通过专利分析，还可以发现主要技术来源企业之外的核心技术持有者，通过专利综合实力评估，为区域产业的技术引进提供重要参考。

8.6.2 技术引进中专利方案比较评估

区域产业在技术引进过程中，通过专利分析可以对主要技术来源企业的技术实力和专利方案进行综合比较评估，从法律属性、专利广度、专利深度、专利风险性和专利可扩展性进行评价，并对技术引进后的消化吸收成本和实施难度进行初步评估，为区域在技术引进时的方案选择提供技术层面的决策支撑。

8.6.3 技术引进后专利二次开发方案

技术引进后进行专利二次开发，有助于区域自主创新能力的提升。专利分析可以辅助区域企业了解所引进技术的专利分布，包括专利热点技术和专利空白点技术，以及新技术和替代技术的专利情况，提供适合于区域切入产业链核心的专利布局点，在技术引进缩短了与先进技术差距的同时，辅助区域利用专利二次开发战略，采取外围包抄的方法，迅速提升竞争力。

8.6.4 海外市场投资专利预警方案

先发区域在转型发展中，在产业转移和市场扩张上具有强烈需求，以区域龙头企业的跨国经营和投资为代表。为确保海外市场投资的有效性，需要建立专利预警方案。从专利风险监控、专利风险排查、专利预警应急和解决应对等方面对经营活动中可能出现的风险提供整体方案，对可能形成风险的竞争对手的专利动向进行密切跟踪。

8.6.5 海外市场进入专利规划方案

区域龙头企业在"走出去"的过程中，在专利影响力大的产业内要进行充分的专利规划，对海外市场所在地的专利布局情况要充分了解，掌握竞争对手的主要专利布局技术点和专利布局策略。在专利开发和专利申请环节，就要针对专利最终的使用目的进行规划，如以扼制竞争对手为主的专利布局区域选择、以防止技术占用的防御性公开、以增强专利交叉和许可为主的专利布局规划等。

第 9 章　专利提升企业核心竞争力路线图

企业是产业转型升级和区域经济增长的主体，提升企业核心竞争力，形成具有规模化的产业能力和市场化的综合竞争力，是转型升级和结构调整的关键。技术创新、组织创新、管理创新、模式创新是企业增强核心竞争力的主要方式，在专利密集型产业中，增强技术创新能力以及专利创造和运用的能力是促进企业发展的必要手段。

在当前国际和国内经济形势的双重压力下，企业只有将更多的精力投入到基础性的技术创新过程中，将拥有核心技术和知识产权作为企业参与国际竞争的基本要素，才有可能在日益变化的外部环境中获得持续性的发展。目前，越来越多的企业已经开始重视知识产权工作，但如何进一步增强我国企业的整体核心竞争力，特别是提高广大中小企业的技术创新能力，在实现技术追赶过程中，完成专利创造、运用、保护和管理的国际化学习和赶超，还是我国众多企业当前迫切需要解决的重要问题。

实践经验表明，专利分析可以成为企业技术研发和市场竞争情报获取的重要手段，能够科学确定企业技术创新的方向和有效提升专利运用效率。如图 9-1 所示为专利提升企业核心竞争力路线图，主要通过四个步骤完成专利提升企业竞争力的实施方案。

一是开展企业综合实力评估。对企业技术综合实力、专利综合实力、产业影响力和市场竞争力进行整体评价，对企业所处的产业位置有清晰判断，为制订企业核心竞争力提升方案提供基础。

第 9 章
专利提升企业核心竞争力路线图

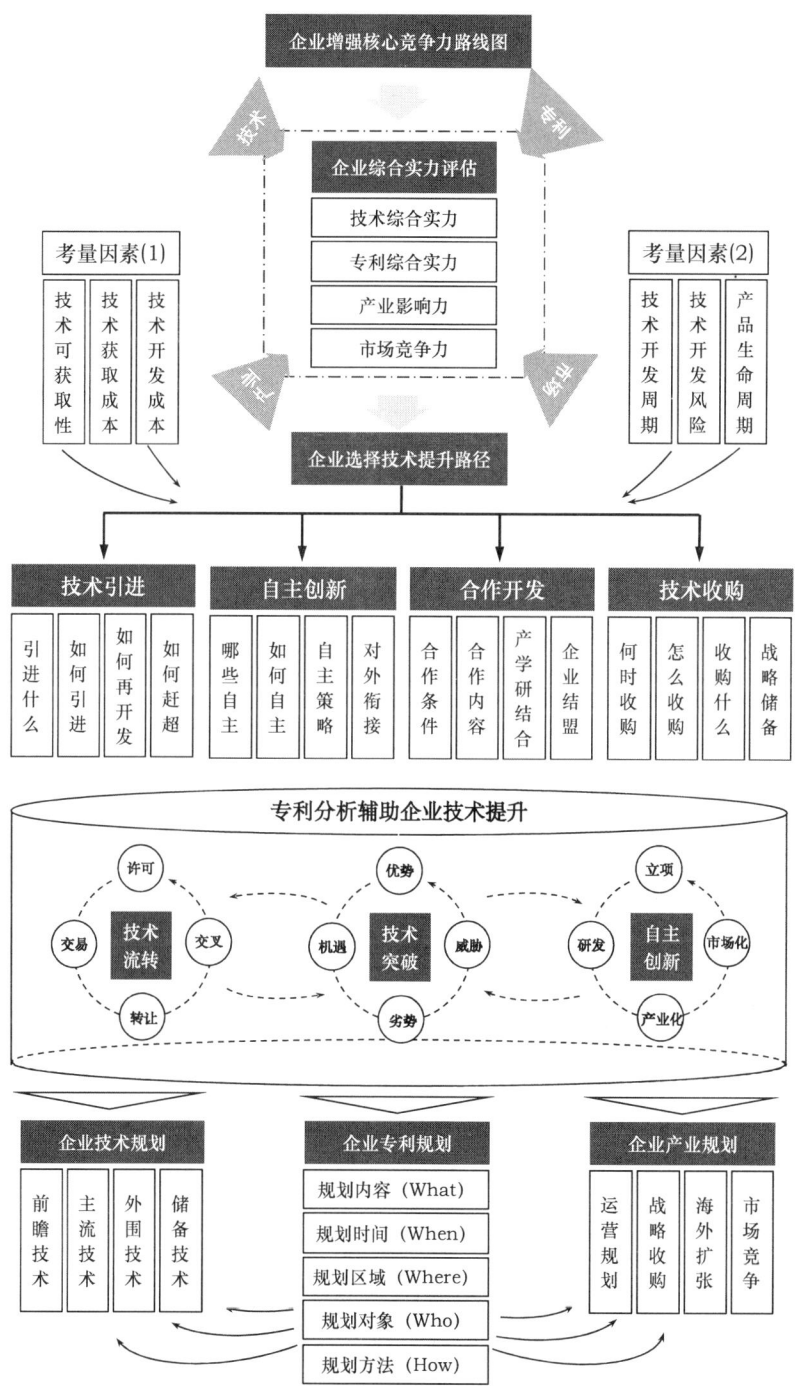

图 9-1 专利提升企业核心竞争力路线图

二是选择企业技术提升路径。当前技术独享和市场垄断的界限越来越模糊，使得企业完全依靠自主创新获得市场竞争优势的可能性大大降低，企业发展将不得不面对市场份额和技术获取的双重选择。在综合衡量技术可获取性、成本因素、开发周期、风险程度和市场产品生命周期情况下，要为企业选择恰当的技术提升途径，自主创新应当是企业增强竞争力的核心，但不应一味追求过度的自主而忽视市场机遇和发展规律。在市场规律下宜充分利用技术引进、技术收购和合作开发等多种手段，在此基础上形成包围式创新，最终达到自主可控的目的。在各种技术提升路径中，要对如何实现引进、合作、收购和创新的方式进行明确，能够实现在正确的时间、以合理的方式，通过适当的途径实现核心技术能力的提升，这一过程可以紧密结合专利分析的手段开展。

三是结合企业实际情况开展具有针对性的专利分析工作。重点围绕企业技术突破方式展开，如是以自主创新为主，还是以技术流转为主。当企业主要依靠自主创新模式发展时，要辅助企业从项目立项、技术研发、产品试制、规模化和市场化的全流程进行专利跟踪；当企业主要依靠技术流转模式发展时，要辅助企业从专利许可、专利交易、专利交叉授权、转让技术的二次开发和布局等方面进行全方位的专利规划和指导。

四是根据专利分析成果辅助企业制订各项发展规划。总体上，要结合专利分析的成果对企业的专利规划进行完善，从内容、方式和方法上协助企业形成能够自我循环发展的专利管理和运用能力，并以此为切入点，逐渐对企业在技术规划、产业和市场规划上形成指导，促使企业有序、高效地开展技术储备和专利布局，并能有效运用专利作为竞争性武器获得市

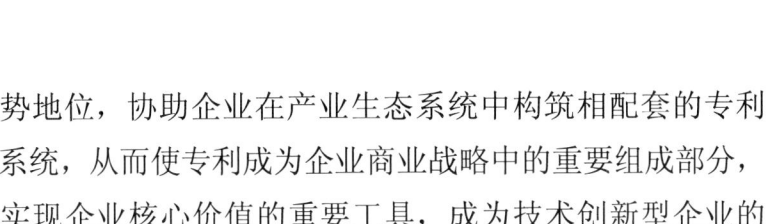

第9章
专利提升企业核心竞争力路线图

场优势地位，协助企业在产业生态系统中构筑相配套的专利生态系统，从而使专利成为企业商业战略中的重要组成部分，成为实现企业核心价值的重要工具，成为技术创新型企业的核心资产。

9.1 企业发展现状和定位

以专利分析提升企业核心竞争力，首先要综合评估企业发展现状和定位，对企业类型、发展阶段、技术实力和市场地位有清晰掌握；其次要摸准困扰企业核心竞争力提升的问题所在，针对企业实际的专利需求和侧重点开展辅助和指导工作；最终协助企业在技术创新与专利规划上形成具有综合竞争力的循环能力。

9.1.1 评估企业面临的外部环境

企业面临的市场环境是合理选择专利策略的重要因素，在专利密集型产业中，专利是构成企业生存和竞争必备的战略资源，企业只有掌握一定的专利组合，才能获得发展的空间，因此在规划专利提升企业竞争力实施方案时，首先要对企业外在的市场竞争环境和产业发展状况进行评估。

如图 9-2 所示，从企业的产业竞争者、潜在进入者、替代产品或技术、产业链上游（供应商）和产业链终端（客户）的位置以及所处产业发展阶段等环节进行综合判断，是对波特经典理论中有关企业竞争发展所面临的五种要素的转用[①]。企业不仅要充分了解产业内同业竞争者，而且要对潜在进入者和替代品或替代技术有清晰认识，对产业链的把握要与企业的经营状态紧密联系。

---

① 结合专利分析的特点，用产业链上游代替了"供应商"要素，用产业链终端和销售代替了"客户"要素。

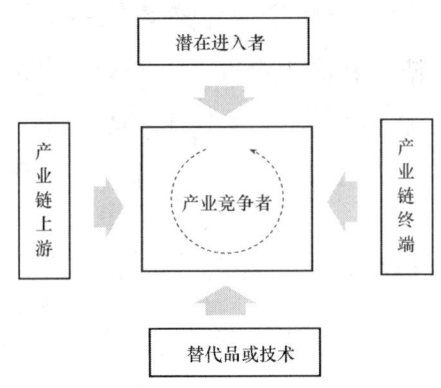

图9-2 波特竞争理论中的企业竞争环境的转用

1. 企业所处发展阶段

了解企业发展阶段的目的一是要定位企业所在产业的发展阶段，二是要定位企业自身所处发展阶段。通过企业所在产业发展阶段（萌芽期、成长期、成熟期、衰退期）的宏观判断了解该产业未来发展前景，以及企业未来发展空间。通过企业自身所处发展阶段（引领型、主导型、跟随型、新入型）的判断，合理规划企业短期及中长期的战略规划，为专利分析提供准确的发展信息。

2. 企业所处产业链位置

准确定位企业所处产业链的位置及产业生态系统的组织构成，有助于确定企业直接或潜在的竞争对手与合作对象，掌握企业经营活动相关的市场环境，为专利分析在产业链上提供企业发展路线图提供背景参考。

3. 企业主要竞争对手

主要对产业内现有企业间的竞争形势进行全面掌握。了解企业面对的直接竞争对手，以及竞争对手在经营策略、市场

第9章
专利提升企业核心竞争力路线图

战略、成本管理和技术优势方面对企业发展的影响。对潜在竞争对手有基本判断，能够准确预测新型进入者对产业带来的影响。通过竞争对手的准确判断，能够在专利分析时确定核心研究对象，圈定重点关注专利的范围。

4. 企业转型成本与机遇

主要从机遇与成本角度，对企业转型和升级过程中面临的问题进行评估，掌握企业在转型过程中新业务进入壁垒和原有业务退出壁垒，以及新技术获取难度与市场发展前景，原有技术升级成本等，从而为企业合理选择技术提升途径提供最优解决方案。

9.1.2 建立企业综合实力评估模型

在企业外部评估基础上，结合企业自身在技术、专利、产业和市场方面的表现，建立综合实力评估模型，对企业在产业和市场竞争中的综合实力进行定位。

1. 建立综合实力模型

图 9-3 用二维坐标的形式表示了企业的综合实力在产业中的相对位置，一是企业在产业和市场上的综合实力和影响力，二是企业在专利上的综合实力。由于不同发展阶段的企业可能分处于不同的发展水平，引领型、主导型、跟随型和新入型企业的发展水平各有差异，因此在利用专利提升企业核心竞争力的发展路线图规划上也各有不同。

整体方案设计上，主要采用"目标比对跟踪法"，以企业专利综合实力与企业在产业和市场中的综合实力构筑二维坐标，以相关产业在全球企业的分布状况设置多个基点，构建多个目标阶段，指导企业分批、分步实施核心竞争力提升计划，

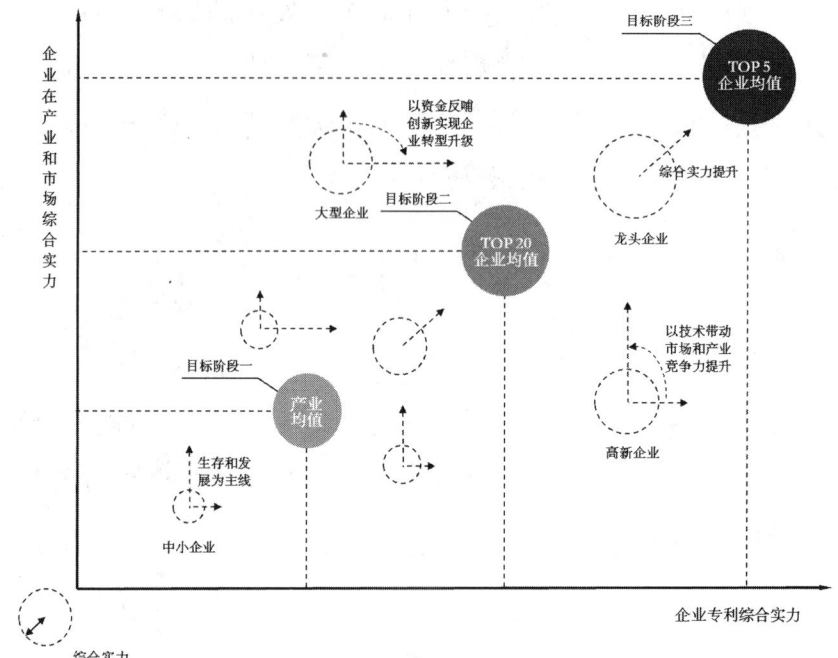

图 9-3 企业专利和市场综合实力评估和定位

从而逐步达到与既定目标同等的发展能力。

2. 运用模型开展评估

（1）评估企业在产业和市场方面的影响力

从企业所在产业和市场进行评估，确定企业在全国和全球产业链上的位置，同时结合企业在市场上的影响力，通过企业规模、销售规模、市场份额、营收利润、主要市场分布等因素对企业的实力进行定位。构成综合实力模型中的纵坐标值。

（2）评估企业在专利和技术方面的影响力

从企业的专利总量、有效专利存量、专利申请量、专利布局范围、专利交叉许可能力、专利盈利能力、专利人员配比等多方面对企业的专利综合实力进行评估。对企业拥有除专利外的其他核心技术，如 Know-how 在产业中的影响力进行评估，综合形成对企业中的技术实力的定位。构成综合实力模型中横坐标值。

（3）评估并建立企业综合实力排行榜

根据企业所属产业情况，通过对企业在产业和市场中的综合影响力和企业在专利和技术上的综合影响力可以构建出如图 9-3 所示的二维坐标系，建立该产业内主要企业的综合实力排名。然后根据目标企业横纵位置，确定其在产业内的相对位置。依据企业所处位置可以更好地为企业在经营策略、专利策略和整体发展战略上提供服务。

（4）制订企业发展战略规划

以企业综合实力排行构建的二维坐标系中，可以选择两个或三个基础变量作为企业发展的参考或基准。一是所有企业综合实力的产业均值，二是排名前 20 位的龙头企业综合实力的均值，三是排名前 5 位的领导型企业综合实力的均值[1]。由此制订企业短、中、长期的发展战略。

（5）制订企业提升核心竞争力方案

对目标企业在综合实力排行中所处位置以及与目标的相对位置，制订适合于企业提升核心竞争力的方案。对于综合实力尚未达到产业均值的企业，如中小企业，在资金和技术方面实力有限，企业面临的首要问题是生存和发展，因此对其在专利综合实力提升方面的措施建议主要应集中在合理配置专利申请，集中资源布局核心专利；对于综合实力已经超过产

---

[1] 企业前 20 位和企业前 5 位的界定仅为解释本方法，根据各产业实际情况的不同，有可能会出现企业前 20 位或前 5 位的均值与产业均值相近的情况，或是前 20 位与前 5 位均值相近的情况，说明该产业为少数企业垄断。因此，此方法目前仅用于原理性说明，具体到各产业需要根据各产业实际发展程度和企业状况合理设置目标。

业均值的企业，且达到或超过综合实力排名前 20 位均值的企业，表明企业已经形成一定规模，具有自我盈利和循环的能力，提升企业核心竞争力从而促进企业获得更广泛的市场影响力是其未来发展的第一要务；对于拥有较高技术含量但市场规模不大的高新企业，应积极促进其专利技术的转化、合作和交叉许可，以专利入股、融资的方式加快企业的资本化运作；对于拥有雄厚资金和市场影响力但技术匮乏的企业，宜指导其通过资金反哺技术研发的方式或技术引进消化吸收的方式，提高自身创新水平，形成对未来市场的持续盈利能力。

通过构建企业发展综合模型，能够更好地针对企业的实际情况，在充分了解企业所在的产业位置、竞争对手以及产业龙头的情况下，提供适合于企业发展特点的核心竞争力的提升方案。

9.1.3 模型应用案例

三星公司是 20 世纪 70～90 年代发展中国家崛起的代表，历经 30 多年的国际化发展，已从完全的技术模仿者转变为具有自主创新能力和国际品牌影响力的市场引领者，业务范围涵盖了电子信息产业中的关键领域或核心零部件。目前已经成为世界上最大的半导体存储芯片生产商、最大的液晶显示器生产商、最大的平板电视生产商以及最大的智能手机生产商。在如此短的时间内，能够将一个普通品牌打造成世界知名品牌，在技术研发、专利运用、品牌提升和企业国际化过程中走出了一条后发赶超的成功之路，其经验非常值得我国正处于转型期的企业学习借鉴。以下将重点围绕三星公司成功转型升级的案例，对上述模型和"目标比对跟踪法"的具体实施进行详细解析。

第 9 章
专利提升企业核心竞争力路线图

三星公司成功转型离不开知识产权战略的有效实施,尤其在专利的获取、管理、维护和经营上形成了一套完整的机制。如表 9-1 所示是三星公司起家的半导体产业 2010 年全球企业在美专利实力评分,不难发现,三星公司目前已经成为该领域专利综合实力最强的公司之一。自 20 世纪 80 年代引进国外专利许可开始,经过"技术引进—学习—自主创新—赶超"的过程,专利战略已经成为三星公司核心竞争力提升的重要"催化剂"。通过对三星公司专利战略的研究,可以为我国企业借助专利分析提升产业竞争力积累经验。

表 9-1 2010 年半导体产业全球企业在美专利实力评分[①]

序号	企业	2010年美国授权专利(件)	专利增长指数	专利引证	自身专利引证	调整后专利引证	专利技术多样性	专利技术独创性	专利强度	调整后专利强度
1	三星电子(韩)	4 599	1.26	0.77	19%	0.77	0.89	1.02	4 033	4 033
2	英特尔(美)	1 724	1.09	1.14	15%	1.14	1.06	1	2 253	2 253
3	半导体能源所(日)	739	1.34	1.56	73%	0.88	1.44	0.98	1 228	2 173
4	新科金朋(新加坡)	161	2.6	3.31	65%	2.15	1.36	0.96	1 166	1 794
5	博通(美)	990	1.34	1.32	25%	1.32	1.04	0.99	1 789	1 789
6	Marvell(美)	542	1.65	1.52	39%	1.37	1.21	0.99	1 464	1 618
7	Micron(美)	922	0.95	1.22	49%	0.99	1.24	0.97	1 044	1 286
8	SanDisk(美)	301	0.94	6.2	52%	2.50	1.46	0.91	937	1 201
9	英飞凌(德)	1 079	1.51	0.63	12%	0.63	0.84	1.03	888	888
10	德州仪器(美)	863	1.27	0.93	9%	0.93	0.85	1.01	878	878

1. 三星公司专利战略解析

三星公司注重将技术开发与市场动向结合,将技术引进、自主开发、战略合作和专利布局与市场紧密关联,准确把握"市场、产业、技术和专利"间的动态匹配是其成功的关键。

(1) 技术导入期,专利许可战略

三星公司发展初期,以技术引进学习为主,通过外围专利的大量聚集,获取与国际技术领先厂商的技术合作机会。图 9-4 是三星公司在半导体存储器 DRAM 技术上的发展路线图。可以看出,三星公司从 1983 年开始的短短 10 余年时间,就完成了

---

① 引自美国电气和电子工程师协会(IEEE)2011 年年底公开的数据。

从一个专利技术引进者到市场领导者的转变。这主要得益于三星公司在技术导入期积极运用专利引进战略，不盲目地依靠完全自主开发和创新，在市场、产业和技术的匹配上，优先看准了市场的需求和变化。

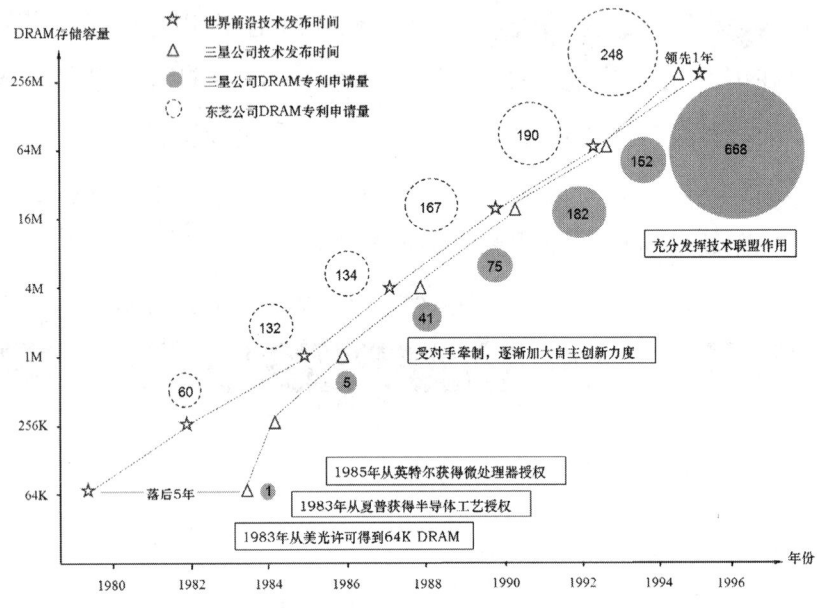

图 9-4　三星半导体存储器 DRAM 专利技术发展路线图

三星公司在 DRAM 开发上的起初几年专利申请量不多，与已在 DRAM 技术上具有很深积累的日本东芝公司相比，无论从专利申请量还是专利储备量上都处于劣势。但正是其初期不断寻找先进技术信息，积极参与国外技术合作（如表 9-2 所示），并不断地学习创新，在赢得了市场先机的同时，也聚集了技术开发人才，使其在日后开发 1M 和 4M 存储器时，虽然受到竞争对手牵制，依然可以凭借积累起来的自主开发能力继续完成技术研发。

到 20 世纪 90 年代中期，三星公司已经成为世界领先的 DRAM 厂商，其年专利申请量在 1996 年达到 668 项，超过竞争

第 9 章
专利提升企业核心竞争力路线图

表 9-2　三星存储器初期专利技术许可企业列表[①]

序号	合作企业	年份	技术许可协议内容
1	AT&T（美）	1982	电讯 Ics
2	Micron（美）	1983	64K DRAM
3	夏普（日）	1983	互补金属氧化物半导体工艺
4	Zytrex（美）	1983	高速互补互补金属氧化物半导体工艺
5	齐洛格（美）	1984	8 位微处理器
6	鹰图公司（美）	1984	32 位处理器
7	英特尔（美）	1985	微处理器
8	英运微电子（美）	1985	16K 电可擦除只读存储器

对手东芝公司专利申请量两倍多，一定程度上已成为该领域的主要技术引领者。并且专利申请量在之后相当长的一段时间均维持在 600～900 项/年，有效地构筑了 DRAM 领域的专利储备库，增强了其在该领域的核心竞争力，连续多年成为半导体存储器的市场领导厂商。

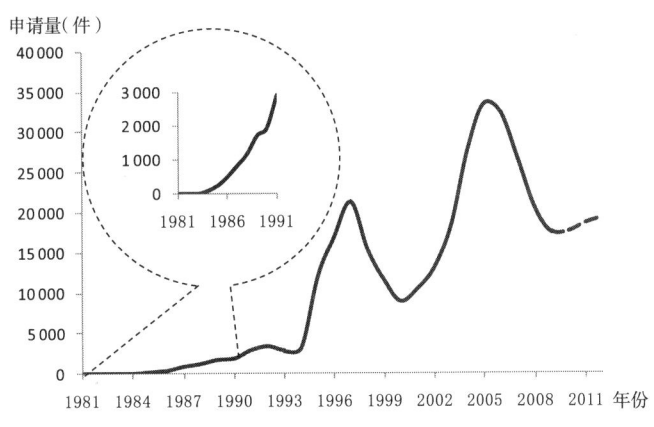

图 9-5　三星公司全球历年专利申请量趋势

三星公司发展初期采取的是模仿战略，多以外围专利为主，并积极形成专利布局。20 世纪 90 年代中期的专利倍增计划使得专利申请量呈现爆发性增长，迅速从年均 3 000 项增长到年

[①] 约翰·马休斯、赵东成．技术撬动战略——21 世纪产业开放之路［M］．北京大学出版社，2009．

均 15 000 项的水平，如图 9-5 所示，随着市场不断拓展，专利申请量呈现出持续增长的态势。

（2）技术撬动期，专利跟随战略

技术撬动期是指依靠技术引进和专利许可获得的领先技术，通过技术模仿、解析和再创造获得更高的附加值，在此基础上构建外围专利，通过设定跟随目标的方式，实现专利数量的快速提升。

三星公司在发展初期一直以日本企业为追赶目标，尤其是 20 世纪 90 年代作为电子信息产业的技术引领者的索尼公司，是三星公司追赶的主要目标。通过对两家公司专利申请量趋势的对比（如图 9-6 所示），可以看出，索尼公司专利布局时间早于三星公司 20 年，但三星公司只用了 15 年的时间，在年申请量方面就赶上了索尼公司，并在之后的一段时间内完成了专利数量上的超越。同时，从图中信息还可以得出：三星公司股票市值在 2002 年首超索尼公司后，又在 2004 年的全球

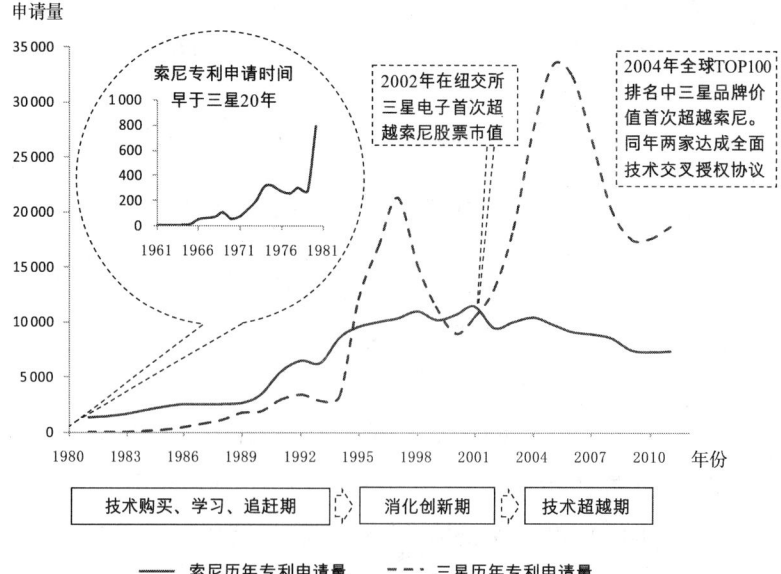

图 9-6　三星在专利和商业上追赶索尼的时间线对比

第9章
专利提升企业核心竞争力路线图

品牌价值 TOP100 排名中再次超越对手，这些商业上的成功与三星公司持续不断的专利部署密切相关，意味着持续的专利战略是促成企业提升核心竞争力的重要因素。

在 20 世纪 90 年代中后期，三星除了在专利申请数量有了大幅超越，从专利申请质量上也在进一步提高，如表 9-3 所示是三星和索尼在美专利授权量及排名的统计[①]。从 1999 年三星超越索尼获得在美专利授权量的第四位之后，三星公司的授权专利数量及排名几乎一直排在索尼之前，在美专利授权总量超过 3 万件，形成了在全球企业中领先的专利储备库，有效地增强了专利授权和交叉许可的谈判能力。

表 9-3 三星和索尼在美专利授权量及排名对比（单位：件）

年份	索尼		三星	
	授权量	排名	授权量	排名
1995	754	12	N/A	N/A
1996	855	10	N/A	N/A
1997	859	10	582	17
1998	1 316	5	1 304	6
1999	1 409	5	1 545	4
2000	1 385	6	1 441	4
2001	1 363	7	1 450	4
2002	1 434	7	1 328	11
2003	1 311	10	1 313	9
2004	1 305	10	1 604	6
2005	1 135	11	1 641	5
2006	1 771	7	2 451	2
2007	1 454	10	2 723	2
2008	1 461	9	3 502	2
2009	1 656	7	3 592	2
2010	2 130	7	4 518	2
2011	2 265	7	4 868	2
总计	23 863	N/A	33 862	N/A

---

① 数据来源于美国专利商标局 USPTO 公布数据。

(3) 技术引领期，专利超越战略

2004年之后，三星公司全球专利申请量出现快速增长，在美授权量也由之前的第六位上升到2006年的第二位，并已连续六年位于在美授权量的第二位，年专利授权数也从2 451件上升到4 868件，并且主要集中在计算机控制、通信和半导体等专利影响力大的电子信息产业，从专利"武器库"配备的角度上看，三星公司已经具备在市场上开展防御和进攻的双重能力，成功借助专利超越战略实现了企业核心竞争力的提升。与技术引领型企业代表苹果公司能够在全球范围内开展专利对攻战，已经从侧面证明了三星多年来的专利策略运用的成功。

2. 三星公司转型升级经验总结

研究表明，三星公司转型升级之路与其积极实施的专利扩张策略密切相关，在把握市场动向的同时，综合运用技术引进、专利许可、自主开发和技术联盟等多种形式增强核心竞争力。因此从三星公司的专利战略和专利战术上，可以总结出为我国企业所参考的经验借鉴，尤其是如何通过专利分析的手段，在融合技术、产业和市场要素后，来提升企业的核心竞争力。

(1) 积累专利实现市场突破

从三星和索尼专利对比及三星市场取得成功的图9-6可以看出，在电子信息产业，市场上形成核心竞争力和影响力的前提是拥有足够的专利积累，足够的专利储备量是市场取得成功的重要因素之一。正是由于三星公司不断地在各个技术领域进行专利储备，才使得其具备足够的技术交换能力参与到市场竞争中，从而获得与世界领先厂商开展技术合作和交叉许可的话语权。

通过专利分析可以对国内企业未来专利积累的重点区域进

行系统研究，以核心技术的专利储备带动企业市场竞争力的提升，协助企业获得参与国际合作的机会和在国际标准制定中的主动权。

(2) 重视专利国际化布局

三星公司的国际化进程与专利的国际化布局紧密相关，在欧美等三星公司重要的产品市场，专利先行已经成为确保市场占有率的先决条件。图9-7是三星在美专利历年申请量及在美专利申请占其全球专利申请总量的份额，从增长趋势上看，随着专利申请量的上升，美国这一重要的战略市场早已成为三星公司专利布局的重点，且重视程度在逐年提升。这对我国国际化企业的发展是一个很好的经验借鉴。

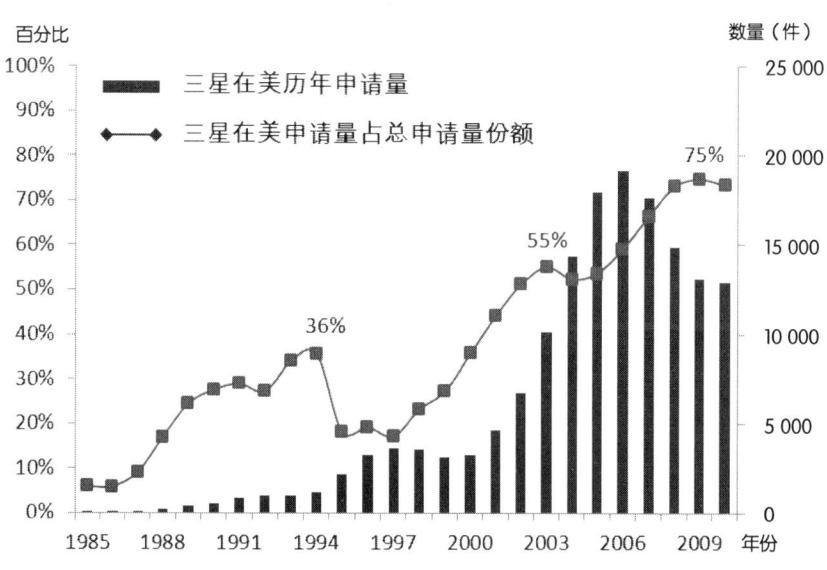

图9-7 三星在美专利及占全球专利总量的趋势分布

(3) 合理运用"技术借力"与"自主开发"

三星公司可为后发国家和企业借鉴的成功经验，主要在于其将"市场—产业—技术"和"技术—产业—市场"的动态匹配做得非常到位。在平衡"技术借力"和"自主开发"方面，始终以市场为导向，及时关注产业动向，预判产业趋势，寻找先导技术信息，充分借助已有的科研成果，缩短自主研发时间，辅以专利保护措施，逐步构建自主可控的产业发展空间。

通过专利分析，可以辅助国内企业在开展技术引进、市场调查、自主创新过程中平衡优劣，摸清当前技术发展态势，判断未来技术和产业发展趋势，形成可供企业选择的技术发展路线。尤其是出现当三星公司在发展高密度存储器的关键时期，面对国外大公司采取技术封锁的情况下，依然可以借助专利信息挖掘找出拥有同样核心技术的中小公司，辅以技术购买、入股等方式获得企业优先发展的技术资源，以确保企业的正常运转。

（4）准确把握"专利量变"与"专利质变"

三星公司从技术模仿到自主创新的过程，也是专利从量变到质变的转化。三星公司的成功经验至少表明，在技术互通性越来越强的电子信息产业内，一定数量的专利积累是实现企业参与市场竞争的必要筹码，尤其是对于后发企业而言，在核心技术落后与关键技术专利布局已被先发企业占领的情况下，依靠在一些关键环节大量布局外围专利，构建交织的专利组合，增强自身在国际技术发展路线上的话语权，是非常有必要的。

例如三星公司在DVD时代虽然未能加入专利联盟获得收益，但是其数量庞大的DVD外围专利积累，为其参与下一代DVD技术标准国际化奠定了良好基础，最终在下一代技术上成为标准制定者，并构建了核心专利组合。

结合产业和企业特性，正确认识"专利数量"和"专利质量"在产业中的平衡关系，提出适合于企业发展阶段的专利战略，兼顾"专利数量"和"专利质量"的双重要求，这是我国企业在参与国内和国际竞争中制订专利策略的要点之一。

第9章
专利提升企业核心竞争力路线图

（5）正确处理"技术联盟"与"国际合作"

三星公司转型升级过程中积极参与国际分工合作，通过技术联盟或战略联盟的形式获取有利于企业发展的共性技术，同时减少研发风险、增强竞争合力。这给予我国企业的启示在于，当前我国企业转型升级的模式应从以往的关注"全球产业分工"向关注"全球技术分工"过渡，积极承接技术转移和参与国际技术合作。避免出现因封闭式自主创新，而成为"技术孤岛"和"市场孤岛"。如我国自行制定的六项与国外 DVD 标准抗衡的自主格式，无一能够在市场获得认可；又如我国音视频编解码领域制定的具有自主知识产权的 AVS 标准也是因为未能形成具有自我循环的市场环境，在产业生态建设上难以构建完整的系统，导致技术标准和专利储备未能充分发挥效用。

专利分析则能够摸清市场竞争者的技术态势，找到优势互补的技术合作者，在国内企业间技术联合以及国内企业对外合作中发挥指引的作用，充分利用自有技术优势，使得合作发展的利益最大化。

9.2 以专利分析提升企业自主创新能力

专利可以贯穿于企业产品研发、制造和经营的各个环节，在企业提升技术创新能力和增强市场竞争力方面均可以发挥促进作用。企业应将专利申请、策略和布局融入到技术创新和自主开发的全过程中，通过专利分析获取有价值的专利情报，指导企业找准研发重点，及时调整研发方向，有效获取已有技术成果，缩短技术投入和产出时间，减少技术投入风险。

图 9-8 清晰地展示了从技术到专利，再从专利转化为产品，直至形成市场的过程中，专利在各个环节发挥的促进作用，目的是将专利分析导入企业产品研发、产业化和市场化的全

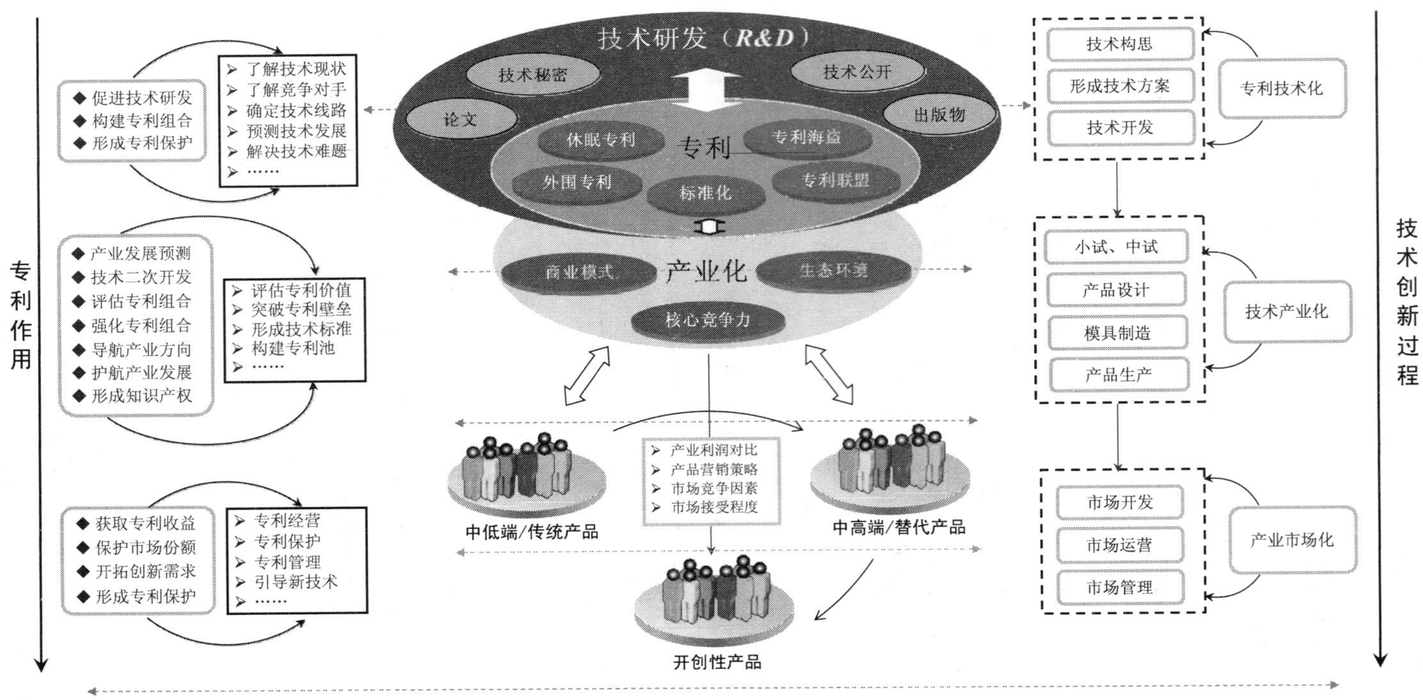

图 9-8 "技术—专利—产业—市场"理论在企业自主创新过程中的作用机理

第9章
专利提升企业核心竞争力路线图

流程，发挥专利分析对企业经营中战略布局的支撑，突出专利分析对企业自主创新的推动作用。

企业从技术研发开始，就要关注哪些涉及公司的核心技术是需要进行专利申请的，哪些技术是需要以技术秘密形式加以保护的，哪些技术是需要进行防御性公开的。并对技术现在和未来的发展趋势进行合理预测，在充分研究竞争对手的布局策略后制定本企业的专利开发和申请策略。企业在技术产业化过程中，在小试、中试等环节，包括产品设计、模具制造和生产的每个步骤中不仅要关注现有专利已经保护的情况，也要不断产生新的技术创新和专利。企业在专利申请和获取专利后要着重考虑如何有效运用专利组合获取竞争优势，通过组织、参与标准起草或联盟技术开发等活动，逐渐形成产业发展的主动权和话语权。在产业市场化的过程中，市场开发、运营和管理中充分发挥专利权维护和专利风险预警的作用，增强企业的风险监控和自我保护能力。通过市场信息的反馈指导技术研发方向，建立良性的循环机制，服务于企业总体的发展战略[①]。

围绕企业自主创新的流程，以下简要介绍专利分析和运用贯穿于企业技术投入到产品产出过程中的主要应用。

9.2.1 企业技术预研阶段专利分析重点

技术预研一般是指项目立项之后到产品开发前这段时间，对项目将采用的关键技术提前学习和研究，以便尽可能早地发现并解决开发过程中将会遇到的技术障碍。但在一些竞争激烈、产品更新换代频率高的产业，将技术预研提到项目立

---

① 各流程在专利上的实现过程可参见本书第5章的相应内容。

项前就展开，是非常必要的。可以说，技术预研是企业产品研发阶段的源头，企业若要紧跟国际先进技术发展水平，实现基础技术和核心专利技术的原始积累，只有充分发挥预研阶段的作用，重视专利分析情报的运用，才能为企业项目设立和准确运行提供充足依据。一般来说，技术预研阶段，企业在专利分析上可以着重于以下三方面内容。

1. 掌握产业现有产品动态

企业技术研发部门和销售部门常常因组织架构不同而产生相互脱节，这也是近来众多日本企业出现重大亏损的原因之一。因此在技术研发阶段，尤其在技术预研阶段就对现有市场产品动态有清晰了解，能够大致预测未来需求，可以一定程度上对专利申请的重点方向和趋势提前作出判断。进一步可了解产业内与企业具有竞争关系的企业或产品的发展动向，通过专利数据分析为预研技术提供专利态势参考。同时还可以了解主要国家或重点企业的技术研发动态和主要技术发展动向。

2. 确定目标产品专利态势

在充分掌握现有产品动态的基础上，要确定与预研目标产品相关的专利技术发展和分布情况，了解技术难点和热点，以及各企业对技术的掌握情况和研发动态，综合各因素确定本企业产品的发展重点。筛选目标产品涉及的所有公开专利或申请策略，包括区域分布、核心专利和外围专利分布、企业专利拥有情况和法律状态、目标产品的专利集中度等。

3. 评估技术壁垒和专利风险

评估技术壁垒和专利风险是企业决定是否研发以及如何切

入研发点,利用现有资源的准备性工作。这一阶段的专利分析,不仅涉及重点技术,而且需要明确是否可以绕开某些专利壁垒,是否必须采用某项专利技术,该技术持有人是否存在竞争或合作关系,以及专利的法律状态、保护范围的大小等。并判断目标产品的开发是否存在专利侵权风险,提出有关建议。对于无法绕开的专利,还需要判断专利拥着者与本企业的关系以及专利拥有者在历史上的许可和诉讼问题,以确定继续开发是否存在风险。对于在一定区域内可以使用的专利应谨慎、合理地利用。

9.2.2 企业项目立项阶段专利分析重点

项目立项阶段的专利分析主要是为了确定配套的专利实施计划,重点分析企业拟申请专利与其他企业已拥有专利的关系,为产品未来市场化进行事前的专利部署。

1. 评估优势技术和专利申请重点

根据项目立项及研发计划和总体方案,初步确定企业产品的优势技术,并具体进行专利申请和布局安排。同时根据预研阶段分析的基础专利和重点专利,确定应对策略:针对他人的基础专利,企业可以通过设置包围该专利的外围专利策略,获得交叉许可的权利;针对他人可能采用的技术,如果对本企业构成威胁,可以采用抢先公开的防御型策略或是提前进行专利申请,以破坏对方的专利策略。

2. 确定专利申请计划和布局策略

确定企业专利申请计划,包括专利申请与技术秘密的选择,在哪些技术点上形成核心专利组合,在哪些技术点上形成外围专利组合,以及形成的专利组合如何配置分布。如何结合本企业目前和未来业务，恰当地进行专利布局国家或地区的选择，并根据竞争对手的业务范围，开展适当的进攻性或是防御性专利布局。在某些领域，申请专利时还要考虑到日后侵权纠纷发生时举证的难易程度。

9.2.3 企业技术研发过程专利分析重点

研发环节是专利密集形成的主要阶段，因此整个过程需要与企业研发人员就研发技术点进行全面专利检索。随着研发工作的进展，要开展定期检索和实时分析，通过专利信息反馈及时提醒研发人员注意相关专利壁垒或是现有技术，避免新产生的专利申请对企业研发造成障碍。

1. 专利技术筛查和选用

研发过程中，需要对研发的技术进行全面的专利和非专利公开文献检索，通过专利信息获得他人已有的专利保护信息，通过非专利信息获得哪些技术构思已被公开，从而指导在研究成果撰写成专利时，能够避免出现被现有技术披露的撰写缺陷。此外，通过检索找到与企业研发技术相关的专利技术，并对专利技术的有效性进行筛查，对于超过专利保护期的技术企业可以合理使用，对于尚在专利保护期内但又是企业需要的技术，应在技术研发时考虑是否采取规避设计的方式。

2. 技术合作与成果共享

在技术研发过程中，对于产业化前景不明朗的技术，尤其是新兴技术，为减少研发风险和损失，可以及时通过专利检索找到与企业研发产品接近的技术方案，找到是否存在合作可能的方案，以及是什么样的机构或是企业拥有这些方案，以便采取合作开发和成果共享的方式获得利益的最大化。

第 9 章
专利提升企业核心竞争力路线图

尤其是在一些技术与市场关联密切、市场竞争激烈的领域，行业内企业间的竞争使得产品开发周期和成本消耗成为决定市场能否成功的决定性因素。为此，多数企业采用并行研发的方式来缩短研发周期，通过不同技术路线下可产业化前景的对比，获得最优技术方案，从而获得集中的且最优的专利布局效果。

3. 自主研发与交叉许可

三星公司的成功经验表明，采用灵活的专利策略，不一味强调自主研发，而是在技术可获取的基础上，充分根据市场情况来获得最新技术，从而缩短与世界先进水平的差距，是一条通往成功的可行之路。实际上，我国华为的成功，也正是遵循了这一原则，熟练运用技术许可和交叉许可等多种方式，积极参与国际合作，才能够实现企业的快速发展。

因此，企业在研发过程中对技术研发周期和市场机遇要进行综合评估。如果研发周期长，研发成功后已错过市场最佳切入时机，则应考虑现有技术是否存在技术许可或交叉许可的可能性。另外，通过比较自主研发与交叉许可的成本，可对技术研发的内容、方向和策略进行修正。

9.2.4 企业产业化和进入市场前专利分析重点

当企业的产品准备产业化和进入市场前，开展具有针对性的专利分析工作十分必要。一是对之前各个环节专利分析工作的整理和再查；二是对从预研到市场化前这一阶段的专利的再补充检索和筛查隐患，尤其是从预研到产业化阶段间隔时间较长的项目，务必要再次进行全面检索，重点关注在此期间公开的相关专利，以及重要竞争对手的专利动向，及时发现之

前未曾注意到的专利风险；三是要对产品可能投入的目标市场的专利态势进行详细调查，同时，了解主要竞争对手在同类产品布局上新的专利动向，及时切断隐患或做好防护预案。

1. 产品小试和中试阶段

技术研发阶段同时会伴随着产品的小试和中试，在产品大规模产业化前进行专利分析摸查，是了解产业化风险并及时化解的重要时间节点。通过对试制产品的全面评估，与竞争对手的技术或专利进行详尽比对，对可能侵权的技术方案进行规避设计，或是提前进行应对方案的设计，可以尽量降低产品规模化后可能面临的风险。

2. 产品设计和生产阶段

包括外观、性能等要素在内的产品设计已经成为当今知识产权竞争的焦点，苹果诉三星外观专利侵权就是一个较为经典的案例。我国企业大多处于模仿阶段，借鉴外来优秀经验在所难免，因此企业在产品设计，乃至进行大规模产业化时，可从法律角度对可能存在的包括产品设计在内的诸多知识产权问题进行再次评估，对可能侵权的方案进行再设计或与持有者达成交叉授权协议，为大规模产业化和产品销售打下良好的基础，避免因规模化导致未来重大的经济损失。

9.2.5 企业市场销售和贸易环节专利分析重点

企业产品上市后，在销售和对外贸易中，还应随时加强监控，增强风险防范意识。一是及时监控以发现市场上是否有同类产品，该产品是否存在侵犯企业自身专利权的情况；二是持续跟踪企业产品是否存在侵犯他人专利权的情况；三是当企业产品在海外销售时，应提前关注主要竞争对手在销售地的专利动向，防止海外专利侵权情况的发生。

1. 市场开发阶段

产品上市后，在市场开发阶段，应密切关注市场同类产品的动向以及竞争对手的技术发展动向。一是通过对市场同类产品的研究，发现是否自身专利权益受到侵犯；二是通过关注竞争对手或潜在专利技术的了解，预判企业自身产品是否存在侵权风险，并及时提供应对措施和防御方案。

2. 市场运营阶段

市场运营和管理阶段应根据产品的市场占有情况及竞争对手的产品销售情况制订专利策略。当竞争对手产品威胁到自身产品市场时，可通过发函或谈判协商等方式以专利权受到侵害为由限制竞争对手发展，通过专利诉讼等方式扰乱竞争对手或对其进行打压。如台湾宏达电（HTC）公司在智能手机领域的快速崛起，引起了苹果公司的注意，苹果恰当地抓住HTC的专利软肋进行攻击，很快就取得了成效，HTC产品的市场占有率一路下滑，股票市值也跌去了一半多，最重要的是，苹果通过此番攻击，使得HTC在市场上已经难以对苹果的产品构成威胁，起到了市场保护的作用。

9.3 以专利分析提升企业引进转化能力

自主创新是企业核心竞争力提升的根本，但在市场日益变化的领域，企业应正确平衡"自主"与"借力"的关系。从技术的可获取性、技术开发周期、替代技术评估、产品生命周期的角度综合评估自主创新与市场对接的可行性。在一些市场变换较快和技术互通性较强的领域，企业应遵从市场规律，避免过分囿于自主创新,而排斥技术学习、引进与合作的方式。通过技术吸收,获得快速跟进的能力,取得市场先机,为日后技术提升和实现技术的自主可控奠定基础,不失为一种可选的企业发展策略。三星公司初期的专利引进战略正是以市场为导向,通过占领市场来反哺技术提升的。

9.3.1 专利分析提升企业技术引进能力

我国大多数企业在技术引进过程存在的主要问题是难以有效和准确判断哪些技术是企业发展所必需的,即引进什么技术的问题,同时缺少对引进方式的了解。对引进后的技术如何进行二次开发和深度改良以实现技术超越也是企业面临的主要问题。可以说,企业在技术引进和专利许可过程中,将会面临不同的技术发展路线、不同的产业生态环境、不同的竞争对手,也可能会面临技术先发者的技术封锁等。通过专利和相关信息的检索,可以找到企业所关注技术的专利持有者,并对各项专利稳定性和价值进行初步评估,协助企业找准技术引进的价值和方向,合理界定专利授权和许可的法律边界,最大限度地为企业后续技术跟踪创造前提条件。

9.3.2 专利分析提升企业技术合作能力

技术合作与技术共享是企业减少研发风险、获得集群优势的重要手段。合理有效地开展技术合作、成果共享已经成为目前国际通行的一种发展模式,通过企业间合作、产学研结合等方式,充分利用专利信息分析的辅助,增强技术产业化能力,是企业提升核心竞争力的有效方式。

企业在技术合作时面临的主要问题是,难以获得有效的技术合作信息。借助专利分析的方式,可以在企业关注的领域内,

第 9 章
专利提升企业核心竞争力路线图

为企业寻找具有技术相似或互补性技术的持有人,增强企业技术研发与现有技术间的互通性和融合度。

9.3.3 专利分析提升企业技术流转能力

技术流转主要指企业将自身拥有的技术以转化、转让、交易或交叉许可等方式参与市场竞争。技术转化效率低一直是我国科技整体竞争力不强的主要因素之一,也是企业难以形成持续竞争力的主要问题,通过专利分析,按照企业技术发展状况,一是可以找到企业所需的专利技术,二是可以增强企业引进技术的二次开发和转化能力。

此外,企业如果在某些新兴领域拥有一定专有技术后,如果自身不去实施,可以采用技术转让和交易的方式出让,以入股和参股的方式吸引社会资金进入,减少企业主营业务风险,同时可以在新兴领域中取得一定的主动权。目前多数跨国公司在技术溢出较为突出的领域多采用这一策略,以有效实现技术的流转。将专利分析与技术发展和市场结合,能够一定程度上对技术流转后的产业化进行初步判断,从而减少企业技术研发风险,提升企业技术创新效率。

9.4 以专利战略提升企业市场竞争能力

在技术研发、产业化和市场化过程中,除了发挥专利分析的引导、指导、监控和保护作用外,还应将专利战略融入到企业总体发展战略中,充分发挥专利在企业间合作、谈判、许可、并购和交易中的作用,辅助企业熟练运用专利规则,在专利保护企业技术创新的同时,提升企业综合运用专利的整体能力。

9.4.1 制订符合企业发展阶段的专利战略

专利理应是企业获得市场竞争优势的有力武器,但企业如果驾驭不当，超出了企业经营能力的承受范围，有可能给企业带来副作用。因此，通过专利分析，准确定位企业在产业链的地位及所处阶段，对企业专利战略进行合理布局，集中优势资源进行核心技术专利布局，是实现企业竞争能力提升的关键。

1. 国际型企业专利战略

国际型企业在专利战略上宜结合企业的业务范围、业务内容和业务领域进行综合规划。重点在于关注少数几个核心竞争对手的专利动向，发掘竞争对手在新技术方面的商业活动，包括对技术型中小企业的专利收购、与大学和科研机构的合作研发等。针对竞争对手的动作，及时调整本企业的专利发展战略，建立具有攻防体系的专利储备。简而言之，国际型或走向国际型的企业要以"盯人战略"为企业专利战略的核心。

2. 国内龙头企业专利战略

国内龙头企业具有一定产业发展基础，在技术创新上可以有更多的资金投入。因此在制订企业专利战略时，应充分发挥专利分析和运用的作用，避免专利成为企业的"形象工程"，而是要切实地将专利提升企业核心竞争力的理念贯穿到企业实际运行中，积极开展技术研发与专利开发的结合，目标瞄准产业链的主导企业，以专利拥有量、市场占有率等企业直接相关的指标为依据，确保企业运行指标始终保持在国内领先地位，并积极向国际型企业的技术指标靠拢，努力学习并借鉴其成功的专利战略，作为本企业各项发展的主要目标。

3. 中小企业专利战略

中小型科技企业多数具有独到技术创新能力，但由于中小企业经营规模较小，很难形成技术研发投入与产出收入间的平衡。因此中小企业在成长过程中，应将有限的资金投入核心技术的专利转化上，凭借技术实力吸引外部资金。中小企业发展时，在专利运用上可以采取企业间"联防战略"，有效聚集专利优势技术资源，构建产业技术发展联盟，以超越产业平均的专利综合实力和市场竞争实力为目标，规划自身的专利战略。

9.4.2 保持企业产业竞争力专利适配战略

在专利密集型产业内，企业为了生存和发展，往往会积极申请专利，以获得更大的市场机会。企业为此不仅要在专利申请和维护上花费大量金钱，而且还有可能在专利许可、诉讼上花费大量金钱。实际上，企业专利数量与产业竞争力并不是简单成正比，不切实际盲目地申请专利不仅不会为企业提升核心竞争力，反而有可能会使企业背上沉重的负担。因此通过专利分析，找准企业维持产业竞争力和专利适配度间的关系，从而指导企业合理运用专利战略至关重要。

通常在市场经济调节下，企业会根据自身经营状况，在专利付出与专利收获间寻找平衡点（如研发投入占企业经营成本或销售额的百分比）。这个平衡点背后所反映的就是成功企业合理运用专利战略的能力。因此选择合适的成功企业作为目标，例如图9-3所示的产业均值、企业排名前20均值或排名前5均值，为不同发展阶段企业规划其应遵循的维持产业竞争力的专利适配度，可以为企业更加有效地平衡专利数量、质量和经营效益间的分配提供重要参考。

1. 企业专利储备量和增长率

企业专利储备属于企业的无形资产，专利储备量越多，意味着价值含量越高。当专利储备达到一定程度后，企业会根据自身发展情况合理调节专利储备容量和内容，如通过出售、转让、拍卖或放弃的形式使得专利资产利益最大化。我国企业在发展中，可以寻找与自身量级相当的企业或龙头企业，依据其在专利储备和增量上的表现，来合理规划自身的专利战略。

近来智能手机领域出现的集中并购和专利收购，所反映出的深层次原因就是各大公司基于对未来市场的预期和重视，需要借助专利保护的形式重构产业格局。终端企业、互联网企业、业务提供商纷纷涉足智能终端领域，通过独自或联盟的形式以专利收购、联合收购、收购转让的方式，增加自身未来在智能终端领域的专利储备，达到立足于产业发展的目的。可以预期，在未来一段时间内，这些跨国公司在智能终端领域不仅会加快专利购买，而且自身的专利布局速度也会加快。我国企业如不能抓住机会参与到国际竞争中，或是进行横向整合，未来将处于不利的地位。

因此，通过专利分析，可以协助企业根据自身在产业中所处的位置合理规划专利战略，衡量适合于企业维持平衡发展的专利储备量的专利申请增长率。

2. 企业专利数量、质量和效益的平衡

企业在实施专利战略时，必然要遵循市场规律，协调专利申请数量、专利维持数量、专利申请质量和企业经营效益间的平衡。如果企业拥有的是该领域的核心技术，凭借少量的专利组合就可以获得市场竞争优势，但如果企业所在产业专利密集，无法形成绝对的核心专利，而必须依靠专利群的力量来参与竞争。专利储备与核心专利成为市场上话语权的主导因素，同时也决定了谁的专利组合内容越多，专利的广度和深度更复杂，形成的专利强度就越高，在产业的地位就更突出。因此协调好企业专利数量、质量和效益间的平衡，是维持企业核心竞争力的关键。我国目前依靠专利战略获得成功的企业多是

第 9 章
专利提升企业核心竞争力路线图

根据自身所处位置,以主要竞争对手的专利战略为跟踪对象,形成"影子式"专利跟随战略,从而获得市场竞争力的逐步提升。

华为公司经过 10 余年的专利积累后,全球专利申请量已达 3.3 万项,总量超过了主要竞争对手爱立信公司的 2 万项的水平,图 9-9 所示是华为公司在美历年专利申请量[①]和在美专利占其专利总量的份额。但是从专利布局的广度、专利申请的深度、有效专利存量以及欧美重要地区的授权有效专利上,华为还不占优势,在专利许可谈判以及许可费支出上,与爱立信公司还有一定差距。

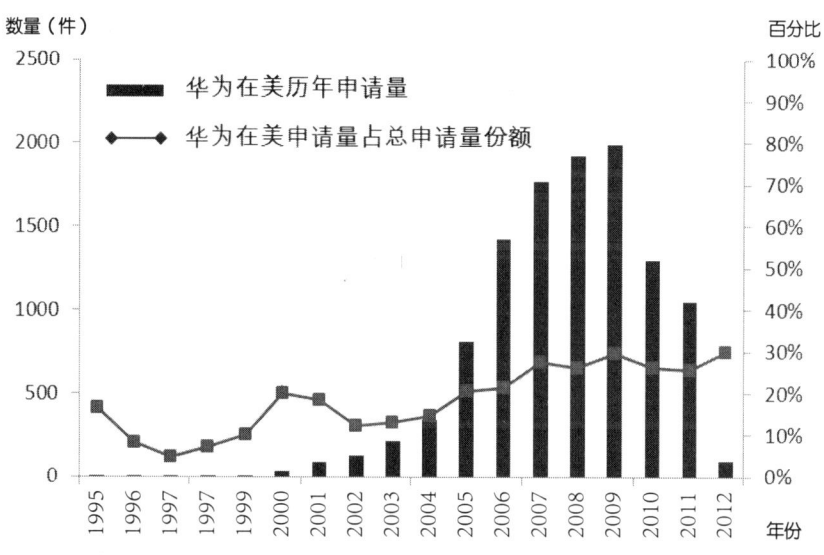

图 9-9 华为在美专利及占全球专利总量的趋势分布

如华为 2011 年在美专利授权量（354 件）已排名美国专利授权企业前五十位,近五年累计在美专利授权量已达 763 件,专利储备已经初具规模。但与竞争对手爱立信在美专利授权

---

① 专利申请量的统计口径依据专利申请日,但因同族专利等原因会存在一定的数量冗余,此处仅作趋势表示,并非严格意义上的实际数据。

量相比还有一定差距[①]，未来依然需要积极进行专利储备。

如图 9-10 是爱立信公司在美专利申请量及占全球专利申请的份额，可以看出爱立信在与华为相比同时期不仅在美专利申请量多，而且所占份额也非常大，体现了国际化公司的专利布局策略。

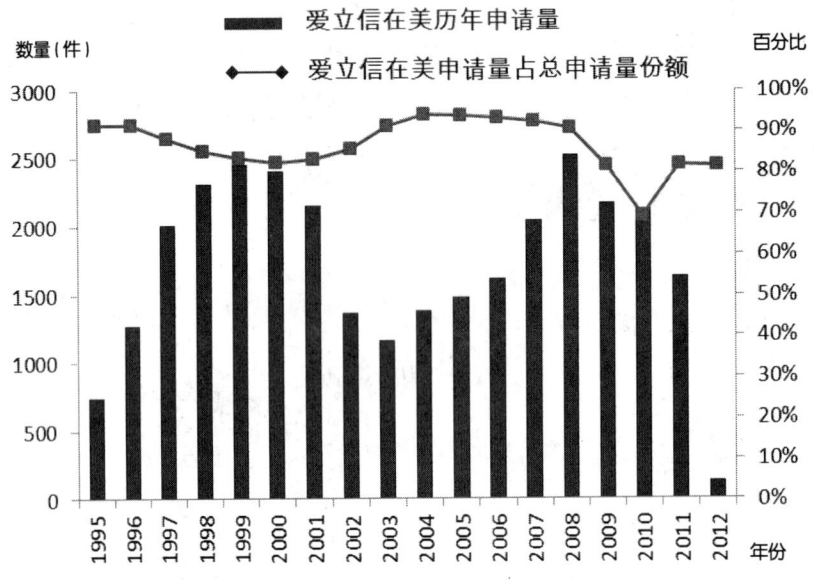

图 9-10 爱立信在美专利申请及占全球专利总量份额

可以说，从专利储备的角度，华为公司已经跨越了专利数量积累的阶段，下一步应开始着手向专利质量以及提高核心竞争力来设置其专利战略，更重要的是要围绕公司的核心业务及应对市场变化而延伸的业务领域进行拓展，以现有专利基础为扎实的根基，获得进入新兴领域的入门许可。因此，保持与竞争对手同等规模的专利申请，并有针对性地在美欧等发达国家布局，以获得更多的谈判筹码，应该是华为公司未来总体专利战略中的重要组成内容。

[①] 爱立信在美近五年专利授权量近 2 000 件，加上其之前的积累和储备，在专利交叉谈判方面相对华为拥有更大的主动权。

参考文献

[1] Acs, Z.J., Audretsch, D.B., Patents as a Measure of Innovative Activity [J]. Kyklos, 1989, 42(2): 171–180.

[2] Chen, K.H., Guan, J.C., Mapping the innovation production process from accumulative advantage to economic outcomes: A path modeling approach [J]. Technovation, 2011, 31: 336–346.

[3] Chen, K.H., Guan, J.C., Measuring the Efficiency of China's Regional Innovation Systems: An Application of Network DEA [J]. Regional Studies, 2012, 46: 355–377.

[4] Crepon, B., Duguet, E., Mairesse, J., Research and development, innovation, and productivity: an econometric analysis at the firm level[J]. Economic of Innovation and New Technology, 1998, 7(2): 115–158.

[5] Falvey, R., Foster, N., Greenaway, D., Intellectual property rights and economic growth [J]. Review of Development Economics, 2006, 10: 700–719.

[6] Furman, J.L., Porter, M.E., Stern, S., The determinants of national innovative capacity [J]. Research Policy, 2002, 31: 899–933.

[7] Gould, D.M., Gruben, W.C., The role of intellectual property rights in economic growth [J]. Journal of Development Economics, 1996, 48: 323–350.

[8] Griliches Z., Patent statistics as economic indicators: a survey [J]. Journal of Economic Literature, 1990, 28: 1661–707.

[9] Guan J.C., Chen K.H. Measuring the innovation production process: A cross-region empirical study of China's high-tech innovations[J]. Technovation, 2010, 30: 348–358.

[10] Guan, J.C., Chen, K.H., Modeling the relative efficiency of national

innovation systems [J]. Research Policy, 2012, 41: 102–115.

[11] Harhoff, D., Scherer, F.M., Vopel K., Citations, family size, opposition and the value of patent rights [J]. Research Policy, 2003, 32(8): 1343–63.

[12] Kortum, S., Putnam, J., Estimating patents by industry: Part I and Part [J]. Mimeo, Yale University, 1989.

[13] Lach, S., Patents and Productivity Growth at the Industry Level: A First Look [J]. Economics Letters, 1990, 49(1): 101–108.

[14] Pakes, A., Griliches, Z., Patents and R&D at the Firm Level: A First Look, R and D Patents & Productivity, edited by Zvi Griliches [J]. Chicago: University of Chicago Press, 1984: 55–72.

[15] Varsakelis, N., The impact of patent protection, openness, and national culture on R&D investment: a cross-country empirical investigation [J]. Research Policy, 2001, 30: 1059–1068.

[16] Yang, C.H., Is innovation the story of Taiwan's economic growth [J]. Journal of Asian Economics, 2006, 17(5): 867–878.

[17] 金碚. 全球竞争新格局与中国产业发展趋势 [J]. 中国工业经济，2012(5).

[18] 黄颖. 产业转型升级的方向、途径和思路 [J]. 中国经贸导刊，2011(22).

[19] 陈清泰. 自主创新和产业升级 [M]. 中信出版社, 2011.

[20] 李伟. 不完全竞争中的技术追赶与产业升级：后发国家产业演化研究 [M]. 上海财经大学出版社, 2011.

[21] 李克. 经济转型、产业升级 [M]. 北京理工大学出版社, 2011.

[22] 程慧芳，唐辉亮，陈超. 开放条件下中国经济转型升级动态能力报告（2012）[M]. 科学出版社, 2012.

参考文献

[23] 约翰·马修斯, 赵东成. 技术撬动战略: 21世纪产业升级之路 [M]. 北京大学出版社, 2009.

[24] 迈克尔·波特. 竞争战略 [M]. 华夏出版社, 2002.

[25] 吴金明, 邵昶. 产业链形成机制研究 [J]. 中国工业经济, 2006(4).

[26] 郭炳南, 黄太洋. 比较优势演化、全球价值链分工与中国产业升级 [J]. 技术经济与管理研究, 2010(6).

[27] 李晓华, 吕铁. 战略性新兴产业的特征与政策导向研究 [J]. 宏观经济研究, 2010(9).

[28] 金国轩. 产业升级实现途径探析 [J]. 现代商贸工业, 2011(15).

[29] 国家发展改革委经济研究所财金室课题组. 韩国支持产业升级和结构调整的经验和做法 [J]. 中国经贸导刊, 2007(7).

[30] 李雨珣. 走具有中国特色的产业升级之路: 日本产业结构升级对我国的启示 [J]. 中国市场, 2011(10).

[31] 林泽斐, 孟雪梅. 台湾信息产业转型及发展趋势研究 [J]. 经济论坛, 2011(4).

[32] 赖俊平, 张涛, 罗长远. 动态干中学、产业升级与产业结构演进: 韩国经验及对中国的启示 [J]. 产业经济研究, 2011(3).

[33] 熊勇清, 曾丹. 区域传统产业转型的决策方法探讨 [J]. 统计与决策, 2011(17).

[34] 龚勤林. 产业链空间分布及其理论阐释 [J]. 生产力研究, 2007(16).

[35] 周一珉, 李淑梅. 产业链内涵与形成机制述评 [J]. 企业改革与发展, 2008(5).

[36] 郭民生. 通向未来的制胜之路: 知识产权经济及其竞争优势的理论与实践 [M]. 知识产权出版社, 2010.

[37] 郭民生, 王峰. 区域专利发展战略 [M]. 知识产权出版社, 2005.

[38] 陈燕, 黄迎燕, 方建国等. 专利信息采集与分析 [M]. 清华大学出版社, 2006.

[39] 毛金生, 陈燕, 冯小兵等. 专利分析和预警操作实务 [M]. 清华大学出版社, 2009.

[40] 罗伯特·F. 赖利, 罗伯特·P. 施韦斯. 商业价值评估与知识产权分析手册 [M]. 伍颖等译. 中国人民大学出版社, 2006.

[41] 林杞泽, 陈松. 三星电子公司半导体技术发展过程 [J]. 中国科技论坛, 1999 (1).

[42] 黄庆, 曹津燕, 瞿卫军, 刘洋, 石昱, 肖云鹏. 专利评价指标体系 (一): 专利评价指标体系的设计和构建 [J]. 知识产权, 2004,05:25–28.

[43] 曹津燕, 肖云鹏, 石昱, 黄庆, 瞿卫军, 刘洋. 专利评价指标体系 (二): 运用专利评价指标体系中的指标进行数据分析 [J]. 知识产权, 2004(05):29–34.

[44] 刘洋, 瞿卫军, 黄庆, 肖云鹏, 石昱, 曹津燕. 专利评价指标体系 (三): 运用专利评价指标体系进行的地区评价 [J]. 知识产权, 2004(05):35–38.

[45] 陈燕. 专利纠纷预警中的指标体系 [J]. 中国发明与专利, 2005(08):58–62.

[46] 黄幼陵, 代晶. 企业专利预警警度评价的探讨 [J]. 知识产权, 2005(05):27–30.

[47] 蔡国梁, 廖为鲲, 涂文涛. 区域经济发展评价指标体系的建立 [J]. 统计与决策, 2005(19):45–46.

[48] 魏雪君, 葛仁良. 我国专利统计指标体系的构建 [J]. 统计与决策, 2005(11):35–36.

[49] 张冬梅,曾忠禄.专利情报分析指标体系、分析方法与技术[J].情报杂志,2006(03):55-57.

[50] 汪雪锋,刘晓轩,朱东华.专利价值评价指标研究[J].科学管理研究,2008(06):115-117.

[51] 肖国华,王春,姜禾,郭婕婷.专利分析评价指标体系的设计与构建[J].图书情报工作,2008(03):96-99.

[52] 魏雪君,葛仁良.区域专利保护评价指标体系构建研究[J].科技管理研究,2008(08):252-253.

[53] 刘淑茹.产业结构合理化评价指标体系构建研究[J].科技管理研究,2011(05):66-69.

[54] 杨晓云,綦振法.产业集群竞争力评价指标体系研究[J].山东理工大学学报(自然科学版),2011(02):95-98.

[55] 曹洪军,赵翔,黄少坚.企业自主创新能力评价体系研究[J].中国工业经济,2009(09):105-114.

[56] 张目,周宗放.我国高技术产业自主创新能力评价指标体系研究[J].科技管理研究,2010(16):46-49.

[57] 张丽玮,邵世才,魏海燕,朱东华,汪雪锋.OECD专利分析指标[J].情报科学,2009(01):124-127.

[58] 温宇静.中国产业竞争力指标体系与综合评价[D].东北财经大学,2003.

[59] 杜莉.产业发展规划中的评价指标体系研究[D].大连理工大学,2007.

[60] 鞠树成.对山东省专利产出与经济增长的协整分析[J].科技管理研究,2007(6):126-129.

[61] 李习保.区域创新环境对创新活动效率影响的实证研究[J].数量经济技术经济研究,2007(8):13-24.

[62] 官建成,陈凯华.我国高技术产业技术创新效率的测度[J].数量经济技术经济研究,2009,26(10):19-33.

[63] 刘华. 专利制度与经济增长：理论与现实——对中国专利制度运行绩效的评估 [J]. 中国软科学, 2002 (10): 26-30.

[64] 郭雯, 马克等. 记录介质审查标准研究 [R]. 国家知识产权局学术委员会, 2007.

[65] 郭雯, 马克, 曹文才. 重大经济活动知识产权审议机制：贵州微硬盘项目知识产权研究 [R]. 国家知识产权局办公室, 2007.

[66] 卜方, 马克, 李龙等. 蓝光 BD 专利预警应急分析及其与记录介质审查标准关系的再研究 [R]. 国家知识产权局学术委员会, 2009.

[67] 国家知识产权局专利分析和预警课题组. 高密度存储器技术专利分析和预警 [R]. 国家知识产权局专利分析和预警工作领导小组办公室, 国家知识产权局专利局电学发明审查部, 国家知识产权局知识产权发展研究中心, 2010.（课题组构成：李永红, 汤志明, 陈燕, 朱世菡, 田冰, 陈丽娜, 王少峰, 尹剑峰, 马克, 李岩, 马宁）

[68] 国家知识产权局专利分析和预警课题组. 新型煤化工大宗化学品（碳一化工）专利分析和预警 [R]. 国家知识产权局专利分析和预警工作领导小组办公室, 国家知识产权局专利局化学发明审查部, 国家知识产权局知识产权发展研究中心, 2011.（课题组构成：崔军, 陈燕, 李彦涛, 王雷, 刘雷, 罗玲, 赵凤阁, 刘广南, 胡杨, 王瑾, 刘庆琳, 陈飚, 杜伟, 王科）

[69] 国家知识产权局专利分析和预警课题组. 高性能计算机芯片指令系统专利分析和预警 [R]. 国家知识产权局专利分析和预警工作领导小组办公室, 国家知识产权局专利局电学发明审查部, 国家知识产权局知识产权发展研究中心, 2011.（课题组构成：李永红, 陈燕, 李胜军, 林柯, 周述红, 田冰, 富瑶, 顾静, 马克, 刘庆琳, 陈飚）

[70] 国家知识产权局专利分析和预警课题组. 锂离子电池加工工艺专利分析和预警 [R]. 国家知识产权局专利分析和预警工作领导

小组办公室,国家知识产权局专利局电学发明审查部,国家知识产权局知识产权发展研究中心,2012.(课题组构成:李永红,陈燕,张鹏,肖光庭,刘红梅,孙全亮,张健,武绪丽,古得龙,罗文辉,张谦,马克,邓鹏,孟海燕)

[71] 国家知识产权局高培发展研究平台课题组.专利运营问题调查研究[R].国家知识产权局知识产权发展研究中心,2011.(课题组构成:陈燕,李胜军,谢小勇,刘淑华,孙玮)

[72] 国家知识产权局高培发展研究平台课题组.专利运营基础与实务[R].国家知识产权局知识产权发展研究中心,2011.(课题组构成:陈燕,李胜军,谢小勇,刘淑华,孙玮)

[73] 国家知识产权局高培发展研究平台课题组.企业专利池构建操作实务研究[R].国家知识产权局知识产权发展研究中心,2011.(课题组构成:陈燕,孙全亮,吴辉,李岩,王雷,刘庆琳,邓鹏,寿晶晶,谭毅,罗秋林,崔静思)

图表索引

图 1-1 "十二五"规划涉及转变经济发展方式的关键词 ………… 5
图 1-2 产业转型升级和结构调整的方向、途径和思路 ………… 7
图 2-1 后发国家与先发国家在技术、产业、
市场和专利布局上的时间差 ………… 16
图 2-2 后发国家从产业链低端向"微笑曲线"两端发展 ………… 17
图 2-3 区域内部现有基础评估 ………… 18
图 2-4 政策导向对各主体和要素的影响力 ………… 23
图 2-5 区域外部面临的国内和国际环境 ………… 24
图 3-1 专利与"技术—企业—产业—市场"全链条的关系 ……… 29
图 3-2 半导体存储器产业发展历史和趋势 ………… 33
图 3-3 电视产业转移趋势及产业价值链区域分布 ………… 35
图 3-4 太阳能光伏上中下游产业链构成与价值链分布 ………… 37
图 3-5 以 DVD 为核心的视听产业纵向产业链 ………… 38
图 3-6 后发国家切入半导体产业链的通行方式 ………… 40
图 3-7 从"传统市场"向"新兴市场"发展的两种驱动力 ……… 43
图 3-8 企业商业模式的构成要素 ………… 50
图 3-9 企业主要技术研发模式 ………… 51
表 3-1 半导体存储器基础技术的专利起源 ………… 55
图 3-10 技术生命周期下专利、产业和市场关系 ………… 61
图 3-11 市场主导下的技术创新与产业升级 ………… 63
图 3-12 政府主导下的产业规划和技术布局 ………… 65
图 3-13 美国富锂正极材料技术研发、
专利许可和产业化路线图 ………… 72
图 3-14 芝加哥大学—阿贡国家实验室
富锂正极材料核心专利组合分布 ………… 74
图 3-15 国内外 DVD 技术专利保护类型和侧重点对比 ………75

图表索引

图 3-16　芝加哥大学—阿贡国家实验室
　　　　　富锂正极材料专利技术路线演进图 ……………… 76
图 4-1　专利分析模块设置及应用流程图 ……………………… 82
图 4-2　二甲醚制备技术演进发展路线图 ……………………… 96
图 4-3　Intel 公司技术发展路线及在华专利布局对比 ………… 97
图 4-4　半导体分栅闪存技术演进重要专利引证及许可关系 …… 98
表 4-1　TEMPOS 技术角度分类示意 ………………………… 99
表 4-2　海上风电基础塔架技术—申请人专利矩阵分布 ………100
表 4-3　海上风电基础塔架技术—申请时间专利矩阵分布 ……101
表 4-4　CPU 指令技术分支近五年专利申请活跃度汇总 ………102
图 4-5　高通公司进军嵌入式 CPU 领域前后核心专利布局比较 …104
表 4-5　高密度存储器技术龙头企业技术活跃度统计 …………105
图 4-6　锂离子电池领域日本企业专利综合实力分布 …………107
图 4-7　宝洁公司与吉列公司专利技术分布图 …………………108
表 4-6　专利综合评价指标体系和指标权重系数表 ……………111
表 4-7　产业规模专利评价指标 …………………………………114
表 4-8　产业发展水平专利评价指标 ……………………………115
表 4-9　产业竞争力专利评价指标 ………………………………117
表 4-10　区域规模专利评价指标 …………………………………118
表 4-11　区域发展水平专利评价指标 ……………………………119
表 4-12　区域竞争力专利评价指标 ………………………………120
表 4-13　企业技术水平专利评价指标 ……………………………121
表 4-14　企业创新能力专利评价指标 ……………………………123
表 4-15　企业技术发展方向专利评价指标 ………………………124
表 4-16　企业竞争力专利评价指标 ………………………………125
图 5-1　专利分析在创造、运用、保护和管理各流程中的应用 …127
图 5-2　专利联盟的运行机制图 …………………………………135
图 5-3　专利池的组织运行机制 …………………………………138
图 5-4　技术标准的分类方式 ……………………………………141

图 5-5	专利选入技术标准流程图	142
图 5-6	专利许可的六种方式	143
图 5-7	专利互惠许可流程	145
图 5-8	影响专利许可费用的因素	146
图 5-9	专利许可费率确定流程	148
图 5-10	专利拍卖流程	157
图 5-11	企业专利并购流程	158
图 5-12	专利融资主要方式	159
图 5-13	负债式专利融资流程	160
图 5-14	所有者权益式专利融资—专利证券化融资流程	161
图 5-15	专利预警流程分析	167
图 5-16	战略层面专利风险判断	169
表 5-1	战术层面专利侵权判定原则	171
图 5-17	专利维权流程	176
图 6-1	专利与产业增长关系研究思路	177
图 6-2	技术创新过程的路径概念图	183
图 6-3	技术创新过程中不同功能的活动影响路径模型	183
图 6-4	专利对产业增长促进过程示意图	186
图 6-5	专利预测产业增长基本流程	188
图 6-6	专利预测产业增长模型流程	189
图 6-7	专利对产业增长影响系数的操作流程	191
图 6-8	专利与产业增长因果关系检验原因	193
图 6-9	建立系数估计模型的研究流程	194
图 6-10	主要经济增长预测方法及分类和关联	195
图 6-11	针对回归结果的解读流程	196
图 6-12	时间序列外推法预测流程	198
图 6-13	成长曲线示意图	198
图 6-14	成长曲线种类	199
图 6-15	专利视角对未来产业增长的预测流程	200

图表索引

编号	标题	页码
表 6-1	以 2007 年为基点预测有效专利数量与实际值的比较	201
表 6-2	以 2011 年为基点的未来三年有效专利量预测值	202
表 6-3	2012～2014 年医药制造业产业规模	203
图 6-16	不同时期专利运用模式侧重点演变图	210
图 7-1	专利导航产业发展路线全景图	212
图 7-2	DVD 产业各技术替代趋势及产业和市场发展影响	215
图 7-3	智能手机产业以企业为主构建的生态系统	219
图 7-4	操作系统和处理器两大核心技术构建的生态系统	221
图 7-5	处理器技术自身构建的产业生态系统	222
图 7-6	蓝光 BD 标准组织结构及分工	228
图 7-7	光、磁、半导体存储技术各自发展路线图	229
表 7-1	智能手机 2010～2011 年五大厂商市场份额变化	231
表 7-2	智能手机 2012 年与 2011 年 Q2 同比市场份额变化	232
表 7-3	智能手机操作系统市场份额对比	232
表 7-4	信息技术产业近年来重要的专利收购	235
图 7-8	微硬盘产业传递的市场信号及南方汇通项目比较	237
图 7-9	光存储领域在华专利趋势统计汇总	241
表 7-5	光存储技术在华专利统计	242
图 7-10	LTE 标准中各企业专利持有量统计	243
图 7-11	苹果 LTE 技术专利主要来源	244
图 7-12	苹果公司专利技术聚类分析	246
图 7-13	苹果公司重点专利技术申请策略和趋势	247
图 7-14	三星公司专利技术聚类分析	248
图 7-15	光存储关键领域跨国公司合作申请分布图	249
图 7-16	智能手机触控面板专利技术—功效矩阵图	253
表 7-6	CPU 处理器指令专利技术—申请人专利分布图	254
图 7-17	光存储领域主流和替代技术发展路线图	258
图 7-18	DVD 主流技术分解鱼骨图	260
图 7-19	HTC 在智能手机技术上核心专利技术获取图	261

图7-20　索尼两代光存储专利技术布局演变趋势图 …………… 263
图7-21　三星两代光存储专利技术布局演变趋势图 …………… 264
图7-22　中国两代光存储技术布局演变趋势图 ………………… 266
图8-1　专利导航区域经济发展路线图 …………………………… 273
图8-2　以波士顿矩阵解析区域产业发展定位 …………………… 275
图9-1　专利提升企业核心竞争力路线图 ………………………… 289
图9-2　波特竞争理论中的企业竞争环境的转用 ………………… 292
图9-3　企业专利和市场综合实力评估和定位 …………………… 294
表9-1　2010年半导体产业全球企业在美专利实力评分 ………… 297
图9-4　三星半导体存储器DRAM专利技术发展路线图 ………… 298
表9-2　三星存储器初期专利技术许可企业列表 ………………… 299
图9-5　三星公司全球历年专利申请量趋势 ……………………… 299
图9-6　三星在专利和商业上追赶索尼的时间线对比 …………… 300
表9-3　三星和索尼在美专利授权量及排名对比 ………………… 301
图9-7　三星在美专利及占全球专利总量的趋势分布 …………… 303
图9-8　"技术—专利—产业—市场"理论在企业
　　　　自主创新过程中的作用机理 …………………………… 306
图9-9　华为在美专利及占全球专利总量的趋势分布 …………… 319
图9-10　爱立信在美专利申请及占全球专利总量份额 ………… 320